江苏省沿海渔港经济区生态环境及治理

主　编◎魏爱泓　　单　阳　　赵永刚
副主编◎王长友　　彭　模　　郑江鹏

河海大学出版社
·南京·

图书在版编目(CIP)数据

江苏省沿海渔港经济区生态环境及治理 / 魏爱泓，单阳，赵永刚主编；王长友，彭模，郑江鹏副主编．
南京：河海大学出版社，2025.3. -- ISBN 978-7-5630-9712-8

Ⅰ．X321.253

中国国家版本馆 CIP 数据核字第 202565L8B1 号

书　　名	江苏省沿海渔港经济区生态环境及治理
书　　号	ISBN 978-7-5630-9712-8
责任编辑	杜文渊
文字编辑	殷　梓
特约校对	李　浪　杜彩平
装帧设计	徐娟娟
出版发行	河海大学出版社
地　　址	南京市西康路1号(邮编:210098)
电　　话	(025)83737852(总编室)　(025)83722833(营销部)
经　　销	江苏省新华发行集团有限公司
排　　版	南京布克文化发展有限公司
印　　刷	广东虎彩云印刷有限公司
开　　本	787毫米×1092毫米　1/16
印　　张	16.75
字　　数	387千字
版　　次	2025年3月第1版
印　　次	2025年3月第1次印刷
定　　价	108.00元

《江苏省沿海渔港经济区生态环境及治理》编委会

主　编　魏爱泓　单　阳　赵永刚

副主编　王长友　彭　模　郑江鹏

编　委（按姓氏笔画排列）：

丁洁琼　王东鹏　王　婕　付　丹

冯德全　陈双亭　邵晨曦　张　坚

张晓昱　周超凡　贺康宇　钮滋鑫

崔彩霞　葛　冉　葛磊磊　蔡　瑞

Preface 前言

江苏沿海渔港经过连续多年的改建和扩建，基本状况得到了很大的改善。以提升渔港的综合效能为目标，相关产业链不断延伸拓展且向周边区域扩张，初步形成了规模大小不一的渔港经济区，成为江苏东部沿海经济增长的重要一极，且极具发展潜力。《江苏沿海地区发展规划（2021—2025年）》提出，要建设渔港经济区，打造现代化沿海渔港群。2023年，江苏省政府印发的《江苏省海洋产业发展行动方案》提出要"加快推进国家级、省级沿海渔港经济区建设，促进海洋渔业经济转型升级"。渔港和渔港经济区建设能够有效牵引"港产城旅"融合，渔业一二三产业融合发展，促进渔业转型升级和高质量发展。推进全省沿海渔港经济区建设被列为2024年省政府"十大百项"重点工作任务，加快沿海渔港和渔港经济区建设，对促进我省渔业经济"走向深蓝"、推动渔业高质量发展、高水平建设农业强省具有重要意义。

近年来，我们积极开展全省重点渔港经济区生态环境调查研究工作，在围绕沿海重点渔港及周边海域海洋环境质量和渔业船舶污染物排放情况开展监测调查的同时，进一步收集全省重点渔港经济区及其周边生态环境状况相关信息，获取了大量珍贵的数据资料。本书在详细介绍沿海重点渔港及周边海域海洋环境质量监测状况以及全省沿海渔业船舶污染物排放总量的基础上，综合分析全省重点渔港经济区生态环境动态变化趋势，剖析存在的生态环境问题，就我省沿海渔业船舶污染物排放防控措施提出了建议，以期为我省渔港经济区生态环境保护管理工作提供基础资料。

本书共7章。其中，魏爱泓、单阳、赵永刚负责选题策划、架构设计、内容分配、资料收集、润色把关等工作；王长友负责第一章、第二章、第四章第一节、第六章等内容的编写，约10万字；彭模负责第三章、第四章第二节内容的编写，约15万字；郑江鹏负责第一章第二节、第四章第三节、第五章、第七章等内容的编写以及参考文献的整理，约15万字。

衷心感谢江苏渔港监督局、南京信息工程大学海洋科学学院提供的宝贵数据资料，以及在本书编写过程中给予的大力支持！

受编写水平所限，不足之处实属难免，恳请广大读者批评指正！

Contents 目录

第 1 章　沿海渔港 ………………………………………………………… 001
　第 1 节　渔港类型 …………………………………………………………… 002
　第 2 节　渔港分级 …………………………………………………………… 002
　第 3 节　渔港经济区 ………………………………………………………… 005

第 2 章　渔船与渔船污染 ………………………………………………… 009
　第 1 节　渔船类型与数量 …………………………………………………… 010
　第 2 节　渔船污染 …………………………………………………………… 013

第 3 章　江苏沿海渔港及渔港经济区 …………………………………… 033
　第 1 节　江苏沿海地理环境特征 …………………………………………… 034
　第 2 节　江苏沿海渔港 ……………………………………………………… 041
　第 3 节　江苏重点渔港及渔港经济区 ……………………………………… 055

第 4 章　渔港经济区海域环境质量状况及分析 ………………………… 059
　第 1 节　海州湾湾南渔港经济区海域环境质量 …………………………… 060
　第 2 节　海州湾湾北渔港经济区海域环境质量 …………………………… 091
　第 3 节　苏中沿海渔港经济区海域环境质量 ……………………………… 167

第 5 章　江苏渔业船舶污染物种类及产生数量 ………………………… 213
　第 1 节　渔业船舶排放污染物种类确定及数量估算方法 ………………… 214
　第 2 节　江苏海洋渔业船舶基本信息分类统计 …………………………… 215

第 3 节　实船采样调查与实地调研 ………………………………………… 221
第 4 节　渔业船舶污染物排放种类及强度 ………………………………… 223
第 5 节　渔业船舶污染物排放数量估算 …………………………………… 230

第 6 章　渔业船舶污染物排海对渔业资源及生态环境的危害 ………… 237
第 1 节　渔业船舶主要污染物年排放通量对江苏省海洋生态环境的整体影响 ……
　　　　　………………………………………………………………………… 238
第 2 节　含油污水排放对江苏省海洋渔业资源、环境质量的影响 ………… 239
第 3 节　生活污水排放对江苏海洋生态环境质量的影响 ………………… 240
第 4 节　船舶垃圾对江苏海洋生态环境质量的影响 ……………………… 241

第 7 章　渔业船舶排海污染物防控措施 ………………………………… 243
第 1 节　促进技术更新，发展高质量渔业生产 …………………………… 244
第 2 节　完善创新制度安排，推进渔业治理体系和治理能力现代化 …… 247

参考文献 ……………………………………………………………………… 250

背　景

在全面建成小康社会决胜阶段,全国渔业经济高质量发展稳步推进。我省海洋经济总量和发展质量同步提升,"蓝色引擎"作用持续发挥,为全省经济高质量发展走在全国前列作出重要贡献。2017—2019年全国渔业经济总产值分别为 247 612 203.78 万元、258 644 732.15 万元、264 064 971.47 万元,江苏省分别为 32 215 651.62 万元、33 859 874.97 万元、29 577 768.44 万元,仅次于山东、广东,稳居全国第三(农业农村部渔业渔政管理局等,2020)。作为江苏海洋经济发展支柱产业之一的海洋渔业经济,再次取得长足进步。

渔港作为海洋渔业经济的基础设施,是渔民生产生活的重要场所,是渔船避风停泊的重要基地,在渔业生产管理、"平安渔业"建设、渔业水域环境保护以及渔区经济社会发展中发挥着重要作用。江苏省作为海洋渔业大省,截至2019年底,全省共有渔港208座,包括海洋渔港47座,内陆渔港161座。其中,国家中心渔港6个,一级渔港11个(其中7个已经获农业部批准立项)。海洋渔业给地方经济带来重大贡献的同时,其产生的环境问题也日益显现。随着人们生活品质的提升和环境保护意识的增强,人们对海洋环境污染问题日益关注和重视,对海洋环境保护的要求越来越严格。

船舶及有关水上作业活动带来的船舶污染是影响渔港环境的重要因素之一。船舶污染主要有固体废弃物污染、含油污水污染、生活污水污染、尾气污染,还包括船舶在航行过程中因船上人员操作过失或其他不可抗力及意外事故等造成的污染。船舶对渔港及周边水域环境造成的污染具有污染物质复杂多样、持续时间长、流动性大、危害性强、范围广等特点,船舶一旦对水域造成污染,会直接损害水生生物的多样性,妨碍渔业、养殖业的发展,甚至危害人类健康。

根据《2020中国渔业统计年鉴》的数据,截至2019年底,全省拥有海洋生产渔船总数5 576 艘,总吨位 368 182 吨,总功率 679 570 千瓦。其中捕捞渔船 4 891 艘,总吨位 329 118 吨,总功率 587 557 千瓦;养殖渔船 685 艘,总吨位 39 064 吨,总功率 92 013 千瓦。渔业船舶在渔业捕捞和养殖作业的过程中,不可避免地直接或间接使一些物质进入海洋环境中,船舶污染物排入海中之后,会逐渐被海洋中的微生物氧化分解,消耗掉海水中的氧。当海水中溶解氧不足时,船舶污染物就会发生无氧分解,即腐烂,使海水发臭,对海洋生物的生存产生一定的危害。例如,船舶上的生活污水排放入海后,由于船舶生活污水中含有大量的磷酸盐和硝酸盐,容易造成海水富营养化,使海水中的藻类大量繁殖。这些藻类死亡后,其残骸氧化腐烂,消耗海水中大量的氧,致使高级海洋生物无法生存,海水变黑腐臭。据报道,1 ml 未经处理的生活污水中往往包含数百万个细菌,其中大部分是病原体或是诱发因子,可能会造成一些疾病的传播,直接影响人类的健康和生活。船舶活动往往会因船舶操作不当或船舶事故而导致海洋油污染事件的发生,当船舶油类污染物入海后,往往会在海面上形成一层油膜,油膜的存在不仅降低了阳光向海水的辐射,削弱了浮游植物的光合作用,致使地球上氧气量下降,同时还阻挡了空气中氧气向海水中的扩散,破坏了海洋食物链,最终导致生态的失调。因此,海洋污染不仅直接危害沿海水产养殖业的发展,而且还会破坏海滨环境,影响人们的生活和健康。

江苏是海洋渔业大省,随着海洋渔业生产活动日益增长,渔业船舶污染引发的海洋环境问题也较为突出,其对敏感区域(如自然保护区、农渔业区等)的水体质量影响尤为受到关注。以连云港连岛渔港以及高公岛渔港为例,两个渔港均为开放式渔港,靠近连云港连岛浴场与苏马湾浴场。两个渔港有近千艘大小渔船停靠、装运作业,在捕捞及休渔期间,大量船舶产生的生活生产废水被排放到近岸海域,对海洋生态环境产生一定影响。因此,加快我省沿海渔港环境现状调查,掌握全省渔业船舶污染物排放实际情况及其对近岸海域海洋环境的影响研究,制定精准、高效的江苏省渔业船舶污染物排海防控措施迫在眉睫。

第1章

沿海渔港

第1节　渔港类型

港口包括水域、岸线、陆域等。渔港是鱼货的集散地,是水产品综合加工基地,也是渔业生产的重要基础设施,具有鱼货装卸、冷冻、保鲜,鱼品加工,渔船维修,渔需物资供应,船员休息等功能。在为渔民提供生产、生活服务的同时,还能够抵御风暴灾害,保护渔民生命财产安全。同时,渔港又是联系着捕捞生产和消费的纽带,是所在地区经济来源和发展的基础。在加强海防方面,遍布万里海疆的数百处大小渔港更具有不可替代的作用(于龙梅、栾曙光,2004)。

渔港通常由水中的设施和陆上的设施两大部分组成。供外海、远洋渔业使用的现代大型渔港一般有锚地、港池、码头和护岸等水中设施,供水、供冰、供油、储运、冷冻、冷藏、加工、渔船渔具修造等陆上设施,以及水产供销、渔民福利、通信、气象、海上救护和渔业管理等机构,并设有捕捞生产指挥调度系统。现代大型渔港还配有铁路专线。中型渔港主要供近海渔业使用,进出口港渔船的吨位、马力较小,辅助船只少,渔港设施基本配套,至少包括防波堤、码头、冷冻制冰、燃油及淡水供应、渔船维修等五个方面设施。小型渔港年卸鱼量一般在5 000 t以下,一般只有避风港、简易码头和小型冷库等设施,主要为小型渔船补充少量淡水和生活物资。由于渔业生产的季节性强,渔汛期间的渔船和渔获物高度集中,渔港宜建在有天然屏障、不受强风直接侵袭、岸线基本稳定、水深适宜、泥沙量小而不致严重淤积的水域,并接近渔场,水电、交通、市场供应等条件较好的地方,以便于生产、运输、储运和销售。此外,还应与邻近城镇的总体建设规划相结合,以方便生活和防止港区环境污染。

随着国家产业结构的调整,水产业在社会经济中的地位逐步提高,渔港的设施、环境、功能、水产品的流通等问题受到各级政府的高度重视,但是我国现行《渔港总体设计规范》(SC/T 9010—2000)所制定的渔港等级划分标准所考虑的因素过于单一,已不适应当前渔港的发展与建设(于龙梅、栾曙光,2004)。因此,渔港等级划分标准应作相应的调整,这样才有利于渔港根据自身情况进行规划、建设和管理。

第2节　渔港分级

渔港既是渔民生产生活、避风减灾和渔政执法的重要基地,也是沿海众多中小城镇重要基础产业的依托,还在渔业戍边维权、实施国家海洋战略中发挥重要作用(张建侨、陈佳庆,2015)。我国渔港建设不断取得阶段性成就,根据2011年渔港普查数据,我国现有国家级渔港143个,包括中心渔港55个,一级渔港56个,内陆重点渔港32个(农业部渔业局,2012),这些渔港的建设对改善渔区面貌、提高渔业生产和避风减灾能力、促进渔区经济发展等方面起到非常积极的作用。但是我国渔港依然存在许多问题，如设施设备不完善，防灾减灾能力弱，部分渔港港池淤积、水域水质污染情况严重，多数渔港经济区发展滞后等。这些问题的解决不能仅仅依靠国家财力的投入，更多的需要提高管理运行水平。良好的管理运行是基础设施功能最大发挥和渔港相关各项活动正常开展的动力。另外，渔港数量的增多更体现了渔港管理运行的重要性，社会的发展也对渔港管理运行提出了更高的要求。2023年8月，农业农村部研究制定了《沿海渔港等级认定办法（试行）》，正式启动了全面推进乡村振兴背景下渔港等级认定工作。

《沿海渔港等级认定办法（试行）》明确规定，沿海渔港是指主要为海洋渔业生产服务和供渔业船舶停泊、避风、装卸渔获物和补充渔需物资的人工港口或自然港湾。渔港分为"中心渔港、一级渔港、二级渔港、三级渔港和三级以下渔港"五个等级。其中，中心渔港和一级渔港等级由农业农村部渔业渔政管理局负责认定，二级及以下渔港等级由省级渔业行政主管部门负责认定。沿海渔港等级实行动态管理。对已公布等级的渔港，认定部门定期开展复核，复核时间间隔不超过5年，复核通过的继续保留原有等级。

沿海渔港等级按照渔港基础工作、渔港规模、服务和监管能力等条件综合认定，详细的等级认定指标体系由《沿海渔港等级认定标准》明确规定。《沿海渔港等级认定标准》以《沿海渔港等级认定办法（试行）》附件的形式同时下发沿海各省、自治区、直辖市农业农村部门、渔业厅（局、委）。

沿海渔港等级认定指标体系由4个一级指标、16个二级指标组成，见表1-1。

表1-1 沿海渔港等级认定指标体系

一级指标	二级指标
基础指标	渔港港章、港界*
	界限标识*
	权属清单*
规模指标	码头长度*
	水域面积*
	陆域面积
服务能力指标	可靠泊渔船能力
	可容纳锚泊渔船数量*
	渔获物年卸港量*
监管能力指标	渔港监督管理机构*
	港务管理机构*
	渔港综合管理服务中心
	渔船动态监控管理*
	渔港视频监控
	污染防治设施
	应急管理设施

注：标*分值指标为约束性指标。

其中,"渔港港章、港界,界限标识,权属清单,码头长度,水域面积,可容纳锚泊渔船数量,渔获物年卸港量,渔港监督管理机构,港务管理机构,渔船动态监控管理"等10个二级指标为约束性指标。约束性指标不满足其申报渔港等级标准的,不能认定其渔港等级。

规模大小是等级划分的常用标准。结合现有渔港建设分级标准,为确保渔港能切实发挥鱼货装卸、物资补给、锚泊、避风等基本功能,不同等级渔港应具备不同规模的水陆域范围和设施配备。

1.1.1 中心渔港

渔港码头是供渔船靠泊、鱼货装卸、物资补给、渔船航修及人员上下的水工建筑物。根据《渔港总体设计规范》(SC/T 9010—2000),码头长度指渔船在码头前沿停靠所需的水工建筑物的长度。中心渔港码头岸线长度不少于600 m。

水域面积是指港界内水上范围的总面积,包括港池、锚地、避风湾和航道等面积,水域面积以渔港港章、港界中的海域面积数据为准。根据现行渔港建设标准(原农业部编制的《全国渔港建设规划》提出的渔港等级划分标准),中心渔港水域面积应达到40万 m^2。

可靠泊渔船能力是渔港建设的主要考虑因素,亦是渔港服务能力的重要体现。渔港设计和建设阶段,可靠泊渔船能力主要是通过设计代表船型体现。为了满足渔船靠泊需求,渔港水域应保持良好的水深条件,港池、航道和锚地水域应满足设计船型渔船正常进出港需求。

根据《渔业捕捞许可管理规定》,海洋渔船按船长分为以下三类:

(1) 海洋大型渔船(船长≥24 m);

(2) 海洋中型渔船(12 m≤船长<24 m);

(3) 海洋小型渔船(船长<12 m)。

中心渔港码头应能靠泊海洋大型渔船。

可容纳锚泊渔船数量为渔港设计锚泊的各种类型渔船数量合计,或统计的实际锚泊各种类型渔船数量合计。渔港为伏季休渔和进港避风的渔船提供停泊水域,且将可容纳锚泊渔船数量作为渔港建设的主要指标。各等级渔港的可容纳锚泊渔船不区分船型大小。中心渔港可容纳锚泊渔船数量在800艘及以上。

渔获物年卸港量是指渔港设计渔获物年卸港量。根据《渔港总体设计规范》(SC/T 9010—2000)和渔港建设实践调研情况,中心渔港渔获物年卸港量在8万 t 以上。对于缺少明确设计依据的,渔获物年卸港量以申请认定年份前5年的年卸港量平均值,或前3年内的最大值计取。渔获物年卸港量的统计应有统计机制和具体统计数据。对于中心渔港,该项指标为约束性指标。

1.1.2 一级渔港

一级渔港码头岸线长度不少于400 m,水域面积应达到30万 m^2。一级渔港码头应能靠泊海洋大型渔船,可容纳锚泊渔船数量在 600 艘及以上。一级渔港渔获物年卸港量在 4 万 t 以上,该项指标为约束性指标。

1.1.3　二级渔港

二级渔港码头岸线长度一般不小于 150 m,应能靠泊海洋中型渔船,可容纳锚泊渔船数量在 200 艘及以上。二级渔港水域面积、渔获物年卸港量等由省级渔业部门确定。根据 2018 年原农业部办公厅印发的《渔港升级改造和整治维护规划》,二级渔港港内有效掩护水域面积不小于 5 万 m^2。

1.1.4　三级渔港

三级渔港码头应能靠泊海洋中型渔船,至少拥有一个可供中型渔船靠泊的泊位。根据《渔港总体设计规范》(SC/T 9010—2000),以中型渔船为设计代表船型,按一个端部泊位占用码头长度计,三级渔港码头岸线长度应不小于 30 m。三级渔港可容纳锚泊渔船数量在 50 艘及以上。三级渔港水域面积、渔获物年卸港量等由省级渔业部门确定。

1.1.5　三级以下渔港

三级以下渔港码头长度、水域面积、可靠泊渔船能力、可容纳锚泊渔船数量、渔获物年卸港量等由省级渔业部门确定。

第 3 节　渔港经济区

中央及沿海各地省政府历来高度重视渔港建设,从 20 世纪 90 年代初开始就积极筹措资金,加大渔港基础设施建设力度,有力改善了渔船"上岸抓岩礁、下船舢板摇、避风到处逃"的局面,渔船停泊和避风条件有了很大改善,有效缓解了渔船回港航程远、避风难、安全保障低的局面。中央投资渔港形成有效掩护水域面积 5 100 万 m^2,渔港综合防风水平提升到 10 级,可满足 10.2 万艘海洋渔船在 10 级以下(含 10 级)大风天气时的就近分散避风和休渔期停泊(国家发展和改革委员会、农业农村部,2018)。通过对传统群众性渔港的升级改造,强化渔港安全保障能力建设,改善港内停泊条件,为渔船集中休渔和集中管理提供了有利条件。

渔港建设和设施完善带动了渔区水产品交易流通、冷藏加工、生产补给、休闲渔业等二、三产业迅速发展,为渔民从事水产品加工、流通和餐饮服务业提供了条件,创造了就业机会。渔港的建设为渔港陆域产业聚集创造了平台,带动了民间投资和银行融资。据测算,1998 年以来,渔港的建设带来了地方和社会投资近 50 亿元,保障了 850 万 t 的鱼货装卸交易和 85 万 t 的水产品加工,提升了目前沿海中心渔港和 15 座一级渔港、2 座二级渔港、9 座三级渔港的功能和服务能力;2016 年,省级安排 11 亿元建设 13 座示范性渔港和区域避风锚地；"十三五"期间，投资 3.6 亿元，对 2 座中心渔港、1 座一级渔港进行整治维护，对 15 座二级渔港、避风锚地进行升级改造，提供了 15 万个就业机会，综合经济效益超过 240 亿元。渔港所在地区通过建设渔港经济区，兴市场、抓配套、拓街道、建小区，推动了港区城镇化发展和渔民转产转业，促进了渔民增收，辐射带动了沿海重要渔区经济的发展。

《全国沿海渔港建设规划（2018—2025 年）》提出渔港建设目标，通过建设中心渔港 64 座、一级渔港 85 座，渔船安全避风容量从 14.53 万艘渔船增加到 21.43 万艘渔船，有效避风率从 10 级避风水平的 43% 提升到 11 级避风水平的 70%，推动形成 10 大沿海渔港群、93 个渔港经济区，带动一二三产业融合发展，形成新增万亿产值的产业规模，成为渔业的增长点和沿海经济社会发展的增长极。表 1-2 为主要渔港群渔船安全避风容量和有效避风率。

表 1-2　主要渔港群渔船安全避风容量和有效避风率[《全国沿海渔港建设规划（2018—2025 年）》]

渔港群名称	海洋渔船数量（艘）	渔船安全避风容量需求（艘）	各类渔港数量（座）	渔船安全避风容量（艘）	有效避风率
辽东半岛沿海渔港群	38 153	45 784	239	19 800	43.25%
渤海湾沿海渔港群	9 631	11 557	33	6 850	59.27%
山东半岛沿海渔港群	44 588	53 506	274	21 350	39.90%
江苏沿海渔港群	9 069	10 883	50	8 800	80.86%
上海-浙江沿海渔港群	28 782	34 538	256	24 750	71.66%
东南沿海渔港群	58 420	70 104	245	28 650	40.87%
广东沿海渔港群	51 568	61 882	104	19 500	31.51%
北部湾沿海渔港群	10 752	12 902	23	6 200	48.05%
海南岛沿海渔港群	26 429	31 715	68	9 450	29.80%
南海渔港群	略				
合计	277 392	332 870	1 292	145 350	43.67%

注：渔船数据来源于《2016 中国渔业统计年鉴》；有效避风率是指满足渔船跨区域流动避风需求特点的避风率，此表计算方法为：有效避风率 =（渔船安全避风容量/渔船安全避风容量需求）×100%，渔船安全避风容量需求 = 海洋渔船数 ×1.2。

新时期渔港建设要适应经济社会发展新常态和供给侧结构性改革的基本要求，转变发展方式、优化产业结构，立足沿海经济社会发展需要、区域产业基础、海洋渔业发展现状、城镇分布特点和渔港自身条件，规划建设辽东半岛、渤海湾、山东半岛、江苏、上海-浙江、东南沿海、广东、北部湾、海南岛、南海等 10 大沿海渔港群，依托现有中心渔港、一级渔港及周边其他渔港，根据各地区区位条件、产业基础、城镇发展、海域岸线分布，建设形成 93 个渔港经济区，推动产业集聚、人流集聚和各种资源要素集聚，进一步繁荣区域经济，为沿海经济社会可持续发展做出重要贡献。

"十四五"时期,渔业进入加快推进高质量发展、尽早实现现代化的关键阶段,渔港建设也迈入了建设渔港经济区的高质量发展阶段。渔港经济区建设是在建设现代渔港的基础上,密切结合城镇建设和产业集聚,形成以渔港为龙头、城镇为依托、渔业为基础,集渔船避风补给、鱼货交易、冷链物流、精深加工、海洋药物、休闲观光、城镇建设为一体,区域产业结构平衡、产业层次较高、辐射效应明显的现代渔业经济区。渔港经济区对于推动渔业提质增效转型升级、调整渔业产业结构、解决渔民转产转业问题、繁荣渔业经济、促进沿海经济社会的健康和可持续发展具有重要作用。《农业农村部关于落实党中央国务院2022年全面推进乡村振兴重点工作部署的实施意见》中提出扎实推进国家级渔港经济区建设(王刚 等,2022)。

在渔港经济区建设过程中,渔港经济区应结合当地资源、环境、产业基础、政府导向和产业政策等条件,选择合适的渔港经济区产业发展策略。进入"十四五"以来,广东、浙江、山东等沿海省市陆续编制发布了渔港经济区建设规划,完成了沿海市县的渔港经济区建设规划编制工作,在对渔港经济区建设背景及产业发展情况分析的基础上,提出了主要的渔港经济区产业发展策略(王刚 等,2022)。截至2023年底,沿海各省各级政府均已启动国家级沿海渔港经济区、特色海岛渔旅与渔业综合产业相结合的沿海渔港经济区等试点项目建设,渔港建设步入了以港、产、城一体化建设为特征,高质量发展的渔港经济区阶段。

渔港经济区选择依据:

1. 依托沿海主要渔业市、县,建设渔港经济区;
2. 渔港经济区内至少拥有或规划建设1座一级及以上渔港;
3. 渔港经济区海洋渔船数量原则上不低于800艘;
4. 渔港经济区鱼货卸港量原则上不低于8万吨;
5. 渔港经济区具有产业发展基础,拥有精深加工、休闲旅游、两岸交流、冷链物流等特色优势发展平台。

表3-1为2025年各渔港群安全避风容量和有效避风率。

表1-3　2025年各渔港群安全避风容量和有效避风率[《全国沿海渔港建设规划(2018—2025年)》]

渔港群名称	现有有效避风率	规划期末海洋渔船数量(艘)	规划期末渔船安全避风容量需求(艘)	拟布局渔港(座) 合计	中心 新建	中心 改扩建	一级 新建	一级 改扩建	规划期末渔船安全避风容量(艘)	规划期末有效避风率
辽东半岛沿海渔港群	43.25%	35 680	42 816	11	3	2	6		27 600	64.46%
渤海湾沿海渔港群	59.27%	8 906	10 687	2	1		1		8 650	80.94%
山东半岛沿海渔港群	39.90%	41 806	50 167	15	2	3	10		31 700	63.19%
江苏沿海渔港群	80.86%	8 224	9 869	6		3	3		13 050	100%

江苏省
沿海渔港经济区生态环境及治理

续表

渔港群名称	现有有效避风率	规划期末海洋渔船数量（艘）	规划期末渔船安全避风容量需求（艘）	拟布局渔港（座） 合计	中心 新建	中心 改扩建	一级 新建	一级 改扩建	规划期末渔船安全避风容量（艘）	规划期末有效避风率
上海-浙江沿海渔港群	71.66%	26 152	31 382	23	1	10	3	9	29 250	93.21%
东南沿海渔港群	40.87%	55 129	66 155	40	3	16	21		45 600	68.93%
广东沿海渔港群	31.51%	46 786	56 143	27	3	8	15	1	32 450	57.80%
北部湾沿海渔港群	48.05%	9 592	11 510	12		4	6	2	10 650	92.53%
海南岛沿海渔港群	29.80%	25 117	30 140	13	1	4	8		15 400	51.09%
南海渔港群	略										
合计	43.67%	257 392	308 870	149	14	50	73	12	214 350	69.40%

注：依据"十三五"期间农业农村部减船目标2万艘，至2025年渔船安全避风容量需求为已考虑减船后的需求。

第 2 章

渔船与渔船污染

第1节 渔船类型与数量

我国拥有海洋国土面积 300 多万 km^2，海洋生物资源丰富。海洋渔船是人类开发海洋生物资源的重要装备，是渔业生产的重要工具，也是渔业生产力发展水平的重要标志。清末，南通实业家张謇创办江浙渔业公司，该公司于 1905 年从德国引进了国内第一条机动拖网渔船"福海号"，成为中国第一个拥有新式渔轮的渔业公司。"福海号"是中国引进的第一艘新式渔轮，1912 年我国自行建造了第一艘钢质拖网渔船(周至硕，2022)，此后，中国渔船经历了"风帆渔船机动化"和"木质渔船钢质化"两次更新换代，数量快速增加，逐步实现了机械化和工业化，图 2-1 展示了至 2000 年，全国沿海省份海洋机动渔船数量。目前，我国的渔船主要分为机动渔船和非机动渔船，机动渔船包括海洋渔船和内陆渔船，同时，海洋渔船和内陆渔船都可以继续分为生产渔船和辅助渔船。生产渔船包括养殖渔船和捕捞渔船，辅助渔船包括捕捞辅助船和渔业执法船等。其中，海洋捕捞机动渔船的主要作业方式有拖网、围网、刺网、张网、钓鱼等(王鑫，2023)。

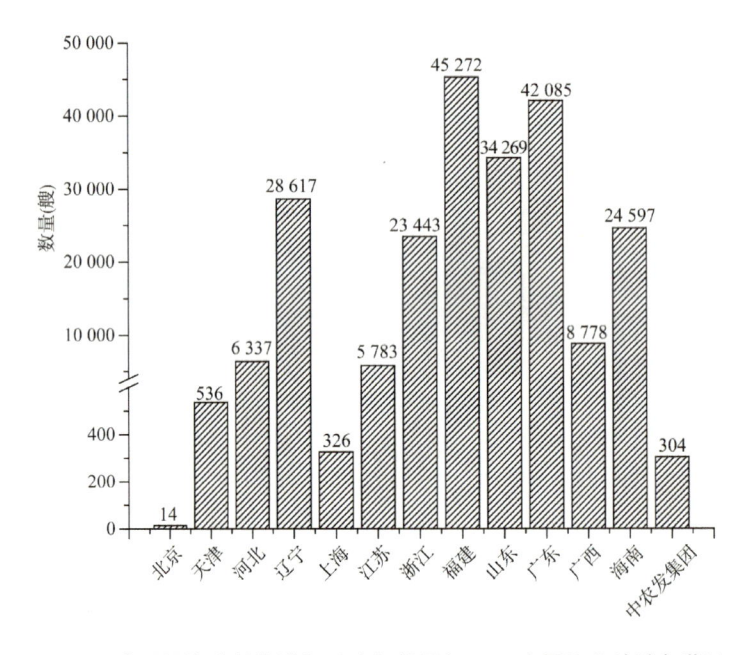

图 2-1 全国沿海省份海洋机动渔船数量(《2000 中国渔业统计年鉴》)

根据 2001—2020 年《中国渔业统计年鉴》数据，21 世纪初，我国渔船总数量处于稳定状态，基本保持在 100 万艘左右，非机动渔船数量一直保持稳步下降，年平均减少近 1.5 万艘，机动渔船数量则在 2001 到 2010 年间一直保持稳步上升，年平均增长近 2 万艘(王鑫，2023)；2013 年起，我国渔船和机动渔船数量同时呈现出快速下降的趋势，到

2020年,我国渔船数量降至56.3万艘。总体来说,21世纪以来,我国渔船数量变化基本呈"U"形,00年代快速增长,10年代中期以前保持稳定,之后逐步减少。

根据《2020中国渔业统计年鉴》的统计数据,截至2020年底,我国海洋渔船的总数量已经达到224 893艘,其中机动渔船合计约为220 361艘,占渔船总数的98.0%,非机动渔船合计约为4 532艘,占比2.0%。不同省市渔业资源的差异性较大,导致我国海洋机动渔船的地区分布十分不平衡,福建和广东两省的海洋机动渔船数量较多,均在4万艘以上,山东紧随其后,约为3.4万艘,辽宁、海南和浙江均在2万艘以上,广西、河北、江苏在5千艘以上,天津、上海和北京三个直辖市的海洋机动渔船数量则较少,均在1千艘以下。

从海洋渔船总吨位看,浙江省的海洋机动渔船总吨位最大,为298万t,福建省次之,为141万t,山东省和广东省海洋机动渔船总吨位均在100万t以上,辽宁、海南、广西的海洋机动渔船总吨位在50万t以上,江苏省和河北省的海洋机动渔船总吨位在30万t左右,上海和中农发集团海洋机动渔船总吨位在10万t左右,天津和北京的海洋机动渔船总吨位最小,均在5万t以下(图2-2)。

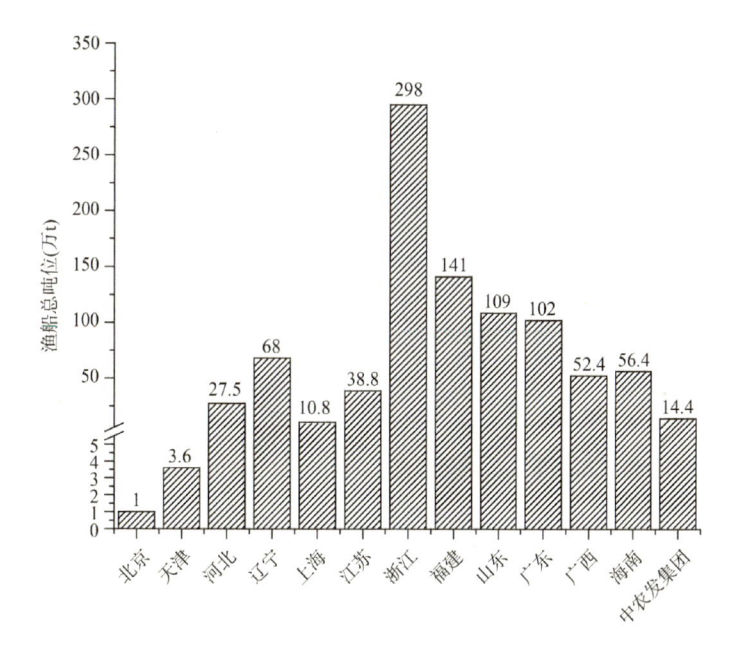

图2-2 全国沿海省份海洋机动渔船总吨位(《2000中国渔业统计年鉴》)

按海洋机动渔船的船长划分,12 m以下的渔船14.6万艘,占全国海洋机动渔船总量的66.3%;在12 m(含)与24 m范围内的渔船3.8万艘,占全国海洋机动渔船总量的17.3%;24 m(含)以上的渔船3.6万艘,占全国海洋机动渔船总量的16.4%。大、中型渔船仅占全国海洋机动渔船总量的三分之一。

全国海洋机动渔船中,在国内海洋从事捕捞的机动渔船14.4万艘,远洋渔船2 701艘,其中纳入双控管理的渔船11.0万艘,双控管理是自1987年以来我国对海洋捕捞渔船实行渔船数量控制和主机功率控制的一项重要渔业管理制度(简称渔业"双控"制度)。

按照海洋捕捞机动渔船的作业方式,全国从事拖网、围网、刺网、张网、钓业及其他作业方式的渔船数量分别为 26 889 艘、7 005 艘、81 942 艘、11 525 艘、9 570 艘和 10 020 艘(图 2-3),占比分别为 18.3%、4.8%、55.8%、7.8%、6.5%、6.8%。其中,浙江和山东两省从事拖网作业的机动渔船数量最多,均在 5 千艘以上,占比分别为 22.3%和 21.9%;海南省从事围网作业的机动渔船数量最多,在 3 千艘以上,占比达 45.2%;广东省从事刺网作业的机动渔船数量最多,在 2.3 万艘以上,其次是海南省,达 1.5 万艘以上,占比分别为 28.8%和 18.3%;福建、浙江和山东三省从事张网作业的机动渔船数量最多,均在 2 千艘以上,占比分别为 24.6%、21.9%和 20.4%;海南省从事钓鱼作业的机动渔船数量最多,为近 3 千艘,占比达 29.9%;福建省从事其他作业的机动渔船数量最多,为近 4 千艘,占比达 37.1%。

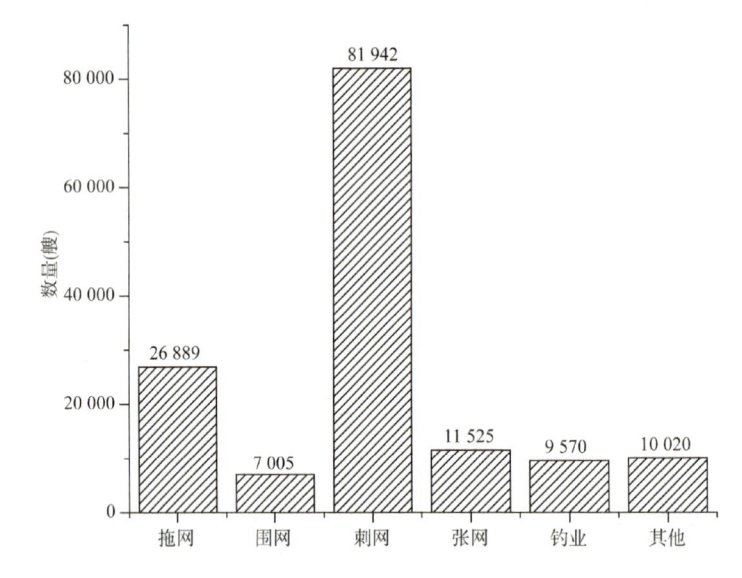

图 2-3　全国海洋捕捞机动渔船数量(作业方式)(《2000 中国渔业统计年鉴》)

然而,按照海洋渔船总吨位计算,全国从事拖网、围网、刺网、张网、钓业及其他作业方式的海洋渔船分别为 335.3 万 t、90.5 万 t、198.6 万 t、36.9 万 t、95.0 万 t 和 35.5 万 t(图 2-4),占比分别为 42.3%、11.4%、25.1%、4.7%、12.0%、4.5%,与按渔船数量计算的结果差距明显,表明不同作业方式的渔船平均总吨位差异明显。其中,浙江省从事拖网作业的机动渔船总吨位最大,达 109.2 万吨以上,占比达 32.6%;福建省从事围网作业的机动渔船总吨位最大,达 33.9 万吨以上,占比达 37.5%;浙江省从事刺网作业的机动渔船总吨位最大,达 44 万吨以上,占比为 22.2%;浙江省从事张网作业的机动渔船总吨位最大,达 24.5 万吨以上,占比高达 66.5%;浙江省从事钓鱼作业的机动渔船总吨位也最大,达 41.9 万吨以上,占比高达 44.1%;浙江省从事其他作业的机动渔船总吨位最大,达 12.2 万吨以上,占比高达 34.5%。总的来看,除围网作业的机动渔船总吨位是福建省最大外,其他 5 种作业方式都是浙江省最大。

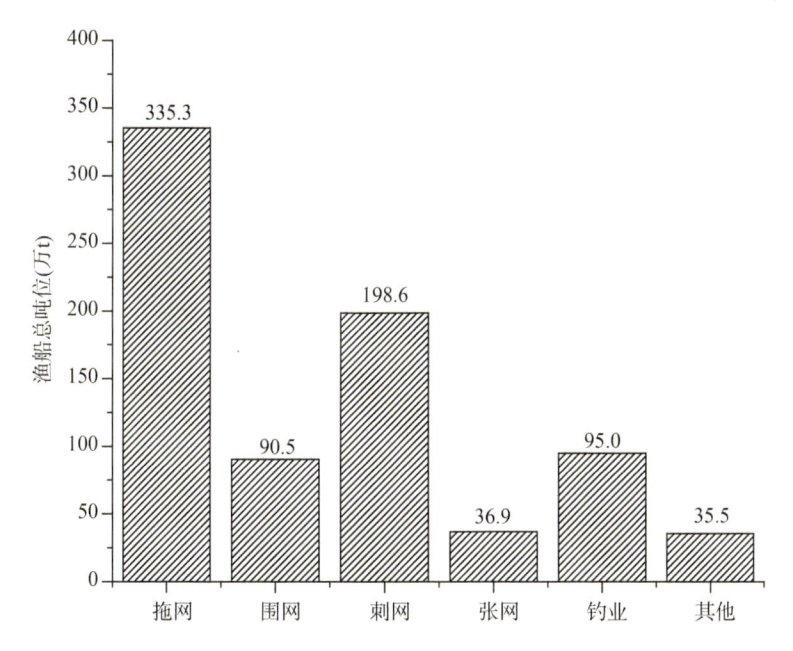

图 2-4　全国海洋捕捞机动渔船总吨位(作业方式)(《2000 中国渔业统计年鉴》)

第 2 节　渔船污染

1　渔业船舶污染物类型与主要成分

1.1　渔业船舶污染物类型

2018 年 7 月 1 日开始实施的《船舶水污染物排放控制标准》(GB 3552—2018),按水域和船舶类型规定了含油污水、生活污水、含有毒液体物质的污水和船舶垃圾的排放控制要求(环境保护部、国家质量监督检验检疫总局,2018)。渔业船舶排放的污染物主要涉及含油污水、生活污水和船舶垃圾(MARPOL73/78,1994;谭力 等,2018)。

1.1.1　含油污水

船舶含油污水是指船舶运营中产生的含有原油、燃油、润滑油和其他各种石油产品及其残余物的污水,包括机器处所油污水和含货油残余物的油污水(环境保护部、国家质量监督检验检疫总局,2018;MARPOL73/78,1994),通常是船舶由于管道渗漏、设备清洗、货舱油品残留等原因产生的废水。根据产生途径的不同,船舶含油污水可分为舱底水、含油洗舱水和含油压载水 3 类。渔业船舶排放的含油污水主要是舱底水,由船舶上各种废水、废油渗漏至舱底混合形成的油污水。通常渔业船舶上生产生活,设备保养、维修及清洗等会产生多种废水，机械设备、耐油胶管、管道的老化，接头、阀门的松动会导致各种油类"跑、冒、滴、漏"，这些废水、油类在船舶各舱室、甲板、设备、油类泵和管系等多个区域产生，易向低处渗漏，进而在舱底混合形成油污水（Furlan et al.，2017；陈余海 等，2017）。含油洗舱水通常是清洗货油舱产生的含油污水。货油舱舱底、四壁会沉积残油、油渣和油泥，为避免货物换装时污染其他货物，通常需要清洗货舱，由此产生含油洗舱水，这在渔业船舶中非常少见。此外，部分渔船在洗舱作业时会在船舱中涂抹机油，此举也会产生含油洗舱水。压载水是指为保证船舶在不同工况下保持适当的排水量、吃水深度以及船体平衡，减轻船体振动而需注入或排出船舱的水。渔业船舶含油压载水通常是压载舱与油舱之间的舱壁有裂纹或沙眼导致油渗入压载舱而产生（贺梦凡 等，2021）。含油洗舱水和压载水均属于间歇排放，易于集中收集；而相较于含油洗舱水和压载水，舱底水的产生具有不可控性、连续性、长期性，其来源渠道更广，管控难度更大，对海洋生态环境的长期风险更高，是船舶油污水管控与处理的重点。

1.1.2 生活污水

《船舶水污染物排放控制标准》（GB 3552—2018）和《国际防止船舶造成污染公约》附则Ⅳ"防止船舶生活污水污染规则"中定义的生活污水系指：(1)任何形式的厕所、小便池以及厕所排水孔的排出物和其他废弃物；(2)医务室（药房、病房等）的面盆、洗澡盆和这些处所排水孔的排出物；(3)装有活畜禽货的处所的排出物；(4)混有上述排出物的其他废水（环境保护部、国家质量监督检验检疫总局，2018；MARPOL73/78，1994）。渔业船舶的生活污水主要包括洗衣水、洗刷锅碗水、大小便等（袁士春 等，2010）。

1.1.3 船舶垃圾

根据《国际防止船舶造成污染公约》附则Ⅴ"防止船舶垃圾污染规则"的定义，船舶垃圾系指产生于船舶正常营运期间并需要持续或定期处理的各种食品、日常用品和工作用品的废弃物（不包括鲜鱼及其各部分），但该公约其他附则中所规定的或列出的物质除外（MARPOL73/78，1994）。

《船舶水污染物排放控制标准》（GB 3552—2018）规定船舶垃圾系指产生于船舶正常营运期间，需要持续或定期处理的废弃物，包括各种塑料废弃物、食品废弃物、生活废弃物、废弃食用油、操作废弃物、货物残留物、动物尸体、废弃渔具和电子垃圾以及废弃物焚烧炉灰渣，《国际防止船舶造成污染公约》附则Ⅰ、Ⅱ、Ⅲ、Ⅳ、Ⅵ所适用的物质除外，也不包括以下活动过程中的鱼类（含贝类）及其各部分：

(a) 航行活动过程中捕获鱼类（含贝类）的活动；

(b) 将鱼类（含贝类）安置在船上水产品养殖设施内的活动；

(c) 将捕获的鱼类（含贝类）从船上水产品养殖设施转移到岸上加工运输的活动（环境保护部、国家质量监督检验检疫总局，2018）。

渔业船舶垃圾还应包括捕捞船生产中出现的废旧塑料网具、张网和刺网作业浮标灯具电源（如1号干电池）（袁士春 等，2010）。船舶垃圾分类如表2-1所示。

表 2-1　船舶垃圾分类表

序号	类别	说明
1	塑料废弃物	含有或包括任何形式塑料的固体废物,其中包括合成缆绳、合成纤维渔网、塑料垃圾袋和塑料制品的焚烧炉灰。
2	食品废弃物	船上产生的变质或未变质的食物,包括水果、蔬菜、奶制品、家禽、肉类产品和食物残渣。
3	生活废弃物	船上起居处所产生的各类废弃物,不包括生活污水和灰水(洗碟水、淋浴水、洗衣水、洗澡水以及洗脸水等)。
4	废弃食用油	废弃的任何用于或准备用于食物烹制或烹调的可食用油品或动物油脂,但不包括使用上述油进行烹制的食物。
5	废弃物焚烧炉灰渣	用于垃圾焚烧的船用焚烧炉所产生的灰和渣。
6	操作废弃物	船舶正常保养或操作期间在船上收集的或是用以储存和装卸货物的固态废弃物(包括泥浆),包括货舱洗舱水和外部清洗水中所含的清洗剂和添加剂,不包括灰水、舱底水或船舶操作所必需的其他类似排放物。
7	货物残留物	货物装卸后在甲板上或舱内留下的货物残余,包括装卸过量或溢出物,无论是在潮湿还是干燥的状态下,或是夹杂在洗涤水中。货物残留物不包括清洗后甲板上残留的货物粉尘或船舶外表面的灰尘。
8	动物尸体	作为货物被船舶载运并在航行中死亡的动物尸体。
9	废弃渔具	含布设于水面、水中或海底用于捕捉水生生物的实物设备或其部分部件组合。
10	电子垃圾	废弃的电子卡片、小型电器、电子设备、电脑、打印机墨盒等。

1.2　主要成分

渔业船舶含油污水以舱底水为主,来源渠道多,从污染物组成来看,污染物成分复杂多样,其中石油类是最主要的污染物,主要包括燃料油、液压油、油船货油和机械设备润滑防腐用油等,这些油类以碳原子个数在 16～35 的烃类物质为主(Magnusson et al.,2018)。此外,在船舶上进行的各类活动会导致颗粒物、表面活性剂、盐类、微生物、重金属及其他添加剂等其他类型污染物进入舱底,不同污染物之间相互作用,可形成含有油类、黏性组分、颗粒物等密度大于水的油泥(McLaughlin et al.,2014;Rincon et al.,2014)。

船舶生活污水主要包括 5 类成分:

(1) 可导致海洋生物甚至人类大量感染的细菌、寄生虫甚至病毒;

(2) 悬浮成分、有机成分和需氧量较高的溶解有机成分;

(3) 沉降在海床上的生化降解过程中消耗氧气的有机或无机固体颗粒;

(4) 对浴滩有显著影响的有机或无机颗粒悬浮物、胶体物、漂浮物;

(5) 高浓度的营养物质,可导致海水中某些物质(主要是磷化物和氮化物)达到饱和,并可能导致富营养化(李森,2010)。

船舶生活污水水质研究表明,船舶生活污水,主要是粪便污水中含有大量的有机物。船舶生活污水处理去除的对象主要是 BOD_5、SS 和大肠杆菌(董良飞、何桂湘,2006)。

渔业船舶生活垃圾一般由罐头盒、包装纸、一次性餐具、塑料袋等塑料制品和食物残渣等废弃物组成,主要是有机污染物;废旧塑料网具是由合成树脂组成的,浮标灯具电源(1号干电池)主要含铁、锌、锰等,此外还含有微量的汞、镉、铅、镍等重金属(袁士春 等,2010;高尔雅,2021)。

2 渔业船舶排放污染物数量

2.1 含油污水排放量

从总量上来看,中国水产科学研究院渔业机械仪器研究所等单位对东部沿海主要渔区海洋捕捞渔船的底舱油污水状况开展了调研和取样,测算和分析了中国海洋捕捞渔船底舱中油污水的产生量,进一步推算中国海洋捕捞渔船油污水的年排放总量。结果表明,全国海洋渔船年总排水量约为136 118 t,全国海洋渔船年总排油量约为5 238 t;油污水产生量与船龄不直接相关,船龄在5年以下的渔船情况较好;油污水含油率基本在5%以下,长时间静置后下层水含油率仍高于排放标准;海洋捕捞渔船的油污水产生与日常管理水平关系较大(黄一心 等,2018)。

从污染物浓度来看,不同类型船舶的舱底水油浓度表现出较大差异,渔船舱底水的油浓度范围为58~976 mg/L(Chanthamalee et al.,2013),比渡轮油浓度范围20~200 mg/L要大(Ghidossi et al.,2009),但比军舰舱底水的油浓度范围10~2 953 mg/L要小得多(USEPA,1999)(表2-2)。此外,采样方法也影响舱底水油浓度测定值,原位采样舱底水的油浓度范围为5.35~7 000 mg/L,异位采样舱底水油浓度范围为6.5~800 mg/L(表2-2),原位采样油浓度变化幅度远远高于异位采样,这主要是由于异位采样的含油污水是由不同来源的舱底水混合而成。同类型船舶间的油浓度仍具有较大的变化范围。船舶油污水水质差异较大,舱底水pH为5.0~9.0,大多呈中性;电导率范围为0.668~38.1 mS/cm;总悬浮固体(Total Suspended Solids,TSS)浓度范围为13.3~2 684 mg/L。另外,由于不同时间段船舶设备、管系工作状态以及船舶上进行的活动不同,渗漏进入舱底的污染物浓度随时间发生变化。舱底水污染物浓度会随来源和时间上的不同表现出较大差异(贺梦凡 等,2021)。

从污水排放量来看,影响舱底水量的因素较多,如船舶吨位、功率、类型、船舶工作状态、气候条件、新旧程度、设备维护和日常管理水平等(黄一心 等,2018)。船舶吨位、功率、类型等固有属性是主要影响因素,船舶设备、管系、活动类型、频率和强度也有较大影响,气候条件、日常管理水平等也对舱底水量有一定程度的影响。较高的吨位和主机功率表明船上机械、设备较多,管系多而复杂,连接点多,易产生更多泄漏点,生产生活活动频率和强度较高,导致污染物产生位点多且分散,有效收集各类废水、废油的难度较大,舱底水量也随之增加(丁日升,2000)。在吨位与主机功率相近的情况下,不同类型的船舶在设备、管系、活动类型、频率和强度上存在差异,对舱底水量也有较大程度的影响。有研究表明,舱底水量与船舶主机功率线性相关,每增加1单位主机功率(kW),舱底水量平均增加0.0247 L/d(Magnusson et al.,2018)。航行状态下,用水量和燃料消耗量更高,更多的设备和管系处于工作状态,舱底水量为 3～10 m³/d,通常大于停泊状态的舱底水量 (0.5～3 m³/d)(李莹 等,2008)。船舶所处气候条件会影响设备冷凝水量,锅炉等设备在进行维护、维修时需要排水,这些污水是舱底水的重要来源,会很大程度影响舱底水量。新船各运动和密封部件较为完好,"跑、冒、滴、漏"等现象不易发生,设备的拆卸、清洗、更换、维修频率较低,舱底水量较相同条件下的旧船低(黄一心 等,2018)。日常管理水平较高的船只通常禁止船员在机舱里洗漱,并防止各种清洗废水排入舱底(黄一心 等,2018),舱底水量通常较少。

表 2-2 不同来源舱底水的水质指标和范围

采样位置	样本描述	油浓度 (mg/L)	pH	电导率 (mS/cm)	TSS (mg/L)
原位采样	Milazzo 港(意大利)的私人客船	7 000.00	6.39～7.39	8.400	—
	Virginia(美国)集装箱船	5.35～11.09	—	—	—
	Los Angeles(美国)集装箱船	74.03～185.09	—	—	—
	Amirabad 港(伊朗)货船	—	8.00～9.00	—	220.0～1 760.0
	法国籍军舰	154.00	7.80	—	—
	美国籍军舰	10.00～2 953.00	—	—	41.0～2 684.0
	马来西亚东部的油轮	200.00	8.56	—	—
	Sing Amnuai 渔港(泰国)的小型渔船	58.00～976.00	6.80～7.44	4.220～6.250	—
	东部沿海海洋渔船(经 2 天静置)	68.60～550.40	—	—	—
	法国渡轮公司的船只(倾析-浮选后舱底水样品)	20.00～200.00	5.00～6.00	17.000～20.000	—
异位采样	Québec 市(加拿大)废物接收设施	800.00	7.09	0.668	543.0
	Szczecin 港(波兰)收集的舱底水样品	124.00～360.00	—	5.800～5.900	—
	Haydarpasa(土耳其)废物接收设施 预沉舱底水样品	93.00	6.86	31.100	111.0
	某海港污水处理设施 预沉舱底水样品	23.60～56.80	6.70～8.90	10.980～11.970	64.0～1 896.0
	Ecofuel 有限公司(塞浦路斯)预沉舱底水样品	—	7.50～8.50	38.100	800.0～1 200.0
	Haydarpasa 废物接收设施 预沉舱底水样品	6.50～736.00	6.34～8.06	—	13.3～660.0

注:原位采样指直接从船舶采集;异位采样指从相关废水接收设施、机构进行采集。

舱底水产生量目前缺少准确的科学定量计算方法,一般是通过船舶吨位、类型、功率等固有属性进行估算(李莹 等,2008)。通常以船舶吨位对舱底水量进行估算,船舶平均年舱底水量约为其总吨位的 10%(李莹 等,2008),阿拉斯加环境保护部的数据表明,总吨位 20 000～78 000 t 的大型游轮每年产生 1 800～7 200 m³ 舱底水(Rincon and La Motta,2014)。尽管船舶的吨位、功率以及类型作为船舶固有属性,对舱底水产生量具有决定作用,但船舶工作状态、气候条件、设备维护、新旧程度和日常管理水平等不确定性因素,也影响舱底水量,甚至同艘船的日舱底水量仍可能有较大幅度波动,从每天数升至数吨不等(贺梦凡 等,2021),考虑多种影响因素准确计算舱底含油污水的水量模型目前仍不成熟,有待进一步探究。

2.2 生活污水排放量

研究认为,船型和卫生设备类型及排水系统形式不同,船舶所排放的生活污水水量、水质有较大差异。和城市生活污水一样,船舶生活污水的产生和排放通常是不稳定的,因此其流量也不稳定。不同的是,船上人数比城市少得多,这意味着船舶生活污水水力流动的变化比城市大。船舶生活污水排放量通常是根据卫生设施、冲洗系统、每人每天生活污水量及在船人数进行估算。因此,其计算方法类似于居住区生活污水。但对于污水量变化系数的选择应考虑船舶自身的特点(董良飞、何桂湘,2006)。

尽管船舶生活用水通常都会转化为生活污水,但由于船舶生活污水的定义中不直接包括洗衣、洗漱、餐饮等废水,对这类排水无明确的限制,只是当这类排水混有粪便污水时才被列为生活污水,而厕所的冲洗用水直接被定义为粪便污水。按照《城市居民生活用水量标准》(GB/T 50331—2002)对城市居民家庭用水器具、洗浴频率、用水内容所进行的跟踪写实调查,冲厕用水量为每人每天 30~40 L,占每人每日用水量的 29%~35%。另外,厕所冲洗用水量的大小和所采用的冲洗系统有直接关系,船舶厕所每日冲洗所用水量取决于所采用的卫生器具类型、冲洗方式及数量(表 2-3)。据调查,货船厕所通常采用的卫生器具为蹲式、坐式大便器。

表 2-3 船舶生活污水产生数量及处理装置处理量

产地	服务人数（人）	生活污水量 [L/(人·d)]	装置型号	冲洗系统	处理量 (L/d)
美国	36	114	ORCAII-36	标准冲洗	4 088
英国	40	75	ST-4	标准冲洗	3 010
日本	40	60	SBT-40	标准冲洗	2 400
德国	50	90	KAS-S50	标准冲洗	4 500
中国	40	80	CSWA-40	标准冲洗	3 200
中国	40	77	WCB-40	标准冲洗	3 080
中国	50	10	WCV-50	真空冲洗	500

根据国内对民用船舶的实船调查统计结果,每人每天排出的纯粪尿量为 1.5 kg,生活污水量取决于厕所大便器冲洗水量。在保证清洁的前提下,一般蹲式大便器采用自闭式弹簧冲洗阀,每次冲洗水量为 7 L,坐式大便器冲洗水量略多于蹲式大便器,粪便污水量约为 15 L。另外,根据目前国内外船舶生活污水处理装置的处理能力及服务人数,推算出其采用的每人每天生活污水量与实船调查结果基本一致(董良飞、何桂湘,2006)。

2.3 船舶垃圾产生量

海上来源的海洋垃圾主要来自船舶运输活动过程中产生的生活垃圾，或是近海、远洋渔业捕捞产生的丢弃物，如破损渔网、废旧浮筒等，海底石油和天然气平台及井台设施也会在作业过程中产生一定垃圾。全球范围来看，陆地来源的海洋垃圾约占总量的4/5，其余的为海源污染物。不同地区的来源分布占比存在一定的差异性。在船舶运输密集的海域，例如北海地区，有一半的海洋垃圾来自船舶污染。

通过近年的《中国海洋环境状况公报》可以发现，我国海面漂浮垃圾占比较高的为泡沫快餐盒及碎片、塑料袋、塑料瓶、塑料餐盒、渔线和渔网、漂浮木块或片状木、浮标等；海滩垃圾主要有烟头、塑料袋、塑料绳索、聚苯乙烯塑料泡沫餐盒或碎片、渔具、金属饮料罐和玻璃瓶或碎片等；海底垃圾主要由塑料袋、塑料片、金属饮料罐、玻璃瓶、渔网和片状木块组成。海洋垃圾中塑料约占80%。海洋塑料垃圾中约10%是渔民捕捞过程中废弃的渔网，约10%是海上航运的货船丢弃的，剩余80%的塑料垃圾则来自沿岸的人类活动(王慧卉、梁国正，2014)。

根据《生活垃圾产生量计算及预测方法》(CJ/T 106—2016)(中华人民共和国住房和城乡建设部，2016)，沿海居民人均生活垃圾日产量的数值为：城市人均生活垃圾产量为1.0 kg/d；乡镇人均生活垃圾产量为0.7 kg/d。通过船舶污染源实地调查，可以了解渔民的船舶生活垃圾产生量。刘晓东等(2009)采用弹簧秤对船民生活垃圾秤重，调查生活垃圾产生情况，计算船舶垃圾产生量，调查发现各船舶的垃圾产生量相差不大，介于0.1到0.5 kg/(人·d)，船员垃圾平均产生量为0.25 kg/(人·d)，垃圾产生量小于城市居民。垃圾主要成分为剩菜剩饭、菜叶、果皮等。近海航运的运输或旅游船舶，由于受到海事机构较为严格的管控，船员的生活垃圾基本都会被带上岸处理，不会直接丢弃至海洋环境中。因此，这两类船舶排放入海的塑料垃圾数量极少(纪思琪，2019)。

海水养殖过程中产生入海的塑料垃圾，包括丢弃的废旧泡沫浮筒、破损渔网、渔民生活垃圾等。渔民每捕获125 t鱼，会丢弃大约1 t渔具在海洋中，成为"鬼网"。江苏海洋捕捞方式以张网和刺网为主，在进行张网和部分刺网作业时需要使用浮标灯示位，按每艘船携带6~7张网具，每年至少使用2 000节干电池，估算吕泗渔场每年约有1 500万节干电池被扔进大海(袁士春 等，2010)。

海洋垃圾的排放与人类活动有着紧密联系，如沿海居民生活垃圾的处置是否得当、沿海地区对塑料等物质从生产到废弃整个生命周期的管控程度等，都会影响最终入海的垃圾排放量(纪思琪，2019)。通过对中国、智利海湾中的海洋垃圾调查、沿海水域的海洋漂浮垃圾和人为垃圾分布密度与种类构成的多年比较，发现近岸水域的海洋垃圾与生活垃圾呈极为显著的相关性，与沿海人口、经济水平、管理水平等方面有关。

3 船舶污染物产生量计算分析方法

船舶污染物排放量的确定是船舶污染防治的基础性研究工作。目前船舶污染源强调查尚不够充分，第一手的研究资料很少，基础研究比较薄弱，基本停留在定性了解和经验估算阶段。由于船舶污染源属于流动污染源,与一般点源相比,污染物排放量及排放位置具有不确定性,并与船舶吨位等固有属性及船舶工作状态等不确定因素有关,为上述研究工作的开展带来了困难(刘晓东 等,2009)。

目前我国常用的船舶污染物产生量计算分析方法有两种。一是基于船舶签证数据分析方法,二是《港口、码头、装卸站和船舶修造、拆解单位船舶污染物接收能力要求》(JT/T 879—2013)中的经验公式(谭力 等,2018)。

3.1 基于船舶签证数据分析方法

基于船舶签证数据,依据下式确定船舶污染排放量:

$$W_i = \sum t \cdot q_i \cdot (GT, r)$$

式中:W_i 为第 i 类船舶污染物到港产生量;t 为单艘船舶污染物储存时间;i 为第 i 类污染物,可代表船舶含油污水、船舶生活污水和船舶垃圾;q_i 为船舶污染物产生系数;GT 为单艘船舶总吨数;r 为单艘船舶船员数。

3.2 《港口、码头、装卸站和船舶修造、拆解单位船舶污染物接收能力要求》中的经验公式

《港口、码头、装卸站和船舶修造、拆解单位船舶污染物接收能力要求》提出了港口船舶污染物接收能力的测算方法,可用于估算船舶污染物产生量。

$$T_i = (f_N \cdot \overline{W}_N \cdot N + f_T \cdot \overline{W}_T \cdot T + f_G \cdot \overline{W}_G \cdot G) \cdot \alpha$$

式中:T_i 为第 i 类污染物产生量;i 为第 i 类污染物,可代表船舶含油污水、船舶生活污水、船舶垃圾和化学品洗舱水;f 为权重系数,其中 $\Sigma f_i = 1$;$\overline{W}_N$ 为每艘次船舶产生的污染物均量推荐值;$\overline{W}_T$ 为每万总吨船舶产生的污染物均量推荐值;$\overline{W}_G$ 为每万吨货物吞吐量产生的污染物均量推荐值;N 为年船舶进港总艘次;T 为年进港船舶总吨数;G 为年港口货物吞吐量;α 为修正系数。

3.3 船舶生活污水量

船舶生活污水量取决于用水量的多少,粪便污水则取决于冲洗水量的大小。通常对船舶生活污水量的确定,国内外计算方法均按照每人每天的污水产生量进行计算(董良飞、何桂湘,2006)。船舶每年生活污水排放量按下式计算:

$$F_L = \sum_i \sum_j P \cdot M_L \cdot t$$

式中:F_L 为年生活污水排放量;i 为船舶用途(i = 捕捞船、养殖船、辅助船、科研船、运输船、执法船);j 为船舶作业类型(j = 刺网、钓具、敷网、笼壶、拖网、围网、杂渔具、张网、其他);P 为不同类型船舶的乘员人数(人);M_L 为每人每天生活污水产生量(kg);t 为渔业船舶作业时间(d)。

据资料估算(董良飞、何桂湘,2006),美国、日本及国内粪便污水量见表 2-4。

表 2-4 粪便污水估算量　　　　　　　　　　　[单位:L/(人·d)]

美国	日本	中国
114~171(标准冲洗)	16~21 (大便 10~15 L/次,1 次/d; 小便 1 L/次,6 次/d)	20~30
11.5~35(减量冲洗)		

4 渔业船舶排放污染物环境影响

船舶是重要的移动式水污染源,产生的各类污染占全球海洋环境污染的 35%。石油类污染物对江河湖泊、海洋等自然水体的生态环境危害最为突出。

4.1 船舶含油污水排放的危害

石油类污染物排入海洋后,含油污水在海洋环境中有三种存在形式:①漂浮在海面的油膜;②溶解分散态,包括溶解和乳化状态;③凝聚态的残余物,包括海面漂浮的焦油球以及在沉积物中的残余物。石油类污染物是一种难溶性物质,会在海洋表面漂浮形成油膜,油膜是石油被排入海洋的初始状态,通过物理、化学、生物作用发生变化,石油乳化,形成一个个被活性物质包裹的石油滴,部分进入细胞被降解,难降解部分形成凝聚态的焦油球,密度较大的变成沉积物。油膜的寿命取决于当时当地的海空动力因素及地理状况、海洋环境的化学生物因素、油的物理和化学性质以及油量等(田立杰、张瑞安,1999)。

4.1.1 对海洋环境的影响

局部海域油类浓度过高,引起海水溶解氧含量降低。当油浮在水面迅速蔓延形成油膜,把水与空气隔开,导致正常的复氧条件被破坏,海洋生物不断呼吸,致使海水中氧气含量不断降低,氧气无法融入海水,海洋的自净能力也随之减弱(Magnusson et al., 2018)。一滴石油能够在水表面形成 0.25 m^2 的油膜,1 t 石油在水面上形成的油膜面积能达到 $5×10^6$ m^2(陈余海 等,2017)。一般轻油油膜在海面的残留时间为 10 天左右,重油油膜在海面停留的时间较长,将严重地影响海区的海空物质交换、热交换,使海水中氧含量、化学耗氧量、比重、温度等环境因素发生变化,油膜还会严重破坏海洋环境的自然景观,降低海洋环境使用质量(田立杰、张瑞安,1999)。另外,由于石油污染物,我国滨海的湿地资源严重退化,据统计,退化的 219 万公顷[①]湿地,占了滨海湿地的 50%(陈余海 等,2017)。石油类污染物还会通过阻碍正常的海水蒸发过程,改变水面的反射角度和反射光线量,加剧温室效应,影响全球气候(贺梦凡 等,2021)。

---

① 1 公顷=10 000 平方米。

4.1.2 对海洋生物的影响

石油类污染物会对海洋生物和生态系统造成非常严重的危害。由海藻通过光合作用进行的初级生产是海洋生态系统中一个极为重要的过程。它通过全球 CO_2 的收支平衡、海洋表层水温的季节变化和大气紫外线的吸收影响着全球气候变化,通过初级生产者的丰度变化影响海洋渔业资源,通过各种生理生态过程影响着全球海洋生态系统的平衡。油膜会阻碍阳光射入海洋,隔断海水表面对太阳辐射的吸收,阻碍 O_2 和 CO_2 的扩散,造成质膜和叶绿体瓦解,膜和色素化合物产生变化,叶绿素 a 被破坏以及一些光合作用酶的活性受干扰等,影响了浮游植物的光合作用,使水域的生产力明显下降(吕颂辉、陈翰林,2006)。

石油类污染物对产卵和孵化场鱼类的伤害很大,鱼卵和幼鱼可能被杀死,鱼的怀卵数量和产卵行为发生变化,影响鱼的种群繁殖。因油污干扰,鱼类的生理、生化机能发生异常,导致畸形或病变。有研究发现,石油类污染物使太平洋鲱鱼的卵孵化成幼体时死亡率上升了两倍,幼体的生长速率只有原来的约一半(McGurk and Brown,1996),鲱鱼幼体明显表现出异常,包括畸形、基因损伤、体积变小等(Norcross et al.,1996;Hose et al.,1996)。

珊瑚礁是由珊瑚在其生命活动中分泌的大量碳酸钙经过世代不断地交替堆积而形成的,珊瑚是独特的底栖生物类型。南海的四大群岛主要是由珊瑚礁构成的岛群。珊瑚礁是地球上生物多样性最高的生态系统之一。珊瑚礁生态系统中有超过 2 500 种珊瑚礁鱼类和 700 种造礁珊瑚,以及其他大量的无脊椎动物与植物,使得珊瑚礁生态系统拥有"海中热带雨林"的美誉。石油类污染物会导致珊瑚虫的硬壳被破坏,产卵量下降,幼体的存活率降低,并使成体的生长缓慢。珊瑚虫的生殖组织的生长也会受到影响(Guzman et al.,1991,1994)。且由于珊瑚虫生长较缓慢,石油类污染物对珊瑚礁的影响会长期存在(Guzman and Holst,1993)。

红树林是介于陆地与海洋过渡带之间一个非常独特、兼具陆海生态系统特性的边缘生态系统,在自然界生态平衡的调节中具有特殊的作用。红树林不仅是沿海防护林网的第一道防线,其根系网络及其圈埋的沉积物还为鱼、虾、蟹、贝等海洋生物提供栖息场所;同时,它还是鸟类生息的天堂。红树林生活区域几乎不受波浪作用的影响,盘根错节的植物根系进一步减缓了流速,致使悬浮的沉积物和有机质沉积于底部(吕颂辉、陈翰林,2006)。富含有机质的底泥使得石油类污染物易被滞留在红树林内,红树林对石油类污染物极为敏感。若油膜覆盖在裸露的树干、支撑根及呼吸根上,会堵塞树根的吸气孔,或影响树的盐平衡,使得叶子脱落、变形,阻碍生长,种子畸变和死亡(Nansingh and Jurawan,1999;Qian and Mendelssohn,1996)。底泥内的多环芳烃浓度升高还会导致红树植物的基因发生变异,长期影响红树林群落(Proffitt et al.,1995)。

中华白海豚属于国家一级保护动物,被誉为"海上国宝",它在军事、医疗、仿生、物种进化以及生物多样性等方面具有很高的科研价值。有研究表明,石油类污染物对于白海豚的生理、生态活动有较大的负面影响,影响范围包括回音定位、摄食、呼吸、繁殖、地域分布和生命安全。其中最直接的影响就是对呼吸的,由于中华白海豚用位于头顶的气孔呼吸,气孔直接连接肺部,如果白海豚碰上石油类污染物,其上浮呼吸过程中肯定会接触油污,就存在呼吸时把油污吸入肺部的可能,这必然会危害中华白海豚的生存健康(陈裕隆等,2004;戴明新等,2005)。

石油对各海洋生物类群危害浓度、对鱼类胚胎的毒性效应以及对扇贝、鲍幼体急性毒性实验的产残废率见表2-5至表2-7。

表2-5 石油对各海洋生物类群危害浓度

海洋生物类群	危害浓度(mg/dm^3)
异养微生物	0.30~1 000.00
单胞藻类	0.50~1 000.00
大型藻类	100.00~1 000.00
甲壳类	0.01~1 000.00
鱼类	0.01~2 000.00
贝类	0.10~105.00
环节动物	0.10~5 000.00
棘皮动物	0.10~5 000.00

表2-6 石油对鱼类胚胎的毒性效应

油浓度(mg/dm^3)	孵化率(%)	孵化仔鱼死亡率(%)	孵化仔鱼畸形率(%)
0.00	85	4.4	1.5
0.01	84	5.0	1.8
0.05	75	8.0	2.5
1.00	70	15.7	4.1
3.20	60	22.7	6.1
5.60	50	30.1	20.5
10.00	40	67.9	50.0

表2-7 石油对扇贝、鲍幼体急性毒性实验的产残废率

生物名称	实验口径	油浓度(mg/dm^3)				
		0.00	0.10	0.32	1.00	3.20
扇贝	48 h 死亡率(%)	1.2	3.3	4.0	5.5	18.6
	96 h 死亡率(%)	1.3	3.3	10.3	29.0	77.4
鲍幼体	48 h 死亡率(%)	0.9	2.3	3.1	4.6	15.7
	96 h 死亡率(%)	1.0	2.3	8.3	26.2	72.2

由此可见,海水表面石油膜能阻碍海洋植物的光合作用,影响生物生理、生化功能,甚至导致海水缺氧从而造成生物大面积死亡。长时间的石油污染会对水生物产生慢性毒害作用,破坏水域中的珊瑚礁、湿地和红树林等重要生态系统(吕颂辉、陈翰林,2006)。海洋

石油类污染物会损害海洋生物器官功能和生殖能力,导致大量生物变异,甚至死亡(田立杰、张瑞安,1999)。更加严重的是,当海水受到污染后,海洋的自净能力不足以使海水恢复到海洋生物生存的水质标准,海洋生物的生存环境受到严重的影响,贝类、藻类、鱼类和其他经济类海洋生物生存环境遭到破坏。

4.1.3 对人类的影响

石油类污染物被海洋生物吞食之后,沿食物链传递,最终也会被人类吸收。石油类污染物中所含的芳香烃对生物有剧毒作用,经过生物的富集,通过食物链作用对大片海域的生物产生长期影响,危害人类身体健康。烃类能导致基因的突变,也会导致癌症的频发。石油类污染物的燃油成分能引起人体麻醉、窒息、化学肺炎、皮炎等症状,汽油成分有麻醉毒性,会引起中枢神经系统中毒性错乱和造成呼吸系统的损伤,柴油成分吸入会引起化学肺炎。

4.2 船舶生活污水排放的危害

船舶生活污水,主要是粪便污水中含有大量的有机物,以及可导致海洋生物甚至人类大量感染的细菌、寄生虫甚至病毒。船舶生活污水排放到水中后,有机物在细菌和其他微生物的作用下氧化和分解,这些过程必然消耗水中的溶解氧。过度排放生活污水会导致水中溶解氧含量下降,形成厌氧生境,破坏海水自然净化过程,改变海洋生态系统,造成海洋动物迁徙或死亡。船舶生活污水中高浓度的营养盐排放可导致污染海区富营养化现象加剧,藻类生物量快速增加,引发赤潮,使低营养级水平的海洋生物取代较高营养级的海洋生物(李森,2010)。受污染的海域和渔场将产生腥味,变得恶臭,并滋生大量传染性细菌。据统计,每毫升未经处理的船舶生活污水中含有数百万个细菌,尤其船舶卫生间、医务室所排放的一些污水包含很多的病毒,其中大部分是病原体,可能会造成一些疾病的传播(董良飞、何桂湘,2006)。

4.3 船舶垃圾排放的危害

船舶垃圾中,塑料制品对海洋环境和生物影响最大。在光照、风吹和洋流作用下,排入海洋的很多塑料垃圾老化被分解为微小颗粒,通常粒径<5 mm 的塑料颗粒称为微塑料(Arthur et al.,2009),其化学性质稳定,可在环境中长期存在(Cózar et al.,2014),是一种新型次生环境污染物,可随海洋动力过程进行远距离迁移,导致全球范围内的海洋塑料污染(Law et al.,2010,2014)。海洋环境中常见塑料垃圾的化学组成主要有热塑性聚酯(Polyester,PET)、高密度聚乙烯(High density polyethylene,HDPE)、聚氯乙烯(Polyvinyl chloride,PVC)、低密度聚乙烯(Low density polyethylene,LDPE)、聚丙烯(Polypropylene,PP)、聚苯乙烯(Polystyrene,PS)、聚酰胺(Polyamide,PA)等(Andrady,2011)。据估算,目前全世界海洋漂浮的塑料碎片超过 5 万亿个,重量在 25 万 t 以上(Eriksen et al.,2014)。塑料垃圾在海洋环境中会发生一系列的迁移和转化(图 2-5)(刘强 等,2017)。如果密度低于海水,塑料颗粒进入海洋环境后会漂浮在海水上或悬浮在海水中,在洋流、潮汐、风浪、海啸等动力过程驱动下进行扩散。海浪和潮汐还会驱使塑料颗

粒在海岸地区沉积(周倩 等,2015)。在海洋环境的长期作用下,具有疏水性的微塑料表面特征变得复杂,很容易吸附一些有机和金属类化学污染物,并且还会附着一些黏土颗粒、海藻、微生物等,这些过程会增大微塑料颗粒的密度或改变其表面特性,促使其发生沉降。在太阳辐射、海洋生物和海水等的作用下,塑料垃圾会发生光降解、生物降解、氧化分解和水解等降解和转化过程。在海洋环境中,长期的物理、化学和生物共同作用会将微塑料分裂成更小的纳米级颗粒,威胁海洋生物生存,使海洋环境质量恶化。

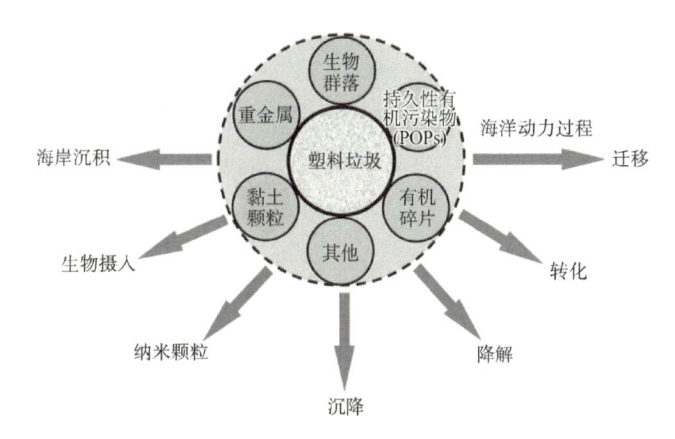

图 2-5 塑料垃圾在海洋环境中的行为(刘强 等,2017)

4.3.1 生物摄入

海洋塑料能通过生物摄入途径进入食物网。海洋环境中的塑料颗粒很容易被浮游动物、底栖生物、海鸟、海洋哺乳动物等摄入体内(图 2-6)。海洋生物摄入塑料颗粒与其摄食和呼吸方式有关,微塑料的粒径较小,海洋生物的摄食方式很难将微塑料与食物分离开来(Moore et al.,2001)。培养实验研究结果显示,东北大西洋常见的 13 种浮游动物可以摄入粒径为 1.7~30.6 μm 的聚苯乙烯塑料颗粒(Cole et al.,2013)。野外调查结果也表明,北太平洋冠状水蚤(Neocalanus cristatus)和太平洋磷虾(Euphausia pacifica)的体内均存在微塑料颗粒,并且其粒径范围(≤2 000 μm)远大于培养实验(<50 μm)(Desforges et al.,2015)。利用鳃孔呼吸的海洋生物(如蟹类)还可通过呼吸将塑料颗粒吸入鳃室(Watts et al.,2014);野生褐虾和养殖贝类的消化系统中发现微塑料(Lusher,2015;Van Cauwenberghe and Janssen,2014),北太平洋海域采集的 33.5% 的鹅颈藤壶胃肠道中检测出微塑料(Goldstein and Goodwin,2013),还有研究指出挪威龙虾(Nephrops norvegicus)肠胃中的塑料纤维丝主要来源于渔网(Murray and Cowie,2011)。另外,海洋生物会误食塑料,海洋鱼类以主动摄食为主,通过吸食、捕食、咬食、吞食等方式摄食悬浮在水体中的塑料颗粒。早在 20 世纪 70 年代就有报道称美国和英国沿海捕获的野生鱼类体内有塑料颗粒(Lusher,2015)。室内培养实验结果显示,鱼类在早期生活阶段会摄入粒径为 100~500 μm 的塑料颗粒,误食是鱼类摄入微塑料的主要途径。微塑料与浮游生物的大小和密度相似,容易被海洋生物误判为食物而主动捕获(Moore,2008)。鱼类的体型越

大,其摄入的塑料粒径也越大(Boerger et al.,2010)。海洋哺乳动物体型很大,可以通过滤食、呼吸或者捕食体内含有微塑料生物的方式将微塑料摄入体内。在海豹胃、肠中也发现塑料颗粒的存在,其个体数分别占总个体数量的11%和1%(Rebolledo et al.,2013)。野生管鼻鹱(Fulmarus glacialoides)、短尾鹱(Puffinus tenuirostris)、剪水鹱(Calonectris diomedea)、信天翁(Thalassarche melanophris)等近50种鹱形目动物的肠胃中都检测出了塑料颗粒,并且在鸟类的食物、反刍物和粪便等相关样品中也都检测到了微塑料(Lusher,2015)。

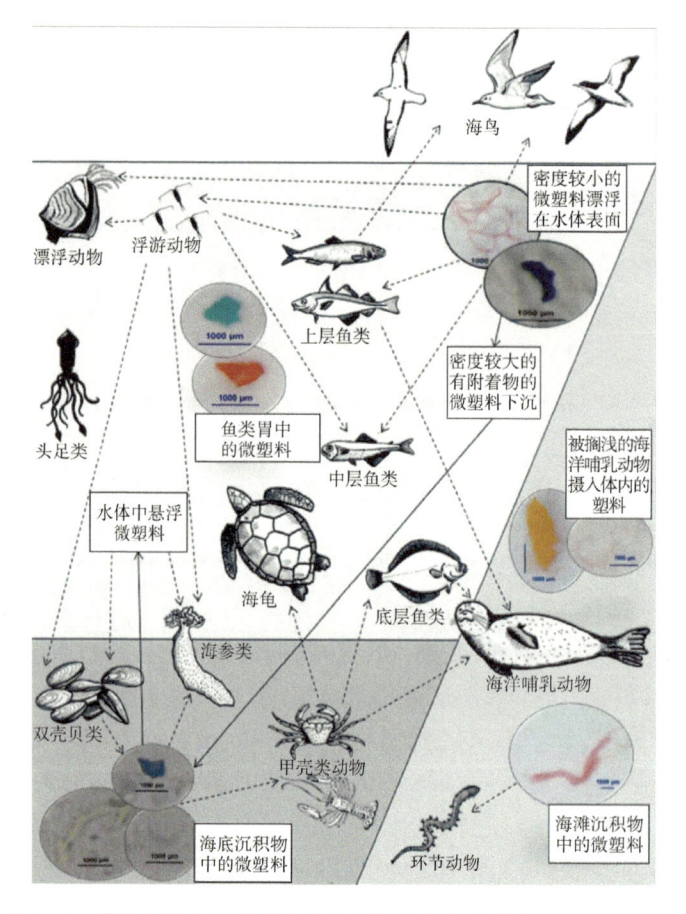

图2-6 海洋环境中微塑料的生物摄入及生物链传递(Lusher,2015)

海洋中的微塑料可沿食物链进行传递,低营养级生物体内的微塑料通过捕食作用进入高营养级生物体内。被海洋生物体摄入体内的微塑料颗粒可在其组织和器官中转移和富集,许多海洋生物的胃、肠道、消化管、肌肉等组织和器官甚至淋巴系统中均发现有微塑料存在(Lusher,2015)。粒径小于16 μm 的塑料颗粒可在贻贝的肌肉组织中富集,并会转移到淋巴系统(Browne et al.,2008),夹杂带丝蚓摄入的粒径为29.5±26 μm 的聚甲基丙烯酸甲酯可进入其肠道系统(Imhof et al.,2013),海豹排泄物中发现的微塑料可能来自其摄食的鱼类(Eriksson and Burton,2003)。蠵龟、平背龟、肯氏龟等可通过捕食体内含有微塑料的甲壳动物、软体动物、鱼类、海藻等摄入塑料颗粒(Graham and Thompson, 2009; Browne et al., 2008; Lusher, 2015)。

4.3.2 生物附着迁移

海洋环境中的塑料垃圾可成为微生物和藻类等生物附着生长的载体(Reisser et al., 2014),微生物会快速附着在塑料表面,一周左右便可形成牢固附着的生物膜,扫描电子显微镜和新一代基因测序技术分析发现,北大西洋近岸水体中附着在微塑料上的微生物群落包括异养生物、自养生物、共生生物等(Zettler et al., 2013)。法国海湾水体的调查结果显示,平均约 22% 的微塑料颗粒样品表面附着小型海藻和有孔虫类,其中夏季样品附着的比例更高(Collignon et al., 2014)。微塑料化学性质稳定,在海洋环境中很难被降解,且在海洋动力过程作用下可远距离迁移。微塑料被生物附着后就成为生物传播的载体,当附着有生物的微塑料跨生物地理区系迁移,就会导致生物入侵。

4.3.3 塑料的毒性效应

室内实验结果表明,塑料颗粒对生物体的存活率、生长发育、行为活动、生殖状况、基因表达等方面都有明显的影响。塑料颗粒的毒性作用与其材质类型、尺寸大小、暴露剂量等有密切联系,并且受试物种的差异也非常显著。

塑料颗粒暴露可导致海洋生物的存活率降低、死亡率升高。钩虾暴露在粒径在 10~27 μm 聚乙烯微塑料和粒径在 20~75 μm 聚丙烯微塑料的实验中显示出明显的剂量-效应关系,随着塑料颗粒暴露剂量的上升,钩虾的死亡率也逐渐升高,并得出聚乙烯和聚丙烯微塑料对钩虾的 10 d 半数致死浓度(LC50)分别为 4.6×10^4 个/mL 和 71.43 个/mL (Au et al., 2015)。海鲈鱼的死亡率随着粒径在 10~45 μm 聚乙烯微塑料暴露剂量的增加从 30% 左右显著上升至 44%,0.05 μm 和 0.5 μm 的聚苯乙烯微球对日本虎斑猛水蚤的致死率随着暴露剂量的增加而显著上升,棘皮动物幼体存活率在 300 个/mL 的、粒径在 10~45 μm 聚乙烯微塑料暴露剂量下明显降低(Lee et al., 2013;刘强 等,2017)。塑料颗粒摄入会对生物体的生长发育产生负面影响。暴露于微塑料环境中的鱼类受精卵孵化率明显下降,仔鱼的体长也有所降低(Lönnstedt and Eklöv, 2016),沙蚕体重降低程度与沉积物中聚苯乙烯颗粒 40~1 300 μm 的浓度正相关(Besseling et al., 2013),海胆对聚乙烯微球的摄入量越多,海胆的体形越小(Kaposi et al., 2014)。塑料颗粒的摄入可以影响生物个体的行为特征。暴露于塑料颗粒中会让鲈鱼仔鱼的嗅觉灵敏性和活动能力变差,面对外来刺激时其反应变得迟钝(Lönnstedt and Eklöv, 2016)。塑料颗粒具有生殖毒性,会损害生物生殖健康。暴露在微塑料中的雌性牡蛎产生的卵母细胞个数减少和直径变小,雄性产生的精子活动速率降低,子代幼体的生长速率变慢(Sussarellu et al., 2016)。暴露在粒径在 0.5 μm 和粒径在 6 μm 的聚苯乙烯颗粒中的日本虎斑猛水蚤的繁殖能力显著下降(Lee et al., 2013)。进入生物体内的塑料颗粒可通过组织和器官的转移与富集进入机体免疫系统,对生物体产生免疫毒性。粒径小于 16 μm 的微塑料会转移到贻贝淋巴系统(Browne et al., 2008),粒径小于 80 μm 的高密度聚乙烯微塑料可在贻贝消化系统中富集,导致血流粒细胞增多和溶酶体膜不稳定等,引发机体免疫系统的炎症反应,并且表面形状不规则的塑料颗粒要比表面平滑的微塑料颗粒更能引起免疫反应。塑料颗粒还会影响生物机体的基因表达,并产生遗传毒性。基因组学的研究结果显示,微塑料暴露可改变牡蛎生殖细胞和卵母细胞的基因表达,日本青鳉鱼雌性个体多个基因表达显著下调,紫贻贝上千个基因表达异常(Sussarellu et al.,2016;刘强 等,2017)。

塑料能够与其他污染物一起对海洋生物产生复合毒性。在海洋环境中的塑料垃圾表面容易吸附一些疏水性持久性有机污染物,如多氯联苯、多溴联苯醚、有机氯农药、多环芳烃、石油烃、双酚A等,还会吸附一些重金属如铅、锌、铜、铬、镉等。塑料颗粒与持久性有机污染物的复合体可导致日本青鳉鱼多个基因表达出现下调现象,并且雄性个体的生殖细胞出现异常增殖现象,还会明显损伤日本青鳉鱼的肝脏组织(Rochman et al.,2013,2014)。塑料颗粒与多环芳烃的复合污染会降低鰕虎鱼乙酰胆碱酯酶(AChE)和异柠檬酸脱氢酶(IDH)的活性,增加鱼类种群的死亡风险(Oliveira et al.,2013)。

5 渔业船舶污染物排放的防控措施

船舶污染物作为一种移动源,具有排放源分散、监管难度大的特点,其违规排放具有较高的环境风险。相关研究人员从技术更新、制度完善等多个方面对加强渔业船舶污染物的排放防控措施进行了研究。

5.1 推进绿色能源在渔业船舶中的应用,倡导绿色船舶替代传统渔业船舶

含油污水是渔业船舶排放污染物的主要部分。通过节能减排技术的突破,减少渔业船舶含油污水的产生量是控制渔业船舶污染物排放的关键。在渔业船舶中采用电力、液化天然气(LNG)和甲醇等清洁绿色能源作为动力系统,能从根本上遏制渔船含油污水的产生。现在已有渔船实现柴油-甲醇的双燃料动力系统的成功改装(袁世春,2017),由于改装难度较小,具有较强的推广潜力。绿色船舶通过采用先进技术,使船舶在设计、建造、营运和拆解的全寿命周期中,都能体现节省资源、能源和减少或消除环境污染的原则。这种绿色船舶把"使用功能和性能的要求"与"节约资源与保护环境的要求"紧密结合起来。绿色船舶得到了国际社会及公众的普遍认可(张向辉,2013;陈明义,2015)。若绿色燃料在渔业船舶中大量投入使用,绿色船舶大量替代传统渔业船舶,未来渔业船舶污染物排放量将大幅减少。

5.2 推广新型柴油机在渔业船舶中的应用,提高节能技术普及率

在柴油机领域,西方发达国家利用技术优势不断推出新产品和新机型。船用柴油机节能、环保性能获得大幅提高。例如,增压中冷技术可以有效提高进入气缸的空气量,改善燃烧过程,提高柴油机的做功能力;高压共轨燃油喷射技术,能精确控制喷油时间和油量,最大限度地节省燃油;单缸四气门发动机能加快气缸内换气速度,提高燃烧效率;采用油电混合动力系统,能降低综合耗油量(田晨曦,2018)。由于我国经济发展的不平衡,多数渔民仍在使用10年以上的老旧机型柴油机,甚至15年以上的老旧机型仍占有一定比例。5年以上的

柴油机油耗将增加10%,使用10年以上的柴油机油耗将增加超过15%(张祝利 等,2009)。老机型与新机型相比油耗至少相差10%,用现在的节能型柴油机来替换使用5年以上的老旧柴油机,可节约约20%的能源消耗。目前国内一批有实力的柴油机生产企业通过合资运营等方式基本上也都掌握了柴油机最新技术,但由于新型柴油机的造价和使用成本较高,在渔业船舶市场使用不多。我国渔业船舶柴油机新技术应用落后先进国家10~20年的原因并不在于技术方面,而主要在于新产品的普及率。提高节能技术普及率,能有效降低渔业船舶能源消耗量及污染排放量(张伟信、崔雪亮,2014;廖朋,2018)。

5.3 促进新型材料渔船在造船业中的应用,提高渔业船舶降耗减排效能

我国渔船数量大,高耗能、高污染的木质渔船占比超85%。同尺度的玻璃钢渔船比木质渔船的燃油消耗要少10%~15%,使用寿命可达50~60年,是木质渔船寿命的4倍,是钢铁质渔船寿命的2倍,玻璃钢渔船坚固耐用、维修方便、修理成本相对低,维修费用也能大幅降低(吴如珂 等,2018)。聚乙烯材料(HDPE)渔业船舶仿照钢质船舶的制造工艺,采用聚乙烯板材直接焊接成型船体结构,建造成本低,船型设计灵活,船体有韧性,回弹性好,抗冲击性、抗沉性好,船舶本身即使进满水也不会沉没,且聚乙烯材料密度较小,聚乙烯船艇自重更轻,燃料消耗更低,能效比更高,比木船、铁船和玻璃钢船等更节能,这些都有利于减少船舶污水排放(杨烨 等,2017)。据估算,聚乙烯船舶的自重只有木船重量的2/3、铁船的1/2,按载荷比计算,耗油量一般可以节省15%~25%。可见,选用轻型材质建造渔船可有效减小渔船航行阻力,从而有效降低能耗,减少污染物排放(廖朋,2018)

5.4 继续推进渔业船舶标准化,加强标准化船型指标的规范指导

中国渔船标准化经过40多年的发展,各类渔船标准船型逐渐成形,推出十大渔船标准化船型,不仅渔船的结构强度、稳性、水动力和运动性能有了很大提高,而且在节能减排、新型材料应用方面也有了突破,能有效解决传统渔船老旧小、船型杂乱、装备落后和效率低等问题(赵炳雄 等,2020)。国家通过实施海洋捕捞渔船更新改造工程,使一批木质渔船、老旧渔船被淘汰,一批现代化渔船船型已经完工并进行生产作业,引导了国内海洋捕捞渔船向"安全、节能、经济、环保、舒适"方向发展,全面提升了国内捕捞渔船的船型设计和装备技术水平(王贵彪 等,2021)。然而由于现有渔船存量大、船型混杂,船型标准化工作进展缓慢,"安全、节能、经济、环保、舒适"5个指标的渔船船型发展的评价大多停留在定性描述的阶段,缺乏定量的表达,可供选择的节能型渔船船型十分有限,难以满足渔业生产的实际需要。实践证明,优化船型能够实现5%以上的节能减排。目前相关部门高度重视渔船标准化船型的开发试点工作,结合各地的渔船作业习惯和特点,开发出适宜当地的标准船型,解决渔船船型混杂的问题。随着各地区标准化船型的推广应用,安全性能可靠、技术和经济指标优化、环境友好的船型将在渔船节能减排中发挥关键作用(廖朋,2018;王贵彪 等,2017,2021)。

5.5　提升渔业船舶污染物排放监管水平，突出政府对污染物排放的管理职能

监管部门充分认识到渔业船舶污染物排放的危害性，积极履行环境保护职责，通过完善制度、引入技术、加强处罚等，从源头上实现长效管理。例如，加强对污染物处理设备安装的监管要求，将是否配备污染物处理设备作为渔业船舶年检的必检项目，对于未根据要求安装相关设备的不予通过年检；利用目前油污水分离设备报警器实时记录、保存相关的数据，监督渔船运行过程中油污水处置管理，利用北斗定位系统及在线监控设备，加强油污水分离设备运行的监控，加强重点海域渔业船舶污染物处置的监管；充分利用各种监控设施、无人机等信息化手段，对作业渔船进行监管；加强污染物违法排放处罚力度，控制渔业船舶污染物的任意排放（廖朋，2018；袁士春 等，2010；陈余海 等，2017）。

适当延长禁渔期，让渔业资源可持续。虽然国家已设置了休渔期，但每年开渔后一段时间内捕获量确实比休渔前有明显增加。不过由于之前的过度捕捞，捕捞收获很快就一网不如一网，情况与休渔期前一样，也就是说，开渔后在很短一段时间内可抓的鱼就少了，但渔船依然进行作业，这样一来，渔船每天白白消耗很多燃油，渔获物却越来越少，每年总的捕获量与燃油消耗还是不成正比，这是一种浪费。所以应该针对不同地区不同渔汛的特点适当地延长休渔期，让渔业资源恢复，符合可持续发展观念。

5.6　增加渔港防污设施投入，提高渔船防污设备扶持力度，促进渔船及装备的技术更新

目前多数渔港内部都没有建设相应的渔业船舶排放污染物接收设施。有些渔业船舶虽然将污油水带回渔港，但却是为了将废油卖给从事污油水接收的个体船舶。个体船舶接收污油水的目的不是防污染，而是倒卖废油营利，在回收表层废油后，将大量底层含油污水排入港内（袁士春 等，2010）。小型渔船空间较小，安放含油污水处理设备妨碍渔民作业，所以渔民缺乏积极性。政府投入资金在渔港建设渔业船舶排放污染物接收设施，研发成本低、操作与维护简便、占用空间小、自动化程度高的轻型滤油设备，将有利于提高渔船污染物处置率和回收率（廖朋，2018）。

拥有先进技术的油水分离器、节能低排放柴油机、玻璃钢船、聚乙烯船在渔业船舶上之所以推广缓慢，主要原因是该类产品价格昂贵，渔民作为一个对价格十分敏感的群体，在经济上还难以承受高昂的投入，所以缺乏内在动力（张伟信、崔雪亮，2014；王贵彪 等，2017；杨烨 等，2017）。政府支持力度不足，政策引导不够，覆盖范围不广，渔民也不熟悉申请政策扶持的程序。政府可以通过提高对使用油水分离器、节能型柴油机和新型材质的渔船的政策性补贴，助力渔民用得起节能减排型渔船，降低补贴门槛，简化办事程序，将补贴落到实处；完善渔船配套产业链及相关服务，扶持当地渔船配套企业的发展，完善渔船尤其是小型渔船的配套体系，拓展渔船相关的产业链，帮助渔民解决相关设备的购置、维修问题；同时实行强制报废制度，淘汰高耗能、高排放的老旧高龄柴油机渔船，或参照家电或农业机械销售模式，采用以旧换新并辅以适当补贴的办法更新渔船柴油机（张伟信、崔雪亮，2014；王贵彪 等，2017）。

5.7 加强海洋环境保护、新技术、新材料的宣传力度,强化渔民环保意识,关注渔民的切身利益

渔民普遍对船舶污染物排放造成的环境污染危害性认识不够。不少渔船在进港路上就把舱底油污水直接排放掉。小型油污水收集船把上层高度油污水收集后,将下层水直接排放到水体,而下层水即使长期静置仍远超排放标准,直接排放会对水体造成污染。因此要加强宣传工作,使广大渔民认识到船舶水污染物会严重威胁海洋生物生存,危害人类利益,从而自觉加入防污染的队伍。制定激励措施,鼓励社会监控,设立具有较强激励作用的举报奖励制度,调动渔民的积极性,减少污染物的排放(廖朋,2018)。

玻璃钢与聚乙烯等新材料渔船,是继木质渔船、钢质渔船之后渔船行业的又一次重大的行业革命。与普通渔船相比,新材料渔船具有自重小、安全性好(有压载兼浮力舱)、节能(吃水小、表面光滑)、环保、使用年限长等优点,相比传统的钢质渔船,其在装载量、航速、节能等方面有了显著的提高。但是,由于新材料渔船的造价和维修费用高,配套设施还不完善,极大地影响了渔民建造新材料渔船的积极性。因此,除适当增加玻璃钢渔船建造的补助外,政府相关部门还需要加大对玻璃钢等新材料渔船的宣传力度,建立玻璃钢等新材料渔船的示范点与推行样板船的试用,吸引渔民更新建造新材料渔船,体会此类渔船的优点。待新材料渔船的设计、建造技术以及群众接受程度提高时,根据实际情况推广这类新材料渔船(王贵彪 等,2017)。

5.8 建立健全渔业船舶污染物回收机制,加强部门协作,提升渔船污染物处置水平

渔民缺少有组织的污染物回收渠道,是造成海域污染的又一重要原因。欧盟国家规定船运公司每购买 1 t 油,必须支付 7.5 欧元的废物处置税,船舶处理废物时无须缴纳处置税。浙江省海宁市采取油污水收集由政府部门购买服务,落实专业公司专业船舶进行收集,实现船舶油污水零排放的目标(廖朋,2018)。长江江苏段实行"一零两全四免费"渔船污染治理手段,靠港和锚泊船舶污染物零排放、全接收,在航船舶污染物排放全达标,内河船舶免费生活垃圾接收、免费生活污水接收、免费水上交通、免费锚泊,形成了以地方各级政府为主导,海事统筹协调,生态环境部、交通运输部、住建部等部门监管联动,全行业共同参与的船舶污染防治共同体。目前,江苏海事局辖区已基本实现"一零两全四免费"全覆盖,形成码头企业履行船舶污染物接收主体责任、政府出资运营船舶污染物接收设施、水上服务区提供社会公益服务等三种治理模式(江苏海事局,2019)。借鉴内河渔业船舶污染物回收经验,政府投入资金建设、升级国家中心渔港,如沈家门渔港、吕四渔港建设专门的污染物接收和处理设施,建造专门的渔船含油污水、生活污水收集船或陆上收集设施,通过购买服务的方式,承接港口靠港船舶污染物的接收和转运处置,在原加油站、超市等服务区传统服务项目的基础上,实现升级改造,新增环保接收船,为靠泊船舶免费提供生活污水、垃圾等污染物接收服务,同时为附近锚地锚泊船舶提供污染物免费接收服务,实现统一接收、集中转运、上岸处置。

第3章

江苏沿海渔港及渔港经济区

第1节　江苏沿海地理环境特征

1.1　江苏沿海气候与水文特征

1. 气候特征

江苏沿海地区位于北亚热带与暖温带之间,受海洋性和大陆性气候的双重影响,气候类型以灌溉总渠为界,渠南属北亚热带季风气候,渠北属暖温带季风气候。年均气温北低南高,渠北 13~14℃,渠南 14~15℃;受海洋调节,年温差、日温差较内地小;冬半年偏暖,夏半年偏凉,春季回暖迟,秋季降温慢。江苏近岸海域冬季海面平均气温由陆向海增温显著;海面平均气温为 6.17℃,而沿岸气温在 3℃以下,离岸 100 km 内温度变化急剧;冬季平均气温零度等温线在陆地上大致与灌溉总渠所在的纬度重合,沿海边零度等温线由东西走向转为南北走向。冬季废黄河口以北等温线沿经线分布,气温向海递增,废黄河口以南到辐射沙洲北缘等温线大致沿纬线分布,向南温度递减,辐射沙脊区在王港海域以东有一低温中心,向四周温度递增。夏季海面平均气温为 28.36℃,比岸线附近低 1℃左右,气温基本沿纬线变化,南北差异不大。夏季江苏近海以王港海域以东为高温中心,温度向两侧递减(王颖,2014)。

沿海因受季风气候影响,降水较多,暴雨频繁,多年平均降雨量约为 995 mm,约是全国平均值的 1.6 倍,为湿润区。多年平均降雨量由南向北递减,年际变化较大,丰水年份 1 164 mm,特枯年份 679 mm。夏季降水量可达全年的 40%~60%,冬季仅 5%~10%。

江苏近岸海域冬季海面平均风速为 4.21 m/s,以 N、NW 或 NE 向为最大风频。夏季江苏近海海面平均风速为 2.76 m/s,以 S 或 SW 向为最大风频。冬季江苏沿岸盛行 NE—ENE 向风,风速相对较大,北部海州湾内有低速的向岸风,近岸还有与盛行风向相反的 SE 向的沿岸风,中部辐射沙脊群海域以 NW 向为主,风速较近岸小,弶港以南有低速近 E 向风。夏季,江苏近海风向较为一致,以 SE—SSE 向为主,受海岸线的影响,废黄河口以北海区以 SE 向为主,以南以 SSE 向为主。在弶港以南有 NW 向风。总的来说,江苏沿岸风向都与海岸平行,而弶港以南到长江口是江苏沿岸风速风向变化较复杂的海区。

台风是影响江苏的主要灾害性天气之一。台风发源于热带海洋上的气旋,往往带来区域性的大到暴雨,甚至特大暴雨,同时伴有大风天气,造成严重的经济损失,人民生命财产安全受到影响。1949—2010 年历年影响江苏省的热带气旋个数资料表明,西太平洋生成的热带气旋平均每年有 29 个,其中影响江苏省的热带气旋平均每年有 3.1 个,最多年份可达 7 个(1990 年),个别年份(2003 年)没有出现影响江苏的热带气旋。每年热带气旋影响江苏省的时间在 5—11 月,影响集中期是 7—9 月,其中 8 月最多。影响最早的是 5 月 18 日(2006 年 0601 号台风),影响最晚的是 11 月 25 日(1952 年 5231 号台风)。

1949—2009年,热带气旋影响时段在9月份的有51个,占影响总数的27%。

在江苏沿海地区,台风中心气压极低的涡旋系统引起降水,在台风中心区局部海面会被抬高数米之多,从而造成海面升高、海水入侵等,是沿海地区台风期间的主要致灾因子之一。1950—1981年影响江苏的台风共计99次,其中93次影响沿海地区。有重大影响的台风,南通市段出现8次,占总数的23.5%,盐城市段出现6次,占17.6%,连云港市段出现5次,占14.7%。据连云港、射阳河口、吕四等7个站的资料,1971—1981年中,造成1.5 m以上降水量的台风13次,2 m以上降水量的有6次,1~1.5 m降水量的有20次。台风对江苏沿海地区的影响程度,与台风路径密切相关。对江苏沿海造成大的风暴潮灾害的台风路径主要是以下两种:一是台风中心在长江口附近登陆,并继续向西北方向移动,此种路径的台风约占北上台风的8%,带来的降水量较大,苏北中、南部沿海增水达2.0 m以上;二是到达北纬35°左右的台风中心改向东北偏北方向并在朝鲜沿岸登陆,这种移动路径的台风在江苏沿岸出现最多,约占北上台风的62%,带来的降水量较大(王颖,2014)。

影响江苏的热带气旋从路径特征划分,可分为登陆北上类、登陆消失类、正面登陆类、近海活动类、南海穿出类5类。登陆北上类是指热带气旋中心在23°~30°N的福建、浙江沿海登陆,并北上至30°~35°N的内陆活动,此类路径的热带气旋个数最多,按热带气旋中心在30°~35°N的活动范围又可分为东路、中路和西路,在太湖以东的陆地北上的为东路,在115°E以西活动的为西路,在东路和西路之间北上的为中路。登陆消失类是指热带气旋中心在23°~30°N的福建、浙江沿海登陆,并在30°N以南的大陆上活动或消失。正面登陆类是指热带气旋中心在30°~35°N的长江口、上海和江苏沿海登陆,并继续北上或西行消失,此类路径的热带气旋次数最少。近海活动类是指热带气旋中心在125°E以西的我国东部沿海海域活动或北上。南海穿出类是指热带气旋中心在23°N以南的广东沿海登陆后向NE方向移动,并在23°~30°N的沿海再次入海。根据1949—2009年影响江苏的热带气旋记录分析,近60年来影响江苏的台风记录共有186次;登陆北上类出现79次(占42%),其中登陆北类上东路32次(占17%)、登陆北上类西路出现17次(占9%)、登陆北上类中路出现30次(占16%);正面登陆类类出现5次(占3%);登陆消失类出现39次(占21%);南海穿出类出现20次(占11%);近海活动类出现43次(占23%)。

冬季寒潮大风对黄海中南部和江苏沿海的影响时间长,从每年的10月开始一直影响至次年3月底;影响频率高,冬季寒潮大风每年对江苏沿海影响达15~20次,月平均3~4次;影响强度大,寒潮影响时常伴有6~7级大风,阵风可达9~10级,并伴随雨雪等恶劣天气(王颖,2014)。

2. 水文特征

江苏省入海河流主要包括沂沭、淮河和长江三大水系。废黄河以北为沂沭水系,主要包括绣针河、龙王河、兴庄河、沙旺河、淮沭新河、排淡河、大浦河、烧香河、五图河、灌河和南潮河等,其中,灌河支流众多、水量丰富,沙旺河、大浦河等诸河均为工业、生活污水的排放通道。淮河水系位于废黄河与如泰运河之间,主要包括苏北灌溉总渠、南中北三条八滩河、射阳河、黄沙港、新洋港、斗龙港、运粮河、运棉河、利民河、西潮河、二卯酉河、王港河、川东河、东台河、梁垛河、三仓河和北凌河等。其中，苏北灌溉总渠是排洪、灌溉、航运综合利用河道。如泰运河以南属长江流域，主要包括九好港水系、通启平原水系，主要河流有通启运河、通吕运河、篙枝港和遥望港等。江苏省陆域共有 70 余条河流最终汇入江苏近岸海域(图 3-1)。为摸清陆源入海河流入海污染物状况及污染物入海通量，自 2016 年起开展了江苏入海河流统计监测及社会调查，2018 年在前期统计及调查的基础上，最终确定了 67 条主要入海河流(表 3-1)，实施了入海污染物状况监测及污染物入海通量研究。

图 3-1 江苏入海河流水系示意图

表 3-1 入海河流监测站位表

序号	河流名称	站位	监测断面	
			经度	纬度
1	绣针河	JSHL01	119°16.033 5′	35°06.992 0′
2	柘汪河	JSHL02	119°13.148 8′	35°03.727 7′
3	石桥河	JSHL03	119°12.486 2′	35°03.237 3′
4	韩口河	JSHL04	119°11.558 8′	35°00.055 5′
5	龙王河	JSHL05	119°10.555 0′	34°56.652 5′
6	官庄河	JSHL06	119°10.869 3′	34°55.184 0′

续表

序号	河流名称	站位	监测断面 经度	监测断面 纬度
7	兴庄河	JSHL07	119°10.361 0′	34°53.378 3′
8	沙旺河	JSHL08	119°09.660 8′	34°51.110 2′
9	青口河	JSHL09	119°11.422 7′	34°49.875 3′
10	朱稽河	JSHL10	119°11.592 7′	34°49.622 5′
11	范河	JSHL11	119°11.691 7′	34°49.477 8′
12	三洋水利枢纽	JSHL12	119°12.453 5′	34°46.064 5′
13	大浦河	JSHL13	119°13.005 8′	34°46.022 8′
14	排淡河北支	JSHL14	119°16.621 8′	34°44.056 3′
15	烧香河北支	JSHL15	119°27.255 5′	34°40.139 7′
16	善后河	JSHL16	119°32.304 3′	34°29.841 7′
17	车轴河	JSHL17	119°32.469 5′	34°29.444 2′
18	南烧香河	JSHL18	119°32.335 8′	34°29.841 5′
19	新沂河	JSHL19	119°46.355 2′	34°26.990 5′
20	五图河	JSHL20	119°38.056 5′	34°23.381 3′
21	灌河	JSHL21	119°43.644 2′	34°18.480 8′
22	中山河	JSHL22	120°04.751 8′	34°21.980 0′
23	翻身河	JSHL23	120°15.421 1′	34°16.157 2′
24	废黄河口	JSHL24	120°16.528 8′	34°15.429 2′
25	北入滩河	JSHL25	120°13.156 0′	34°10.805 5′
26	中入滩河	JSHL26	120°15.683 0′	34°08.769 5′
27	南入滩河	JSHL27	120°17.164 4′	34°07.745 7′
28	入海水道	JSHL28	120°14.529 1′	34°05.579 1′
29	苏北灌溉总渠	JSHL29	120°14.591 3′	34°05.315 4′
30	奋套河	JSHL30	120°19.638 5′	34°03.039 9′
31	八丈河	JSHL31	120°22.685 2′	33°59.521 9′
32	运粮河	JSHL32	120°22.841 1′	33°56.046 9′
33	射阳河	JSHL33	120°20.195 4′	33°47.844 2′
34	运棉河	JSHL34	120°22.815 3′	33°44.044 2′
35	黄沙港	JSHL35	120°23.317 3′	33°43.914 1′
36	利民河	JSHL36	120°23.175 5′	33°43.333 4′
37	新洋港	JSHL37	120°28.260 0′	33°37.102 3′
38	大丰河	JSHL38	120°35.667 7′	33°27.842 7′

续表

序号	河流名称	站位	监测断面 经度	监测断面 纬度
39	斗龙港	JSHL39	120°35.041 9′	33°27.684 3′
40	南直河	JSHL40	120°30.907 0′	33°27.669 4′
41	四卯酉河	JSHL41	120°39.860 8′	33°19.796 2′
42	王港河	JSHL42	120°44.425 1′	33°11.065 5′
43	江界河	JSHL43	120°43.687 5′	33°06.351 0′
44	川东河	JSHL44	120°44.400 3′	33°02.061 2′
45	东台河	JSHL45	120°53.546 0′	32°57.203 2′
46	梁垛北河	JSHL46	120°54.383 2′	32°52.429 0′
47	梁垛南河	JSHL47	120°54.432 4′	32°52.384 3′
48	方塘河	JSHL48	120°53.541 5′	32°41.576 9′
49	南潮河	JSHL62	119°48.142 5′	34°19.145 7′
50	民生河	JSHL63	119°49.431 0′	34°21.637 0′
51	淮河入海水道(南泓)	JSHL64	120°14.556 5′	34°05.433 7′
52	运料河	JSHL65	120°28.120 2′	33°49.292 3′
53	西潮河	JSHL66	120°28.244 0′	33°37.150 0′
54	刘大线航道	JSHL67	120°42.981 0′	33°12.798 0′
55	北凌新河	JSHL49	120°55.831 2′	32°35.517 3′
56	栟茶河	JSHL50	120°59.417 2′	32°31.185 3′
57	掘苴河	JSHL51	121°10.964 7′	32°26.940 5′
58	如泰运河	JSHL52	121°21.531 8′	32°16.475 7′
59	遥望河	JSHL53	121°21.455 2′	32°12.111 0′
60	新中闸竖河	JSHL54	121°24.893 7′	32°10.511 0′
61	团结河	JSHL55	121°27.387 5′	32°08.637 0′
62	东灶港河	JSHL56	121°28.897 3′	32°06.037 0′
63	通吕河	JSHL57	121°35.604 2′	32°04.694 7′
64	蒿枝港河	JSHL58	121°43.449 7′	32°00.958 5′
65	通启河	JSHL59	121°49.069 3′	31°55.953 8′
66	协兴河	JSHL60	121°50.864 8′	31°50.881 0′
67	连兴港河	JSHL61	121°52.477 2′	31°42.311 5′

江苏连绵 954 km 的海岸线上，67 条主要入海河流平均每年排入黄海径流量超过 $200×10^8$ m^3，最大入海径流量 $251.8×10^8$ m^3(1963 年)，最小入海径流量 $71.0×10^8$ m^3(1978 年)；入海河流挟带的泥沙仅 $526×10^4$ t/a。江苏入海河流，承担着沿海及腹

部地区防洪排涝的任务,一般 7—8 月径流量最大,夏季径流量占全年径流量的 70%～80%,其他季节占 20%～30%。由于沿海入海河道基本已建闸控制,改变了入海河道径流下泄的自然过程,入海港道闸下淤积是一个普遍且严重的现象。四大港(射阳河、黄沙港、新洋港、斗龙港)作为江苏沿海主要的洪水排海通道,其排海平均流量占沿海总排水量的 62%～71%。由于闸下港道淤积,与 1991 年比,射阳河闸、黄沙港闸、斗龙港闸在 2003 年和 2006 年平均排水能力均低于 1991 年,下降幅度达 30% 左右,其中黄沙港闸排涝能力下降幅度最大,超过 40%;新洋港闸因闸下港道清淤及局部裁弯取直,排涝能力基本维持 1991 年水平。因此,四大港除新洋港外,其他三港的排涝能力总体上下降幅度都较大。长江在本区南部入海,入海径流主要偏向南运移,夏季汛期时有一部分径流伸向东及偏北,淡水舌指向济州岛。1950—2000 年长江大通站的年均径流量达 $9\,051\times10^8\,\mathrm{m}^3$,其中丰水年(1954 年)的年径流量为 $13\,590\times10^8\,\mathrm{m}^3$,枯水年(1978 年)的年径流量为 $6\,760\times10^8\,\mathrm{m}^3$。近年来,长江入海泥沙逐年减少,2000 年大通站年输沙量只有 $3.39\times10^8\,\mathrm{t}$,2004 年降为 $1.47\times10^8\,\mathrm{t}$。

1.2 江苏沿海海洋与地质特征

依据《江苏省近海海洋环境资源基本现状调查》结果,江苏海域水温变化在 5.62～31.00℃,平均温度为 17.30℃。表层水温平均为 17.58℃;底层水温平均为 16.78℃。江苏海域盐度介于 2.00～33.99,平均为 29.53。表层盐度平均值为 29.19;底层盐度平均值为 29.68。全省盐度较高的区域是连云港海域,其次为盐城海域,南通海域最低。南通海域盐度较低与长江口北支较大的径流量有关。盐度自近岸向外海分布呈逐渐升高的趋势。

江苏近海有两个潮波系统,一个是来自太平洋的前进潮波,通过东海,自南向北进入黄海;另一个是东海前进潮波受山东半岛的阻挡,形成反时针的旋转潮波,自北向南推进。这两个潮波系统在港岸外相会辐合,在射阳河口以南至启东咀的辐射沙洲岸段产生强潮区,形成以弶港为中心的往复流,黄沙洋和西洋最大流速分别在 2.5 m/s 和 2.0 m/s 以上。另外,长江口北支喇叭河口区有利于涌潮的出现,涌潮增加了潮流速度和潮流量,长江口北支的潮流能密度可达 10.30 kW/m²。潮波向弶港辐合以后,落潮时又自弶港向外海呈放射状辐散。这个辐合潮波系统塑造了水下浅滩,使浅滩成为辐射状沙洲及水下沙脊。

江苏近海的潮汐类型为半日潮,其中,沿岸与南部海区为正规半日潮,北部海区大部分属于不正规半日潮。弶港至小洋口潮差最大,平均潮差在 3.9 m 以上;向北潮差减小,新洋港至射阳河口附近,平均潮差仅 1 m 左右;然后又渐增大,至海州湾平均潮差达 3 m 以上。从小洋口向南潮差减小,长江口沿岸平均潮差小于 3.0 m。平均大潮流速,除射阳河口附近不超过 1.0 m/s 外,其余在 1.5 m/s 左右。沙脊群及沿岸水域为强潮流区,连云港外海及沙脊群以东海域潮流稍弱。

江苏近海全年盛行偏北向浪,波型为以风浪为主的混合浪。年平均波高,北部连云港海域 0.61 m,南部吕四海域 0.28 m。一般 5—7 月平均波高低于其余月份,年变幅北部

0.3 m，南部 0.1 m。最大波高出现在 9 月，连云港 5.0 m，吕四 2.5 m。

908 专项调查结果显示江苏海岸属粉砂、细砂质潮滩。近海是水浅底平型海床，浅海面积占全国浅海面积的 1/5，除中部约 2×10^4 km² 的辐射沙脊群沙洲、水道等水下地形交错起伏以外，绝大部分海底高程在海涂 20 m 以内，海域面积为 3.75×10^4 km²。自北向南，依次为基岩岛屿点缀的海州湾水下浅滩和海底平原，不断侵蚀的黄河水下三角洲，充裕多变的辐射沙脊群，南部为长江水下三角洲。

南黄海辐射沙脊群分布于江苏海岸外侧的内陆架，南北长 199.6 km（32°00′N～33°48′N），东西宽 140 km（120°40′E～122°10′E），由 70 多条沙脊与潮流通道组成，大体上以岸边的弶港为枢纽集结，呈褶扇状向海辐散展开，其脊槽相间，水深界于 0～25 m，总面积约为 22 470 km²，其中出露于水面以上的面积为 3 782 km²，其中大部分已成为沙洲。

1.3 江苏沿海海洋资源

江苏位于中国大陆东部沿海中心，地处中国沿海、沿长江和沿陇海—兰新线三大生产力布局主轴线交会区域，地理位置独特，包括长江三角洲、太湖平原和里下河平原，水资源丰富，拥有众多的水网。沿海地区包括连云港、盐城和南通三市，陆域面积 3.25 万 km²，海岸线长 954 km。区位优势独特，土地后备资源丰富，战略地位重要。据 1982 年江苏省海岸带及海涂资源综合考察资料，江苏省理论深度基准面以上共有滩涂面积 978 万亩①，其中潮上带 390 万亩，潮间带 398 万亩，辐射沙洲 190 万亩。据近年来的断面观测资料计算，全省平均高潮线以上部分扣除少量侵蚀岸段，年均净淤增加 1.80 万亩，2002 年全省滩涂总面积约 1 000 万亩。全省经历了三次围垦高潮，围成垦区 160 多个，修筑海堤超过 1 200 km，围成面积 355 万亩。20 世纪 50—60 年代，滩涂开发以大规模治水兴垦，创办农场、盐场为特征。在修堤建闸、障海挡潮的同时，组织移民垦荒。大办国营农场、劳改农场，国营盐场和一批县属林场、盐场（陈宏友、徐国华，2004）。

江苏沿海渔场面积达 10 万 km²，其中包括吕泗、海州湾、长江口和大沙四大渔场，渔场盛产各种水产品，如黄花鱼、带鱼、鲳鱼、虾、蟹和贝类（王夏萌，2023）。目前江苏海洋渔业产值超过 500 亿元，海水产品年产量达 135 万 t。近年来，江苏海洋渔业产业发展"红火"，正持续建设"海上粮仓"，着力培育壮大高效特色海洋渔业（姚政宇，2024）。此外，江苏省拥有强大的港口基础设施，拥有南通、盐城、连云港等港口，是中国重要的沿海省份，江苏省在利用其固有资源、环境优势和港口基础设施发展海洋渔业经济方面具有比较优势。如 2023 年，连云港整合苏鲁海产品批发市场、海头现代渔业设施集中区、柘汪镇紫菜产业园、现代海洋牧场、青口镇蓝湾育苗中心等渔业优势资源条件，赣榆区获批 2023 年国家级沿海渔港经济区建设试点。

---

① 1 亩 ≈ 666.67 m²。

第 2 节　江苏沿海渔港

江苏省东临黄海,沿海最北端与山东省以绣针河为界,最南端与上海市隔长江相望,海域面积 3.75 万 km²,海岸线总长 954 km。为优化渔港空间布局,提高渔业防灾减灾能力,促进海洋渔业高质量发展,2020 年,江苏省农业农村厅组织开展了全省沿海渔港确认工作,经县级人民政府发布公告予以确认保留,江苏省沿海渔港数量由 47 座优化为 20 座。其中包括中心渔港 6 座,一级渔港 5 座,二级渔港 5 座,未评级渔港 4 座。连云港市 7 座,盐城市 6 座,南通市 7 座。随着沿海渔港建设投入力度加大,基础设施逐步改善,服务功能不断完善,沿海渔港面貌发生了较大变化。

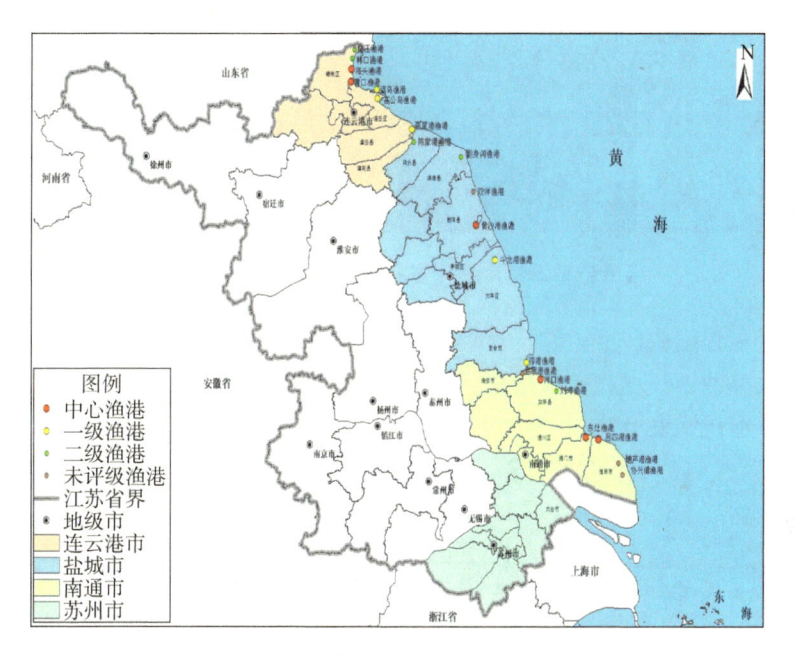

图 3-2　江苏省沿海渔港分布图(引自江苏渔港监督局,2024 年)

2.1　连云港市沿海渔港现状

连云港市位于江苏沿海北部,下辖沿海县区自北向南依次为赣榆区、连云区、灌云县和灌南县。全市共有 7 座沿海渔港(图 3-3),其中包括中心渔港 2 座,一级渔港 3 座,二级渔港 2 座。

柘汪渔港(图 3-4),二级渔港,所在地为赣榆区柘汪镇,中心位置坐标为 35°04′47″N 119°17′40″E。渔港陆域面积为 20 万 m²,水域面积为 10 万 m²。常年停靠渔船约 260 艘;异地停靠渔船 20 艘;渔船安全避风容量为 300 艘。渔港内没有渔船修造厂。柘汪渔港属于开放式渔港,无防波堤和拦沙堤。码头约 1 500 m,护岸约 390 m,均状况完好。港池、

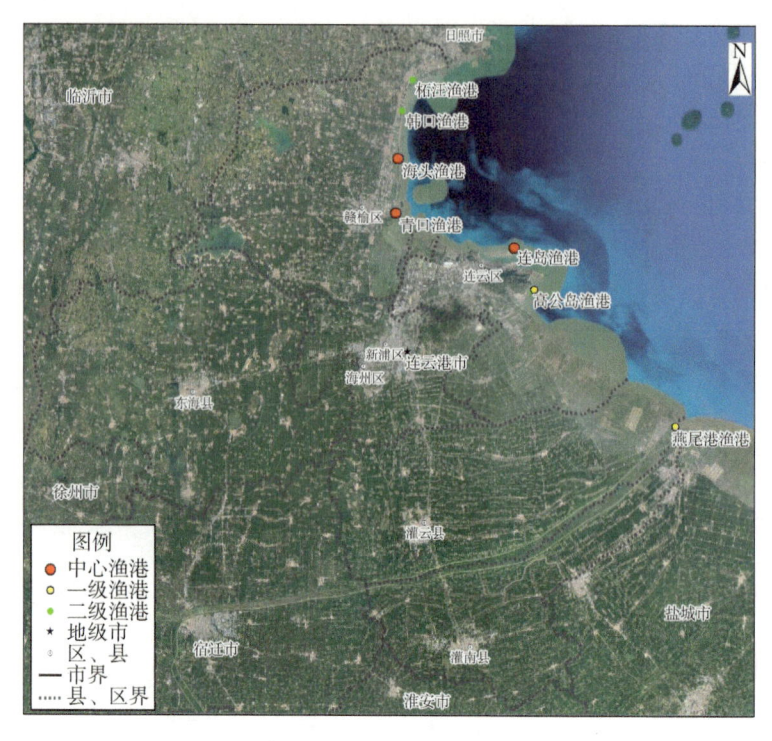

图 3-3　连云港市沿海渔港分布图(引自江苏渔港监督局,2024 年)

航道和锚地淤积程度较严重。综合管理中心面积为 150 m²。防污染设施设备状况：无含油污水专用收集桶、回收船、接收槽车，仅有垃圾箱 5 个、厕所 1 个以及监控摄像头 10 个。渔港有加油补给设施安全防护，有供电设施、给排水设施和通导设施。

图 3-4　柘汪渔港(2021 年 5 月)

韩口渔港(图 3-5),二级渔港,所在地为赣榆区石桥镇,中心位置坐标为 35°00′17″N 119°12′13″E。渔港陆域面积为 15 万 m²,水域面积为 15 万 m²。常年停靠渔船 150 艘;异地停靠渔船 20 艘;渔船安全避风容量 200 艘。渔港内没有渔船修造厂。韩口渔港属于开放式渔港,以钢丝绳阻拦的方式管理。渔港潮汐为正规半日潮。渔港无防波堤和拦沙堤,码头 1 000 m,护岸 5 000 m,港区道路 4 074 m,总体来看,设施设备简陋陈旧。港池、航道和锚地淤积程度较严重。综合管理中心面积为 1 000 m²。防污染设施设备状况:无含油污水专用收集桶、回收船和接收槽车,仅有垃圾箱 20 个、厕所 3 个。渔港安装监控摄像头 4 个,有加油补给设施安全防护,有供电设施和给排水设施,无通导设施。

图 3-5 韩口渔港(2021 年 5 月)

海头渔港(图 3-6),中心渔港,所在地为赣榆区海头镇,中心位置坐标为 34°55′25″N 119°11′40″E。陆域面积 80 万 m²,水域面积 50 万 m²。常年停靠渔船约 300 艘,异地停靠渔船 50 艘,渔船安全避风容量 680 艘。港内有 4 个能正常运转的渔船修造厂。海头渔港属于开放式渔港,以钢丝绳阻拦的方式管理。港内潮汐为正规半日潮。海头渔港无防波堤和拦沙堤。码头 810 m,护岸 6 300 m,港区道路 22 000 m,目前均正在建设。港池、航道和锚地淤积程度较严重。综合管理中心面积 1 000 m²。防污染设施设备状况:无含油污水回收船、接收槽车,仅有垃圾箱 60 个、厕所 3 个。港区有监控摄像头 20 个,有加油补

图 3-6 海头渔港(2021 年 5 月)

给设施安全防护、供电设施、给排水设施以及通导设施。

青口渔港(图3-7),中心渔港,所在地为赣榆区青口镇,中心位置坐标为34°49′54″N 119°11′24″E。渔港陆域面积88万 m²,水域面积30万 m²。常年停靠渔船500艘,异地停靠渔船80艘,渔船安全避风容量600艘。港内有2个正常运转的渔船修造厂。青口渔港属于封闭式渔港,采用物理闸机的方式管理。港内潮汐为正规半日潮。渔港无防波堤,无拦沙堤。码头960 m,护岸4 960 m,状况较好。港区道路29 700 m,状况破旧。港池、航道和锚地淤积程度较轻。综合管理中心面积1 053 m²。防污染设施设备状况:无含油污水专用收集桶、回收船、接收槽车,有垃圾箱2个、厕所3个。港内有监控摄像头35个,有加油补给设施安全防护和供电设施,无给排水设施和通导设施。

图3-7　青口渔港(2022年5月)

连岛渔港(图3-8),所在地为连云区连岛街道,中心位置坐标为34°46′22″N 119°26′19″E。渔港陆域面积近20万 m²,有效掩护水域面积53万 m²。常年停靠渔船400艘,异地停靠渔船100艘,渔船安全避风容量800艘。港内没有渔船修造厂。连岛渔港属于开放式渔港,潮汐为正规半日潮。连岛渔港防波堤965 m,状况完好,没有拦沙堤;码头557 m,护岸860 m,状况完好;港区道路1 200 m,目前正在建设。港池、航道和锚地淤积程度较严重。连岛渔港无综合管理中心。防污染设施设备状况:没有含油污水专用收集桶和含油污水回收船、接收槽车,有垃圾箱4个、厕所1个。港区装有监控摄像头8个,有加油补给设施安全防护、供电设施以及给排水设施以及通导设施。

高公岛渔港(图3-9),一级渔港,所在地为连云区高公岛街道,中心位置坐标为34°41′51″N 119°28′42″E。渔港陆域面积22万 m²,水域面积32.4万 m²。常年停靠渔船420艘,异地停靠渔船40艘,渔船安全避风容量1 000艘。渔港内没有渔船修造厂。高公岛渔港属于开放式渔港,潮汐为不正规半日潮。高公岛渔港防波堤340 m,状况完好,没有拦沙堤;码头380 m,护岸587 m,港区道路1 020 m,均状况完好。港池、航道和锚地淤积程度严重。高公岛渔港综合管理中心面积859 m²。防污染设施设备状况:含油污水专用收集桶 8 个、回收船 1 艘、接收槽车 1 辆、垃圾箱 40 个、厕所 1 个。渔港有监控摄像头 10 个,有加油补给设施安全防护、供电设施、给排水设施以及通导设施。

图 3-8　连岛渔港(2019 年 10 月)

图 3-9　高公岛渔港(2019 年 10 月)

燕尾港渔港(图3-10),一级渔港,所在地为灌云县燕尾港镇,中心位置坐标为 34°28′10″N 119°46′53″E。渔港陆域面积 2.23 万 m^2,水域面积 5.37 万 m^2。常年停靠渔船 100 艘,异地停靠渔船 20 艘,渔船安全避风容量 150 艘。港内没有渔船修造厂。燕尾港渔港属于开放式渔港,潮汐为不正规半日潮。燕尾港渔港没有防波堤和拦沙堤。渔港码头 360 m,状况较好;护岸 220 m,状况较差;港区道路 900 m,状况较差。港池、航道和锚地淤积程度较严重。燕尾港渔港没有综合管理中心。防污染设施设备状况:无含油污水专用收集桶、回收船、接收槽车,有垃圾箱 1 个、厕所 1 个。渔港有监控摄像头 6 个,无加油补给设施安全防护,有供电设施和给排水设施,无通导设施。

图 3-10　燕尾港渔港(2021 年 5 月)

2.2　盐城市沿海渔港现状

盐城市位于江苏沿海中部,海岸以滩涂为主,下辖沿海县市区自北向南依次为响水县、滨海县、射阳县、大丰区和东台市。全市共有 6 座沿海渔港,其中包括中心渔港 1 座,一级渔港 2 座,二级渔港 2 座,未评级渔港 1 座。

陈家港渔港(图 3-12),二级渔港,所在地为响水县陈家港镇,中心位置坐标为 34°22′26″N 119°48′01″E。渔港陆域面积 9 万 m^2,水域面积 6 万 m^2。常年停靠渔船 60 艘,异地停靠渔船 25 艘,渔船安全避风容量 60 艘。港内没有渔船修造厂。陈家港渔港为开放式渔港,潮汐为不正规半日潮。陈家港防波堤 200 m,状况较好,没有拦沙堤;码头 200 m,护岸 340 m,港区道路 800 m,均状况较差。港池、航道和锚地淤积程度较严重。综合管理中心面积 1 500 m^2。防污染设施设备状况:没有含油污水专用收集桶、回收船、接收槽车,有垃圾箱 2 个、厕所 1 个。陈家港渔港装有监控摄像头 6 个,无加油补给设施安全防护、供电设施以及给排水设施,有通导设施。

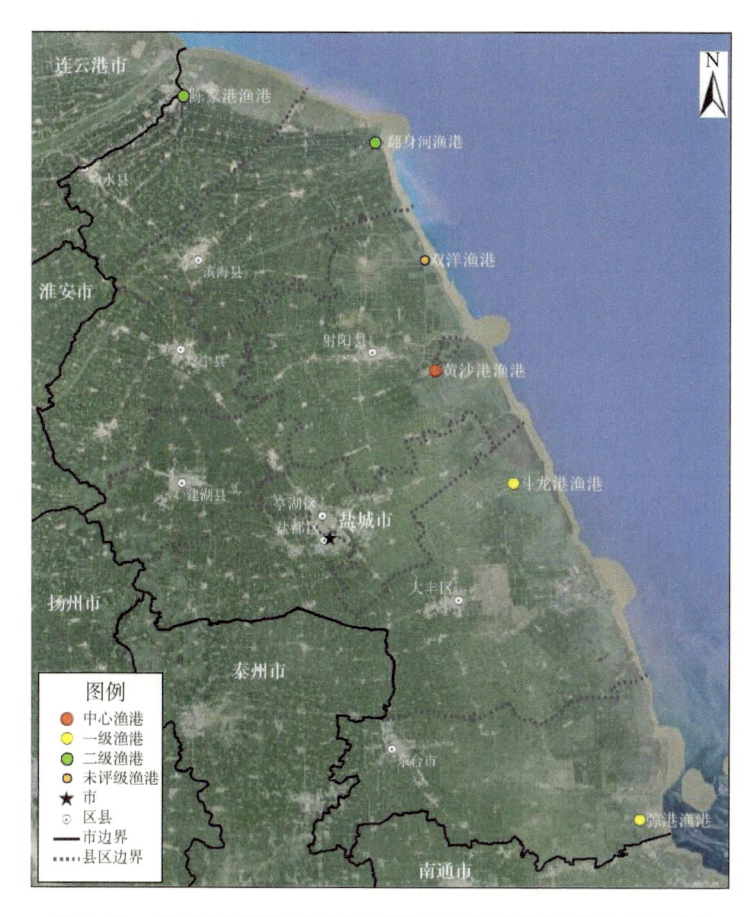

第 3 章
江苏沿海渔港及渔港经济区

图 3-11　盐城市沿海渔港分布图（引自江苏渔港监督局，2024 年）

图 3-12　陈家港渔港（2019 年 10 月）

翻身河渔港(图3-13),二级渔港,所在地为盐城市滨海县,中心位置坐标为34°16′09″N 120°15′32″E。渔港陆域面积88万 m²,水域面积30万 m²。渔港常年停靠渔船180艘,异地停靠渔船72艘,渔船安全避风容量500艘。渔港内有优良的渔船修造厂。翻身河渔港属于开放式渔港,潮汐为正规半日潮。翻身河渔港没有防波堤和拦沙堤。码头2 210 m,状况完好;护岸1 345 m,状况完好;港区道路2 060 m,状况完好。港池、航道和锚地淤积程度较严重。翻身河渔港没有综合管理中心。防污染设施设备状况:无含油污水专用收集桶和接收槽车,有含油污水回收船1艘,有垃圾箱10个,无厕所。翻身河渔港无监控设施和加油补给设施安全防护,有供电设施和给排水设施,无通导设施。

图 3-13　翻身河渔港(2024 年 3 月)

双洋渔港(图3-14),未评级渔港,所在地为射阳县临海镇,中心位置坐标为33°59′31″N 120°22′45″E。渔港陆域面积120万 m²,水域面积16.5万 m²。常年停靠渔船150艘,异地停靠渔船75艘,渔船安全避风容量120艘。渔港内没有渔船修造厂。双洋渔港属于开放式渔港,潮汐为正规半日潮。双洋渔港防波堤996 m,拦沙堤1 000 m,码头10 m,护岸975 m,港区道路800 m,均状况较差。港池、航道和锚地淤积程度严重。双洋渔港综合管

图 3-14　双洋渔港(2022 年 3 月)

理中心面积 40 m²。防污染设施设备状况：无含油污水专用收集桶、回收船以及接收槽车，有垃圾箱 20 个，无厕所。双洋渔港装有监控摄像头 5 个，有加油补给设施安全防护和供电设施，无给排水设施和通导设施。

黄沙港渔港，中心渔港，渔港所在地为射阳县黄沙港镇，中心位置坐标为 33°44′07″N 120°24′20″E。渔港陆域面积 459.2 万 m²，水域面积 1 846 万 m²。常年停靠渔船 500 艘，异地停靠渔船 350 艘，渔船安全避风容量 800 艘。黄沙港渔港有渔船修造厂 2 个，均能正常运转。黄沙港渔港属于开放式渔港，潮汐为正规半日潮。2021 年 5 月 1 日。黄沙港渔港有防波堤 550 m，状况完好，无拦沙堤；码头 6 500 m，护岸 1 750 m，港区道路 38 200 m，均状况完好。港池、航道和锚地淤积程度不严重。黄沙港渔港综合管理中心面积 1 300 m²。防污染设施设备状况：无含油污水专用收集桶、回收船以及接收槽车，有垃圾箱 50 个、厕所 2 个。黄沙港渔港装有监控摄像头 50 个，有加油补给设施安全防护、供电设施、给排水设施以及通导设施。

图 3-15　黄沙港渔港(2021 年 5 月)

斗龙港渔港(图 3-16)，一级渔港，渔港所在地为大丰区三龙镇，中心位置坐标为 33°28′19″N 120°35′26″E。渔港陆域面积 39.3 万 m²，水域面积 40.2 万 m²。常年停靠渔船 60 艘，异地停靠渔船 30 艘，渔船安全避风容量 300 艘。斗龙港渔港没有渔船修造厂，斗龙港渔港属于开放式渔港，潮汐为不正规半日潮。斗龙港渔港没有防波堤和拦沙堤。码头 950 m，状况较好；无护岸；港区道路 1 500 m，状况较好。港池、航道和锚地淤积程度严重。斗龙港渔港没有综合管理中心。防污染设施设备状况：无含油污水专用收集桶、回收船以及接收槽车，有垃圾箱 10 个、厕所 2 个。斗龙港渔港装有监控摄像头 10 个，无加油补给设施安全防护、供电设施、给排水设施和通导设施。

图 3-16　斗龙港渔港(2021 年 5 月)

弶港渔港(图3-17)，一级渔港(拟新建)，渔港所在地为东台市弶港镇，中心位置坐标为 32°41′37″N 120°53′42″E。港内没有渔船修造厂。弶港渔港属于开放式渔港，潮汐为不正规半日潮。弶港渔港无防波堤和拦沙堤。码头无护岸和港区道路。港池、航道和锚地淤积程度严重，拟选址新建。

图 3-17　弶港渔港(2022 年 3 月)

2.3　南通市沿海渔港现状

南通市位于江苏沿海南部，下辖沿海县市区自北向南依次为海安市、如东县、海门区和启东市。全市共有 7 座沿海渔港，其中包括中心渔港 3 座，二级渔港 1 座，未评级渔港 3 座。

图 3-18　南通市沿海渔港分布图(引自江苏渔港监督局，2024 年)

老坝港渔港(图 3-18)，未评级渔港，所在地为海安市滨海新区，渔港中心位置坐标为 32°36′21″N 120°51′28″E。渔港陆域面积 7.5 万 m²，水域面积 4.4 万 m²。常年停靠渔船

160艘,异地停靠渔船60艘,渔船安全避风容量250艘。港内有渔船修造厂2个,均能正常运转。老坝港渔港属于封闭式渔港,采用物理闸机的方式管理,潮汐为正规半日潮。老坝港渔港防波堤1 000 m,状况较好,无拦沙堤。码头为10座突堤码头,状况较好;护岸1 000 m,状况较好;港区道路1 000 m,状况完好。港池、航道和锚地淤积程度较轻。老坝港渔港综合管理中心面积200 m²。防污染设施设备状况:含油污水专用收集桶12个,无回收船和接收槽车,有垃圾箱8个,无厕所。老坝港渔港无监控设施、加油补给设施安全防护和供电设施,有给排水设施,无通导设施。

图 3-19　老坝港渔港(2021年5月)

洋口渔港,中心渔港,所在地为如东县洋口镇,渔港中心位置坐标为32°33′40″N 121°02′15″E。渔港陆域面积10万 m²,水域面积130万 m²。常年停靠渔船500艘,异地停靠渔船100艘,渔船安全避风容量3 000艘。港内有2个渔船修造厂,因环保问题营业

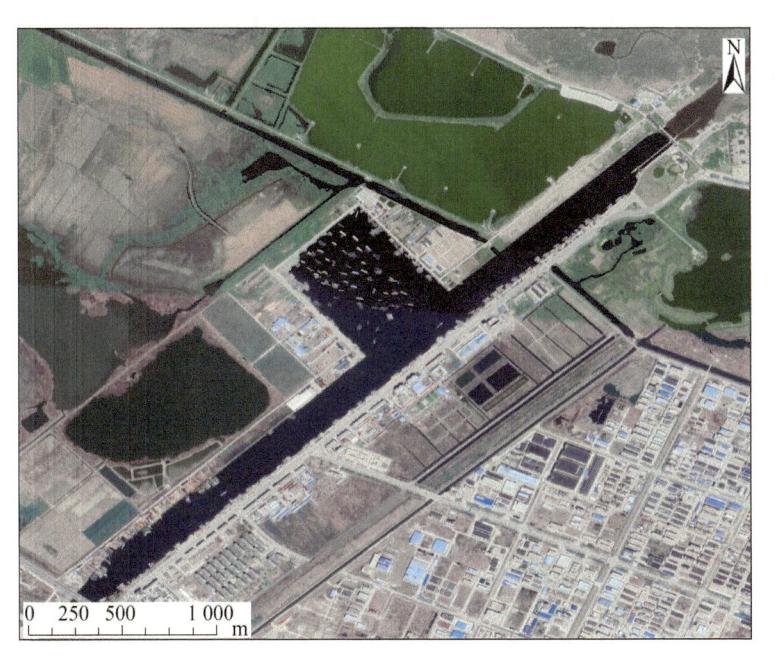

图 3-20　洋口渔港(2019年10月)

运转受限。洋口渔港属于封闭式渔港，采用物理闸机的方式管理，潮汐为不正规半日潮。洋口渔港无防波堤和拦沙堤。码头 5 000 m，状况完好；护岸 260 m，状况完好；港区道路 7 000 m，状况较好。港池、航道和锚地淤积程度较严重。洋口渔港无综合管理中心。防污染设施设备状况：含油污水专用收集桶 28 个，无回收船和接收槽车，有垃圾箱 60 个，无厕所。洋口渔港无监控设施、加油补给设施安全防护和供电设施，有给排水设施，无通导设施。

刘埠渔港（图 3-21），二级渔港，所在地为南通外向型农业综合开发区，渔港中心位置坐标为 32°28′22″N 121°11′30″E。渔港陆域面积 27.64 万 m^2，水域面积 33 万 m^2。常年停靠渔船 230 艘，异地停靠渔船 50 艘，渔船安全避风容量 750 艘。港内没有渔船修造厂。刘埠渔港属于封闭式渔港，采用物理闸机的方式管理，潮汐为不正规半日潮。刘埠渔港防波堤 3 040 m，拦沙堤 1 128 m，码头 2 500 m，护岸 4 350 m，港区道路 3 000 m，均状况较好。港池、航道和锚地淤积程度较严重。刘埠渔港综合管理中心面积 5 500 m^2。防污染设施设备状况：含油污水专用收集桶 4 个，无回收船和接收槽车，有垃圾箱 25 个、厕所 6 个。刘埠渔港有监控摄像头 40 个，无加油补给设施安全防护，有供电设施和给排水设施，无通导设施。

图 3-21　刘埠渔港（2024 年 3 月）

东灶渔港（图 3-22），中心渔港，所在地为海门区包场镇，渔港中心位置坐标为 32°06′53″N 121°28′40″E。渔港陆域面积 103.6 万 m^2，水域面积 129.4 万 m^2。常年停靠渔船 60 艘，无异地停靠渔船，渔船安全避风容量 60 艘。港内没有渔船修造厂。东灶渔港属于封闭式渔港，采用物理闸机的方式管理。潮汐为正规半日潮。东灶渔港无防波堤和拦沙堤。码头 600 m，护岸 900 m，均状况破旧。港区道路 1 500 m，状况较好。港池、航道和锚地淤积程度严重。东灶渔港综合管理中心面积 112 m^2。防污染设施设备状况：无含油污水专用收集桶、回收船以及接收槽车，有垃圾箱 20 个、厕所 1 个。东灶渔港有监控摄像头 4 个，无加油补给设施安全防护，有供电设施和给排水设施，无通导设施。

图 3-22　东灶渔港（2019 年 10 月）

吕四渔港（图 3-23），中心渔港，所在地为启东市吕四港镇，渔港中心位置坐标为 32°05′58″N 121°35′56″E。渔港陆域面积 210 万 m²，水域面积 95.4 万 m²。常年停靠渔船 1 200 艘，异地停靠渔船 500 艘，渔船安全避风容量 2 300 艘。港内有 1 个正常运转的渔船修造厂。吕四渔港属于封闭式渔港，采用物理闸机的方式管理，潮汐为正规半日潮。吕四渔港防波堤 7 663 m，状况完好，无拦沙堤。码头 4 000 m，护岸 7 663 m，均状况完好。港区道路完好。港池、航道和锚地淤积程度不严重。吕四渔港综合管理中心面积 668 m²。防污染设施设备状况：含油污水专用收集桶 3 个、回收船 1 艘、接收槽车 1 辆，有垃圾箱 100 个、厕所 4 个。吕四渔港装有监控摄像头 578 个，有加油补给设施安全防护、供电设施、给排水设施和通导设施。

塘芦港渔港（图 3-24），未评级渔港，所在地为启东市近海镇，渔港中心位置坐标为 31°55′58″N 121°49′07″E。渔港陆域面积 6.827 6 万 m²，水域面积 6.504 9 万 m²。常年停靠渔船 93 艘，异地停靠渔船 31 艘，渔船安全避风容量 100 艘。港内没有渔船修造厂。塘芦港渔港属于开放式渔港，潮汐为正规半日潮。塘芦港渔港无防波堤和拦沙堤。码头 1 600 m，状况破旧，无护岸。港区道路 3 600 m，状况破旧。港池、航道和锚地淤积程度较严重。塘芦港渔港综合管理中心面积 120 m²。防污染设施设备状况：无含油污水专用收集桶、回收船、接收槽车，有垃圾箱 120 个、厕所 4 个。塘芦港渔港装有监控摄像头 4 个，有加油补给设施安全防护和供电设施，无给排水设施，有通导设施。

图 3-23　吕四渔港(2019 年 10 月)

图 3-24　塘芦港渔港(2022 年 3 月)

协兴港渔港(图 3-25),未评级渔港,所在地为启东市东海镇,渔港中心位置坐标为 31°51′26″N 121°52′30″E。渔港陆域面积 4.700 5 万 m²,水域面积 12.538 6 万 m²。常年停靠渔船 80 艘,异地停靠渔船 30 艘,渔船安全避风容量 150 艘。港内没有渔船修造厂。协兴港渔港属于封闭式渔港,采用物理闸机的方式管理,潮汐为正规半日潮。协兴港渔港无防波堤和拦沙堤。码头 2 360 m,护岸 500 m,均状况完好。港区道路较好。港池、航道和锚地淤积程度不严重。协兴港渔港综合管理中心面积 30 m²。防污染设施设备状况:含油污水专用收集桶 1 个,无含油污水回收船、接收槽车,有垃圾箱 36 个、厕所 1 个。协兴港渔港装有监控摄像头1个,无加油补给设施安全防护和供电设施,有给排水设施,无通导设施。

图 3-25　协兴港渔港(2022 年 3 月)

综上,江苏沿海 20 座渔港绝大多数无防波堤,无拦沙堤,只有连云港市的连岛渔港、高公渔港 2 个为海港。连云港市的柘汪渔港、韩口渔港、连岛渔港、高公岛渔港、燕尾港渔港 5 座渔港都属于开放式渔港,海头渔港虽属于开放式渔港,但以钢丝绳阻拦的方式封闭管理,青口渔港属于封闭式渔港,采用物理闸机的方式封闭管理。盐城市的陈家港渔港、翻身河渔港、双洋渔港、黄沙港渔港、斗龙渔港、弶港渔港 6 座渔港均为开放式渔港。南通市仅有塘芦港渔港属于开放式渔港,老坝港渔港、洋口渔港、刘埠渔港、东灶渔港、吕四渔港、协兴港渔港 6 座渔港都属于封闭式渔港,采用物理闸机的方式封闭管理。

第 3 节　江苏重点渔港及渔港经济区

江苏的渔港,曾经辉煌;江苏的渔港经济,曾经繁荣。浏河渔港,临江枕海,唐宋时期已成为苏州对外贸易的门户,被称为"吴门";元代崛起,成为"天下第一码头",被称为"六国码头";明朝郑和从这里出发,七下西洋,开启了伟大的航海历程。从近代南通实业家张謇创办江浙渔业公司,打造了中国近现代第一艘蒸汽机轮船开始,江苏的渔业经济就一直走在我国前列。长期以来,江苏渔民斩风破浪赶海,从起初的长江捕捞和近海捕捞,逐渐拓展至深海捕捞和远洋捕捞。新时代江苏沿海渔港建设再引发关注。

2024 年江苏省政府推进全省沿海渔港经济区建设,将其列为"十大百项"重点工作任务,加快沿海渔港和渔港经济区建设,对促进江苏渔业经济"走向深蓝"、推动渔业高质量发展、高水平建设农业强省具有重要意义。江苏推进省级渔港经济区建设列入高水平建设农业强省行动方案，支持市县开展省级渔港经济区创建工作，对沿海渔港和渔港经济区建设进行了再动员、再部署、再推进。

江苏沿海渔港群主要涉及江苏省连云港市、盐城市、南通市，大陆岸线长744 km，近海有长江口、吕四、大沙、海州湾等国家重点渔场，区域内海水产品总产量148.18万t，分布有沿海渔港20座，其中中心渔港6座，一级渔港5座，二级渔港5座，渔船安全避风容量8 800艘。规划支持建设中心渔港3座（其中由现有中心渔港扩建2座，由现有一级渔港升级为中心渔港1座），新建一级渔港3座，渔船安全避风容量达到13 050艘，推动形成赣榆、连云、灌云-响水、射阳、大丰、东台、如东、海门、吕四-浏河9个渔港经济区（国家发展和改革委员会、农业农村部，2018）。

赣榆渔港经济区域内海水产品总产量36.70万t，分布中心渔港2座（赣榆青口中心渔港、海头中心渔港），二级渔港2座。规划以赣榆青口中心渔港、海头中心渔港为基础，重点支持扩建赣榆青口中心渔港，推动形成集冷链加工物流、远洋渔业配套、渔船修造、海洋生物制药等为特色的渔港经济区。

连云渔港经济区域内海水产品总产量7.14万t，分布有一级渔港2座（连岛一级渔港、高公岛一级渔港）。规划重点升级扩建连岛中心渔港为连岛中心渔港，推动形成集滨海观光、旅游综合服务、渔业生产、商贸于一体的渔港经济区。

灌云-响水渔港经济区域内海水产品总产量9.19万t，分布一级渔港1座（灌云燕尾港一级渔港），二级渔港1座。规划以灌云燕尾港一级渔港为基础，重点支持新建响水灌河一级渔港，推动形成集渔业生产、旅游商贸、海钓基地、海洋主题公园等为特色的渔港经济区。

射阳渔港经济区域内海水产品总产量10.46万t，分布中心渔港1座（射阳黄沙港中心渔港）。规划重点支持扩建射阳黄沙港中心渔港，推动形成集渔业生产、旅游观光、海洋牧场等为特色的渔港经济区。

大丰渔港经济区域内海水产品总产量7.53万t，分布一级渔港1座（大丰斗龙港一级渔港）。规划以大丰斗龙港一级渔港为基础，推动形成集高优海产品生产、海洋产品精深加工、水产品一条街、渔船修造、生态旅游观光等为特色的渔港经济区。

东台渔港经济区域内海水产品总产量9.70万t，分布弶港渔港等三级及以下渔港3座。规划重点支持新建东台弶港一级渔港，推动形成集渔业生产、近海养殖、水产品精深加工、休闲渔业和旅游观光为特色的渔港经济区。

如东渔港济区域内海水产品总产量29.76万t，分布中心渔港1座（如东洋口中心渔港），二级渔港1座。规划以如东洋口中心渔港为基础，重点支持新建如东刘埠一级渔港，推动形成集渔业生产、海水养殖、滨海旅游和休闲体验等为特色的渔港经济区。

海门渔港经济区域内海水产品总产量3.97万t，分布中心渔港1座（海门东灶中心渔港）。规划以海门东灶中心渔港为基础，推动形成集渔港商贸、海洋生物科技、滨海旅游、远洋渔业、渔业休闲等为特色的渔港经济区。

吕四—浏河渔港经济区域内海水产品总产量33.73万t，分布中心渔港1座（启东吕四中心渔港），一级渔港1座（浏河渔港），二级渔港1座。规划以启东吕四中心渔港和浏河渔港为基础,推动形成集水产品贸易物流、水产品加工、远洋渔业、滨海旅游等为特色的渔港经济区。

  渔港经济区建设初见成效。江苏省农业农村厅联合省财政厅出台《加快推进海洋渔业发展若干措施》《关于印发海洋渔业发展支持政策实施细则的通知》等政策,推动设立省级沿海渔港经济区建设项目。组织开展省级沿海渔港经济区建设项目申报、遴选等工作。积极争取中央财政资金支持我省渔港经济区建设,射阳和赣榆渔港经济区被纳入国家级沿海渔港经济区建设名单,累计获批中央财政资金4亿元。赣榆区、射阳县立足渔港大力发展网络直播经济、产业园区、滨海旅游。赣榆区海头镇电商日活跃直播账号超过6 000个,海产品年销售额近百亿元,带动相关就业人员2万余人。射阳渔港经济区建设初见雏形,渔港小镇建成开放,成为我省沿海旅游新热点。

第4章 渔港经济区海域环境质量状况及分析

第 1 节　海州湾湾南渔港经济区海域环境质量

1.1　样品采集与分析

1.1.1　水体样品采集与分析

分别于 2021 年 8 月(休渔期)、9 月(捕捞作业期)采集海州湾内青口中心渔港、海头中心渔港、连岛一级渔港港区、渔港出入口及邻近海域 37 个监测站位水质样品(图 4-1)。采样层次要求见表 4-1。现场利用盐度计测定海水盐度,pH 计测量测定 pH。采集的海水带回实验室,测定分析溶解氧(DO)、化学需氧量(COD_{Mn})、溶解无机氮(DIN,包括亚硝酸盐 $NO_2^- - N$、硝酸盐 $NO_3^- - N$、铵氮 $NH_4^+ - N$,$DIP = NH_4^+ - N + NO_3^- - N + NO_2^- - N$)、活性磷酸盐(DIP,$PO_4^{3-} - P$)、石油类等污染分析项目(表 4-2)。DO 采用多参数水质仪测定,COD 采用碱性高锰酸钾法测定,$NH_4^+ - N$、$NO_3^- - N$、$NO_2^- - N$ 分别采用次溴酸盐氧化法、锌镉还原法、盐酸萘乙二胺分光光度法,活性磷酸盐采用磷钼蓝分光光度法测定,石油类物质采用紫外分光光度法测定,样品的现场处理及分析测量均按照国家标准《海洋监测规范 第 4 部分:海水分析》(GB 17378.4—2007)执行,见表 4-3。海水样品检测采用平行双样,样品测试过程中采用内部质量监控,测试结果符合样品质控要求。

表 4-1　采样层次

水深范围/m	标准层次
<10	表层
10～25	表层、底层

注 1:表层指海面以下 0.1～1 m;
注 2:底层指对河口及港湾海域距离海底 2 m 的水层,深海或大风浪时可酌情增大离底层的距离。

表 4-2　调查内容一览表

类别	项目
海水样品	漂浮物质、颜色、气味、水温、盐度、溶解氧、pH、总氮、总磷、氨氮、化学需氧量(COD_{Mn})、石油类、大肠菌群、溶解无机氮、活性磷酸盐、铜、锌、铅、镉、砷、汞和铬
沉积物样品	铜、锌、铅、镉、汞、砷、铬、有机碳、硫化物和石油类

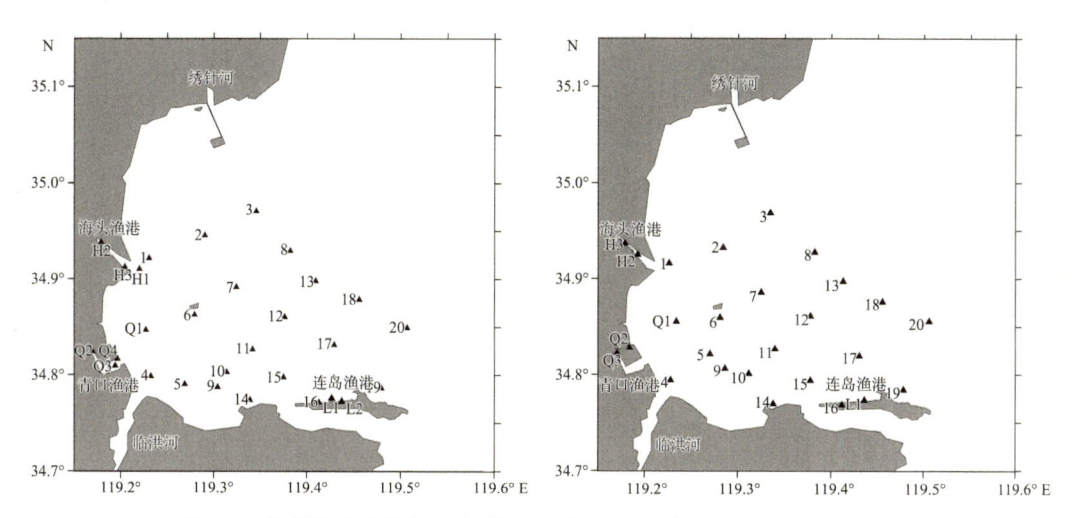

图 4-1　海州湾渔港及邻近海域夏季(左)、秋季(右)水质调查站位示意图

表 4-3　海水监测指标测试方法

序号	污染物分析项目	分析方法或仪器	规范性引用文件或标准	备注
1	漂浮物质	样线、样带、拖网法	海环字〔2015〕31号	现场测定
2	颜色、气味	比色法、感官法	GB 17378.4—2007	现场测定
3	大肠菌群	重量法	GB 17378.7—2007	实验室分析
4	水温	多参数水质仪	HY/T 126—2009	现场测定
5	盐度	多参数水质仪	HY/T 126—2009	现场测定
6	溶解氧	多参数水质仪	HY/T 126—2009	现场测定
7	pH	多参数水质仪	HY/T 126—2009	现场测定
8	氨氮	次溴酸盐氧化法	GB 17378.4—2007	实验室分析
9	总氮	过硫酸钾氧化法	GB 17378.4—2007	实验室分析
10	总磷	过硫酸钾氧化法	GB 17378.4—2007	实验室分析
11	化学需氧量(COD_{Mn})	碱性高锰酸钾法	GB 17378.4—2007	实验室分析
12	石油类	紫外分光光度法	GB 17378.4—2007	实验室分析
13	铜	无火焰原子吸收分光光度法	GB 17378.4—2007	实验室分析
14	锌	火焰原子吸收分光光度法	GB 17378.4—2007	实验室分析
15	铅	无火焰原子吸收分光光度法	GB 17378.4—2007	实验室分析
16	镉	无火焰原子吸收分光光度法	GB 17378.4—2007	实验室分析
17	汞	冷原子吸收分光光度法	GB 17378.4—2007	实验室分析

续表

序号	污染物分析项目	分析方法或仪器	规范性引用文件或标准	备注
18	砷	原子荧光法	GB 17378.4—2007	实验室分析
19	铬	无火焰原子吸收分光光度法	GB 17378.4—2007	实验室分析
20	溶解无机氮	锌镉还原法 盐酸萘乙二胺分光光度法	GB 17378.4—2007	实验室分析
21	活性磷酸盐	磷钼蓝分光光度法	GB 17378.4—2007	实验室分析

1.1.2 沉积物样品采集与分析

2021年8月采集海州湾内青口中心渔港、海头中心渔港、连岛一级渔港港区、渔港出入口及邻近海域22个监测站位的表层沉积物样品(图4-2),取未受扰动的上层0～1 cm 的表层沉积物为待测样品,按照《海洋监测规范》的相关规定进行贮存、运输和分析,重金属 Cu、Zn、Pb、Cd、Cr 采用无火焰/火焰原子吸收分光光度法测定,Hg、As 采用原子荧光法测定,有机碳采用重铬酸钾氧化-还原容量法分析测定,石油类采用荧光分光光度法测定,硫化物采用碘量法测定(国家质量技术监督局,2007),见表4-4。样品测定的准确度与平衡性符合相关要求。青口中心渔港处于青口河入海口上游河道内,海头中心渔港处于龙王河入海口上游河道内,连岛一级渔港处于连岛西环岛路和西大堤围绕的半封闭港区。

表4-4 沉积物监测指标测试方法

序号	污染物分析项目	分析方法	规范性引用标准	备注
1	铜	无火焰原子吸收分光光度法	GB 17378.5—2007	实验室分析
2	锌	火焰原子吸收分光光度法	GB 17378.5—2007	实验室分析
3	铅	无火焰原子吸收分光光度法	GB 17378.5—2007	实验室分析
4	镉	无火焰原子吸收分光光度法	GB 17378.5—2007	实验室分析
5	汞	冷原子吸收分光光度法	GB 17378.5—2007	实验室分析
6	砷	冷原子吸收分光光度法	GB 17378.5—2007	实验室分析
7	铬	无火焰原子吸收分光光度法	GB 17378.5—2007	实验室分析
8	有机碳	重铬酸钾氧化-还原容量法	GB 17378.5—2007	实验室分析
9	硫化物	碘量法	GB 17378.5—2007	实验室分析
10	石油类	荧光分光光度法	GB 17378.5—2007	实验室分析

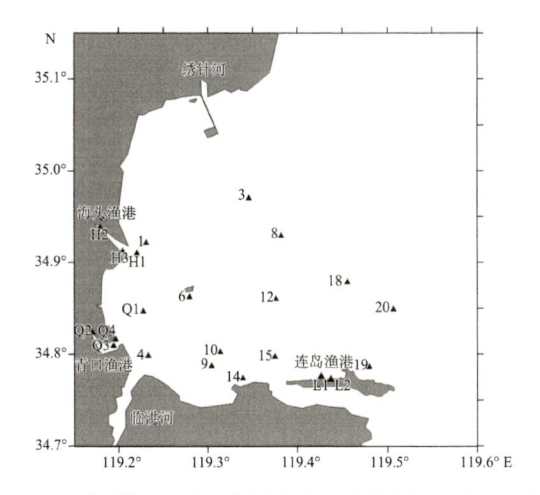

图 4-2 海州湾渔港及邻近海域沉积物调查站位示意图

1.2 环境质量评价方法

1.2.1 水质污染标准指数法

对于污染程度随 i 污染物浓度增大而增大的污染标准指数,其计算式为:

$$A_i = \frac{C_i}{S_i}$$

式中:A_i 为某测点 i 污染物的污染标准指数,C_i 为某测站污染物的实测值,S_i 为 i 污染物的水质标准。

对于污染程度随测定值增大而减少的污染标准指数,如 DO 的污染标准指数计算,则采用:

$$A_{DO} = \frac{C_{sat} - C_i}{C_{sat} - S_i}$$

式中:A_{DO} 为溶解氧的标准指数,C_{sat} 为氧的饱和浓度,采用经验公式估算 $C_{sat} = 468/(31.6+t)(\text{mg} \cdot \text{L}^{-1})$,$t$ 为海水温度(℃),C_i 为氧的实测浓度,S_i 为 DO 的水质标准。

对于标准值为一定范围的污染指标,如 pH 的污染标准指数计算,则采用:

$$A_{pH} = \frac{C_i - 8.1}{C_{max或min} - 8.1}$$

式中:A_{pH} 为 pH 的标准指数,$C_{max或min}$ 为 pH 的最高或最低标准值,西北太平洋表层海水盐度为 8.1(张正斌,2004)。

1.2.2 水质污染程度分级方法

在对各水质参数进行污染标准指数计算的基础上,采用水质综合评价方法划分水质污染等级。水质综合评价包括有机污染因子（DO、COD$_{Mn}$、无机氮、活性磷酸盐）、石油类和有毒重金属污染物（Cu、Zn、Pb、Cd）等污染因子。根据文献（葛仁英 等，1997；姜发军 等，2014），水质综合评价模式为：

$$A_{综合} = A_{有机} + A_{石油} + A_{有毒}$$

式中：$A_{综合}$为水质综合污染指数，$A_{有机}$、$A_{石油}$和$A_{有毒}$分别为有机污染指数、石油污染指数和有毒污染物综合指数。其中，

$A_{有机} = \sum_{i=1}^{4} A_i$ 式中A_i分别取 DO、COD$_{Mn}$、DIN、DIP 的污染标准指数值；

$A_{石油} = A_{石油}$；

$A_{有毒} = \frac{1}{n}\sum_{i=1}^{n} A_i$ 式中A_i分别取 Cu、Zn、Pb、Cd、Cr、Hg、As 的污染标准指数值。

污染指数的计算采用《海水水质标准》（GB 3097—1997）中的第一类海水标准（国家环境保护局，1997）。利用水质综合污染指数进行污染等级划分的海水水质标准见表4-5，海水水质污染等级见表4-6（葛仁英 等，1997；姜发军 等，2014）。

表4-5 海水水质标准

项目	溶解氧 (mg·L^{-1})	pH	化学需氧量 (mg·L^{-1})	悬浮物 (mg·L^{-1})	活性磷酸盐 (mg·L^{-1})	溶解无机氮 (mg·L^{-1})	石油类 (mg·L^{-1})	铜 (μg·L^{-1})
一类	6	7.8~8.5	2	10	0.015	0.2	0.05	5
二类	5	7.8~8.5	3	10	0.03	0.3	0.05	10
三类	4	6.8~8.8	4	100	0.03	0.4	0.30	50
四类	3	6.8~8.8	5	150	0.045	0.5	0.50	50

项目	锌 (μg·L^{-1})	铅 (μg·L^{-1})	镉 (μg·L^{-1})	铬 (μg·L^{-1})	汞 (μg·L^{-1})	砷 (μg·L^{-1})	大肠菌群 (个·L^{-1})
一类	20	1	1	50	0.05	20	2 000
二类	50	5	5	100	0.20	30	2 000
三类	100	10	10	200	0.20	50	2 000
四类	500	50	10	500	0.50	50	—

表4-6 海水水质污染等级

污染等级	清洁	微污染	轻污染	重污染	严重污染
$A_{有机}$	<1.0	1.0~2.0	2.0~3.0	3.0~4.0	>4.0
$A_{石油}$	<1.0	1.0~2.0	2.0~3.0	3.0~4.0	>4.0
$A_{有毒}$	<0.4	0.4~1.0	1.0~2.0	>2.0	—
$A_{综合}$	0~1.0	1.0~2.0	2.0~7.0	7.0~9.0	9.0~20.0

1.2.3 水质富营养化评价方法

本书应用综合指数法评价海州湾北部海域富营养化水平。综合指数法广泛应用于我国水域的富营养化评价,计算公式如下(邹景忠 等,1983):

$$E = \frac{COD \times DIN \times DIP}{4\,500} \times 10^6$$

式中:E 表示富营养化指数,COD 表示化学需氧量($mg \cdot L^{-1}$),DIN 表示溶解无机氮含量($mg \cdot L^{-1}$),DIP 表示溶解态活性磷酸盐含量($mg \cdot L^{-1}$)。富营养化指数 E 与水质等级之间具有对应关系(表 4-7),富营养化指数大于 1 时,海域存在富营养化,并且指数值越大,富营养化程度越严重。

表 4-7 富营养化程度分级表

营养级	贫营养	轻富营养	中富营养	重富营养	严重富营养
富营养化指数 E	$E<1.0$	$1.0 \leqslant E<2.0$	$2.0 \leqslant E<5.0$	$5.0 \leqslant E<15.0$	$E \geqslant 15.0$

1.2.4 沉积物标准污染指数法

采用标准指数法计算污染物的标准污染指数,以《海洋沉积物质量》(国家质量监督检验检疫总局,2002)颁布的沉积物质量标准值作为评价标准(表 4-8),计算各个站位污染物项目的实测值与标准值的比值,计算公式如下:

$$P_i = \frac{C_i}{S_i}$$

式中:P_i 为第 i 项污染物的标准污染指数;C_i 为第 i 项污染物的实测值;S_i 为第 i 项污染物的评价标准值。$P_i<1$ 表示满足质量标准,$P_i>1$ 表示存在污染。

表 4-8 海洋沉积物污染物质量标准值、背景值和毒性响应参数

污染物	质量标准值(10^{-6})[a]	背景值(10^{-6})[b]	毒性响应参数[c]
Cu	35.0	15.900	5
Zn	150.0	60.000	1
Pb	60.0	14.500	5
Cd	0.5	0.100	30
Cr	80.0	33.200	2
Hg	0.2	0.016	40
As	20.0	9.040	10

续表

污染物	质量标准值(10^{-6})[a]	背景值(10^{-6})[b]	毒性响应参数[c]
有机碳	2.0	—	—
硫化物	300.0	—	—
石油类	500.0	—	—

a：国家质量监督检验检疫总局，2002；b：陈伯扬，2008；c：Hakanson，1980。

1.2.5 沉积物潜在生态风险指数法

采用 Hakanson 潜在生态风险指数法分析评价沉积物重金属生态风险，根据重金属的生物毒性，划分其潜在生态风险等级（Hakanson，1980）。其计算公式为：

$$C_f^i = \frac{C^i}{C_n^i}$$

$$E_r^i = T_r^i \cdot C_f^i$$

$$RI = \sum E_r^i$$

式中：C^i 表示第 i 种重金属的实际测量浓度，C_n^i 为第 i 种重金属的背景参照浓度（表4-9），T_r^i 为第 i 种重金属毒性响应参数，C_f^i 为第 i 种重金属的污染指数，E_r^i 为重金属元素的潜在生态风险因子，RI 为多种重金属元素的综合潜在生态风险指数。

表 4-9 潜在生态评价指标与生态风险等级[a]

潜在生态风险因子	潜在生态风险因子等级	综合潜在生态风险指数	综合潜在生态风险指数等级
<40	低	<150	低
40～80	中	150～300	中
80～160	较高	300～600	较高
160～320	高	>600	很高
>320	很高	—	—

a：Hakanson，1980。

1.3 海州湾湾南渔港经济区海域海水主要污染物含量和分布特征

1.3.1 海州湾湾南渔港经济区海域海水主要污染物含量

根据 2021 年 8 月（夏季）海州湾青口中心渔港、海头中心渔港、连岛一级渔港港区及邻近海域表层海水水质监测数据（表 4-10-1）可知，COD_{Mn}、悬浮物、活性磷酸盐、无机氮、石油类、Cu 等指标在渔港的平均含量高于邻近海域的平均含量，DO、pH 等指标在渔港的平均数值小于邻近海域的平均数值，而 Zn、Pb、Cd、Cr、Hg、As 等指标在渔港的平均含量稍低于邻近海域的平均含量。大肠菌群在渔港港区及邻近海域海水中都不大于20个/L。从COD_{Mn}、悬浮物、活性磷酸盐、无机氮、石油类、Cu、DO、pH等指标看,渔港水质比邻近海域水质较差。

根据2021年9月(秋季)海州湾青口中心渔港、海头中心渔港、连岛一级渔港港区及邻近海域表层海水水质监测数据(表4-10-2)可知,COD_{Mn}、悬浮物、活性磷酸盐、无机氮、石油类、Cu、Zn、Pb、Cd、Cr、As等指标在渔港的平均含量高于邻近海域的平均含量,DO、pH等指标在渔港的平均数值小于邻近海域的平均数值,而Hg在渔港和邻近海域都未检出,大肠菌群监测数据缺失。从全部检测指标看,渔港水质都比邻近海域水质较差。

通过单因子评价结果可知,夏季海州湾石油类、Cu、Zn、Pb、Cd、Cr、Hg、As的含量和大肠菌群数量均符合第一类海水水质标准;渔港港区及出入口DO、pH、悬浮物、活性磷酸盐、无机氮含量超过第一类海水水质标准的站位比例分别为66.7%、55.6%、100%、22.2%、66.7%,相应渔港邻近海域站位超标率为3.6%、25%、57.1%、3.6%、14.3%;渔港港区及出入口全部调查站位COD_{Mn}含量均超过第一类和第二类海水水质标准,浓度范围为1.37~4.54 mg/L,平均值为3.05 mg/L,而渔港邻近海域全部调查站位COD_{Mn}含量均符合第一类海水水质标准。

秋季海州湾仅Zn、Cr、Hg、As的含量符合第一类海水水质标准;渔港港区及出入口DO、pH、COD_{Mn}、悬浮物、石油类、Cu、Pb、Cd含量超过第一类海水水质标准的站点比例分别为33.3%、50.0%、100%、100%、50.0%、16.7%、16.7%、16.7%,而渔港邻近海域站点DO、pH、COD_{Mn}、悬浮物、石油类超标率为16.7%、25.0%、95.8%、66.7%、8.3%,重金属污染物含量均符合第一类海水水质标准;渔港港区及出入口全部调查站位无机氮、活性磷酸盐含量均超过第四类海水水质标准,浓度范围分别为1.72~3.74 mg/L、0.079~0.291 mg/L,平均值分别为2.63 mg/L、0.155 mg/L,而渔港邻近海域全部调查站位无机氮含量均超过第二类海水水质标准,活性磷酸盐含量超过第二类海水水质标准的站位比例达62.5%。

整体上看,海州湾邻近海域水质优于渔港水质,休渔期水质优于捕捞作业期水质。8月份处于休渔期,渔业活动基本停止,相应的渔业船舶污染物排放量几近没有,青口中心渔港、海头中心渔港分别处于青口河、龙王河的入海口,渔港内的污染物主要来源于上游河流输入,连岛一级渔港处于连岛西部,没有河流输入,由西大堤与大陆相连,毗邻连岛风景区,可能会有面源污染物输入渔港。此外,海州湾是传统渔业养殖区,捕捞作业期渔业船舶污染物排放量较大。2021年9月份雨量偏多,苏北地区仍处于汛期,入海河流处于丰水期,陆源污染物较入海通量较多,湾内盐度也低于休渔期(图4-3)。这可能是休渔期水质优于捕捞作业期水质,邻近海域水质总体优于渔港水质,连岛一级渔港水质优于青口中心渔港、海头中心渔港水质的原因。

表 4-10-1 海州湾重点渔港及邻近海域夏季水质监测数据

项目	渔港					邻近海域				
	平均值	最大值	最小值	标准偏差	变异系数	平均值	最大值	最小值	标准偏差	变异系数
DO(mg/L)	5.7900	11.090	2.1800	2.2600	39%	7.2300	8.260	5.9200	0.7100	10%
pH	7.7000	8.570	7.3700	0.3300	4%	7.8500	7.950	7.6100	0.0900	1%
COD_{Mn}(mg/L)	3.0500	4.540	1.3700	1.3000	43%	1.5100	1.960	1.6700	0.1600	10%
漂浮物	62.6700	137.000	15.0000	46.8400	75%	20.9000	158.000	1.0000	28.9000	138%
PO_4^{3-} (mg/L)	0.0170	0.063	0.0007	0.0230	134%	0.0030	0.024	0.0007	0.0046	151%
DIN (mg/L)	0.5480	1.291	0.0260	0.4660	85%	0.0700	0.277	0.007	0.0770	110%
石油类(mg/L)	0.0220	0.034	0.0035	0.0095	44%	0.0084	0.032	0.0035	0.0067	79%
Cu(μg/L)	2.5300	3.400	1.0800	0.7200	28%	2.0100	4.000	1.0900	0.7900	39%
Zn(μg/L)	12.0000	12.800	11.0000	0.5000	5%	12.9000	14.800	9.900	1.2000	9%
Pb(μg/L)	0.5600	0.756	0.4390	0.1220	22%	0.6000	0.760	0.417	0.1180	20%
Cd(μg/L)	0.0789	0.110	0.0449	0.0176	22%	0.0920	0.159	0.0377	0.0333	36%
Cr(μg/L)	ND	ND	ND	ND	ND	0.559	0.724	ND	0.0930	17%
Hg (μg/L)	0.0002	0.002	0.0000	0.0006	283%	0.0008	0.006	0.0000	0.0015	187%
As (μg/L)	5.5300	6.860	3.6000	1.1700	21%	6.3400	7.970	5.1100	0.6300	10%
大肠菌群(个/L)	<20	20	<20	—	—	<20	20	<20	—	—

注：ND 表示未检出。

表 4-10-2 海州湾重点渔港及邻近海域秋季水质监测数据

项目	渔港 平均值	渔港 最大值	渔港 最小值	渔港 标准偏差	渔港 变异系数	邻近海域 平均值	邻近海域 最大值	邻近海域 最小值	邻近海域 标准偏差	邻近海域 变异系数
DO (mg/L)	7.23	10.25	3.28	2.42	33%	8.12	12.58	4.62	2.12	26%
pH	7.92	8.27	7.63	0.25	3%	7.98	8.29	7.53	0.22	2.8%
COD_{Mn} (mg/L)	4.17	5.12	2.96	0.65	15%	3.76	5.06	1.98	0.90	24%
漂浮物 (mg/L)	36.83	80.0	14.0	20.88	57%	24.6	80.0	5.0	19.4	79%
PO_4^{3-} (mg/L)	0.155	0.291	0.079	0.079	50%	0.091	0.235	<0.000 72	0.080	88%
DIN (mg/L)	2.63	3.74	1.72	0.74	28%	1.86	3.79	0.40	1.16	62%
石油类 (mg/L)	0.048	0.074	0.025	0.018	38%	0.030	0.054	0.010	0.013	44%
Cu (μg/L)	2.23	7.40	0.93	2.32	104%	1.26	1.95	0.56	0.39	31%
Zn (μg/L)	2.14	7.37	0.08	2.42	113%	1.31	3.79	<0.12	1.05	80%
Pb (μg/L)	0.83	4.82	<0.07	1.78	214%	<0.07	<0.07	<0.07	—	—
Cd (μg/L)	0.977	5.53	<0.03	2.04	208%	0.05	0.17	<0.03	0.041	85%
Cr (μg/L)	0.872	5.11	<0.05	1.90	217%	0.05	0.73	<0.05	0.14	281%
Hg (μg/L)	<0.007	<0.007	<0.007	—	—	<0.007	<0.007	<0.007	—	—
As (μg/L)	0.827	4.47	0.05	1.63	197%	0.16	0.25	<0.05	0.06	38%
大肠菌群 (个/L)	—	—	—	—	—	—	—	—	—	—

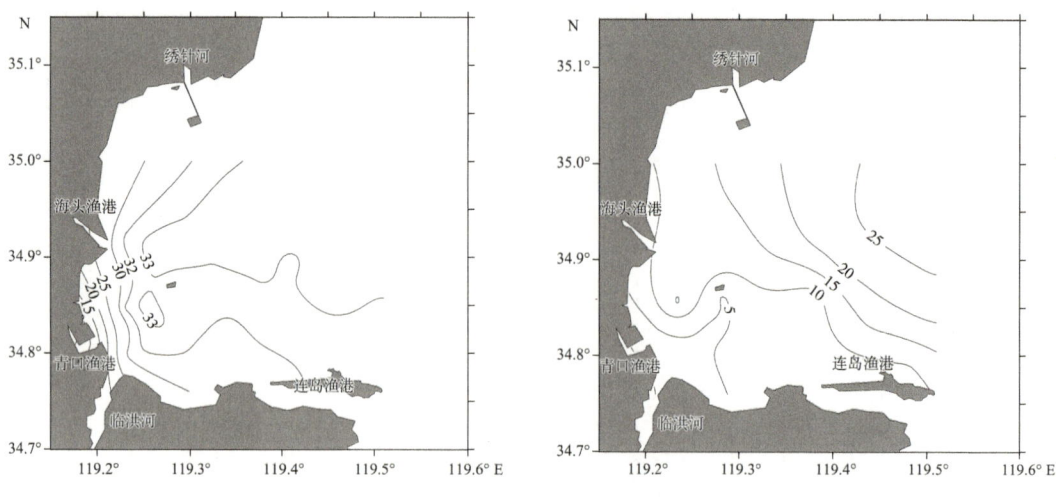

图 4-3　海州湾表层海水夏季（左）、秋季（右）盐度的水平分布（单位：mg/L）

1.3.2　海州湾渔港及邻近海域海水主要污染物空间分布特征

2021 年夏季，海州湾主要渔港水深小于 10 m，采集了 9 个表层水样，邻近海域监测站位水深 3.5～13.1 m，有 8 个站位水深超过 10 m，采集了表层水样 20 个和底层水样 8 个。总体上看，在采集表层、底层水样的 8 个站位中，表层海水主要监测指标 DO、pH、COD_{Mn}、悬浮物、活性磷酸盐、Cu、Zn、Pb、Cd、Cr、As 含量等与底层基本一致，相差仅不到 5%。但 Hg 的表层与底层含量差异较大，其中 4 个表层水样、6 个底层水样未检出，4 个表层检出水样的浓度范围为 0.001～0.004 μg/L，平均值为 0.001 8 μg/L，2 个底层检出水样的浓度均为 0.001 μg/L，表层、底层浓度相差约 80%。此外，表层无机氮浓度范围为 0.011～0.041 mg/L，平均值为 0.021 mg/L，底层无机氮浓度范围为 0.007～0.066 mg/L，平均值为 0.028 mg/L，表层、底层浓度相差约 37%。

2021 年秋季，在海州湾主要渔港采集了 6 个表层水样，邻近海域采集了表层水样 20 个和底层水样 4 个。在采集表层、底层水样的 4 个站位中，表层海水监测指标 pH、Cd、Cr 含量与底层基本一致，相差不超过 5%。但 DO、COD_{Mn}、悬浮物、无机氮、活性磷酸盐、Cu、Zn、As 含量等与底层差别较大，分别相差 50.3%、36.4%、337.5%、10.6%、227.3%、35.6%、19.7%、11.5%，而 Pb、Hg 在表层和底层水样均未检出。总体上看，秋季的表层和底层监测指标差异较大，尤其表层悬浮颗粒物含量是底层的 3 倍以上，底层活性磷酸盐浓度是表层的 2 倍以上，表层磷酸盐含量已接近检测限值，表明海州湾湾口浮游植物活动旺盛，对磷酸盐吸收强烈，磷限制可能是这一海域初级生产力变化特征。

从平面分布来看（图 4-4～图 4-10），2021 年夏季海州湾海水中悬浮物、COD_{Mn}、活性磷酸盐、无机氮、石油类的含量基本呈现由沿岸向外海逐渐降低的趋势，与盐度变化趋势相反，尤其是在青口中心渔港、海头中心渔港、连岛一级渔港港区的含量较高，表明这些污染物在海州湾的分布主要受陆源输入控制，特别是渔港区有较高的污染物输入。DO、pH 等指标呈现从渔港向邻近海域逐渐升高的趋势，与盐度变化趋势基本一致，反映了河流输入对渔港及邻近海域的影响(表4-11)。海州湾海水中Cu的含量在青口河口(青口中心渔港)、龙王河口(海头中心渔港)和海州湾牧场海域存在高值区,基本沿盐度变化方向从河口向邻近海域降低(图4-11),这表明海州湾海水Cu的分布态势不仅受到河流输入控制,可能还受其他污染源控制。结合文献分析表明,海州湾海水Cu存在海源污染,牧场渔业活动可能产生Cu的污染物输入(罗云云、邓岳松,2020;方群兵,2001;陈骁 等,2016;何书锋 等,2013;俞锦辰 等,2019)。海州湾海水中Zn、Pb、Cd、Cr、Hg、As等分布呈现近岸低、湾内高的态势,渔港内的含量低于邻近海域的含量,尤其是Cr、Hg在青口中心渔港、海头中心渔港都未检出,表明休渔期陆源输入不是这些污染物分布的主要控制因素。

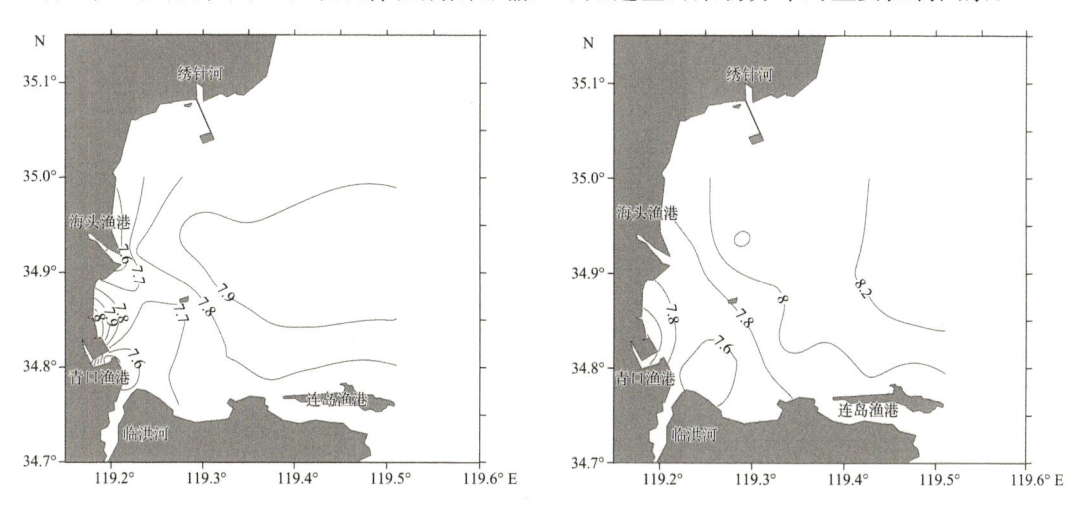

图4-4 海州湾表层海水夏季(左)、秋季(右)pH的水平分布(单位:mg/L)

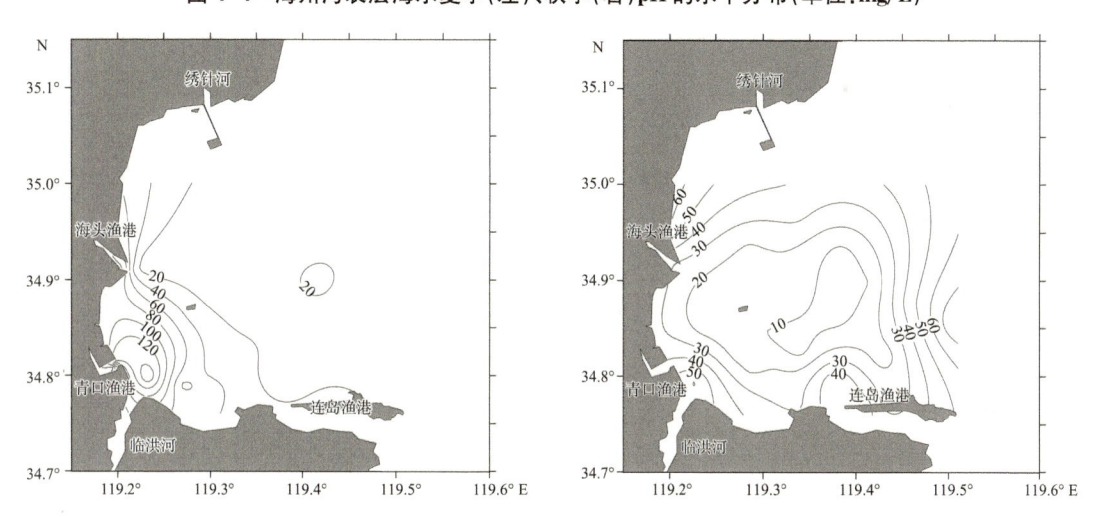

图4-5 海州湾表层海水夏季(左)、秋季(右)悬浮物含量的水平分布(单位:mg/L)

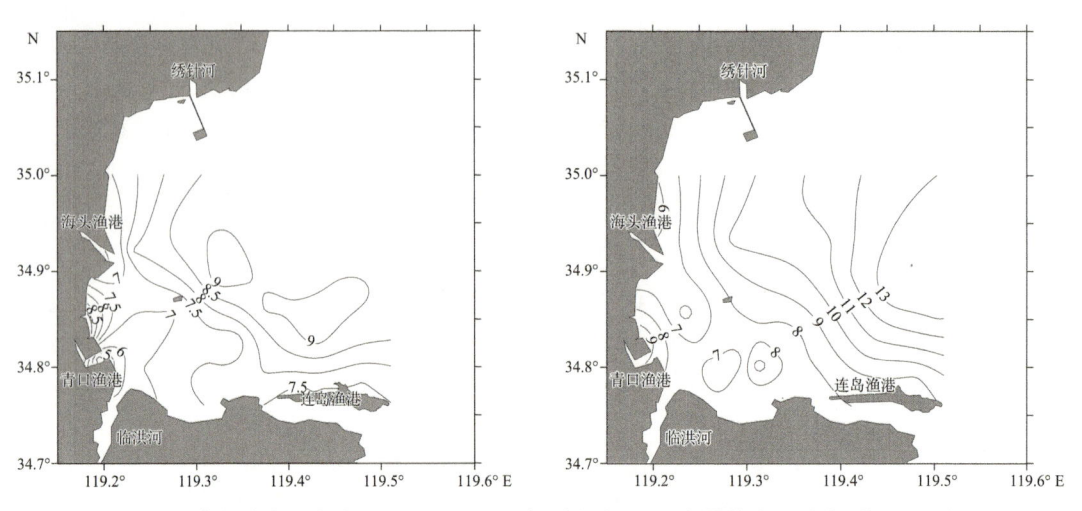

图4-6　海州湾表层海水夏季（左）、秋季（右）溶解氧（DO）含量的水平分布（单位：mg/L）

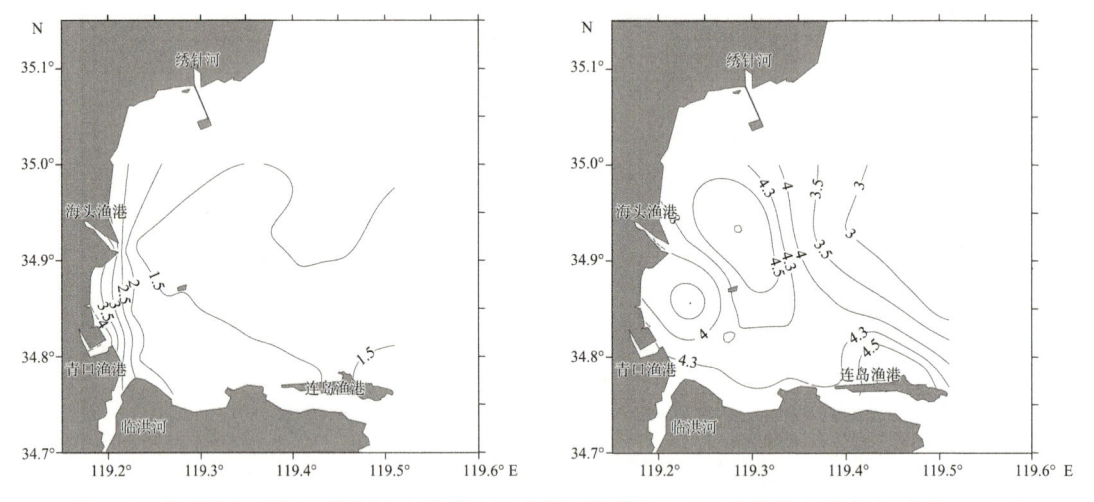

图4-7　海州湾表层海水夏季（左）、秋季（右）化学需氧量（COD_{Mn}）含量的水平分布（单位：mg/L）

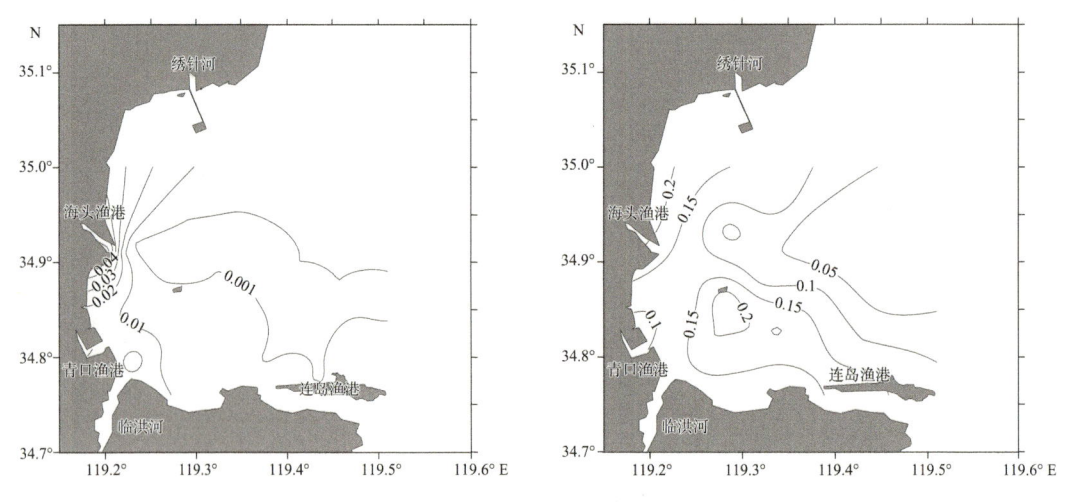

图4-8　海州湾表层海水夏季（左）、秋季（右）活性磷酸盐含量的水平分布（单位：mg/L）

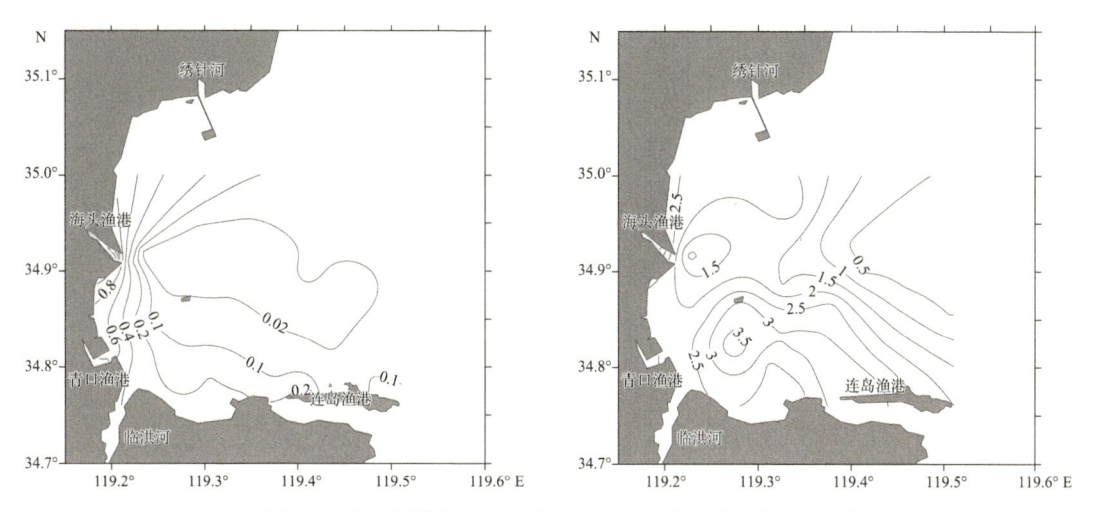

图 4-9　海州湾表层海水夏季(左)、秋季(右)无机氮含量的水平分布(单位:mg/L)

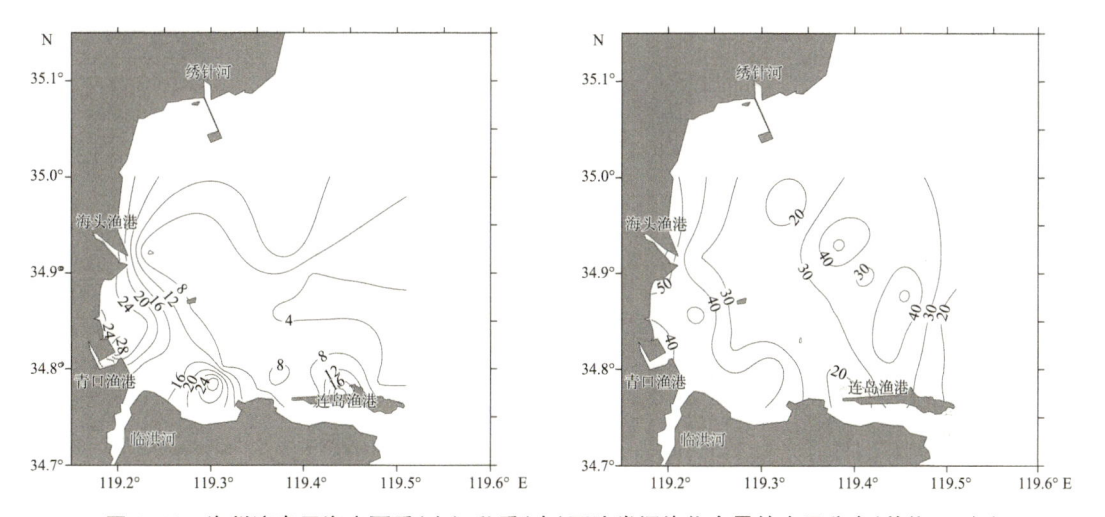

图 4-10　海州湾表层海水夏季(左)、秋季(右)石油类污染物含量的水平分布(单位:μg/L)

表 4-11　海州湾主要入海河流及主要污染物浓度

	流域面积[2] (km²)	径流量[2] (10⁸m³)	COD_{Mn}[1] (mg/L)	NH_3-N[1] (mg/L)	TP[1] (mg/L)	石油类 (mg/L)
绣针河	370	—	—	—	—	—
龙王河	423	0.8	29	1.49	0.28	—
兴庄河	—	0.88	30	0.27	0.12	—
沙旺河	—	0.59	38	5.56	0.56	—
青口河	466	2.29	26	0.56	0.08	—

073

续表

		流域面积[2] (km²)	径流量[2] (10⁸m³)	COD_{Mn}[1] (mg/L)	NH_3-N[1] (mg/L)	TP[1] (mg/L)	石油类 (mg/L)
临洪河口	新沭河	964	9.86	20	0.21	0.1	—
	蔷薇河	1358	5.67	16	0.16	0.1	
	大浦河	127	1.24	23.5	16.1	2.27	

[1]孙磊,2020；[2]孙丽萍,2007；杨淑梅,刘厚凤,2004.

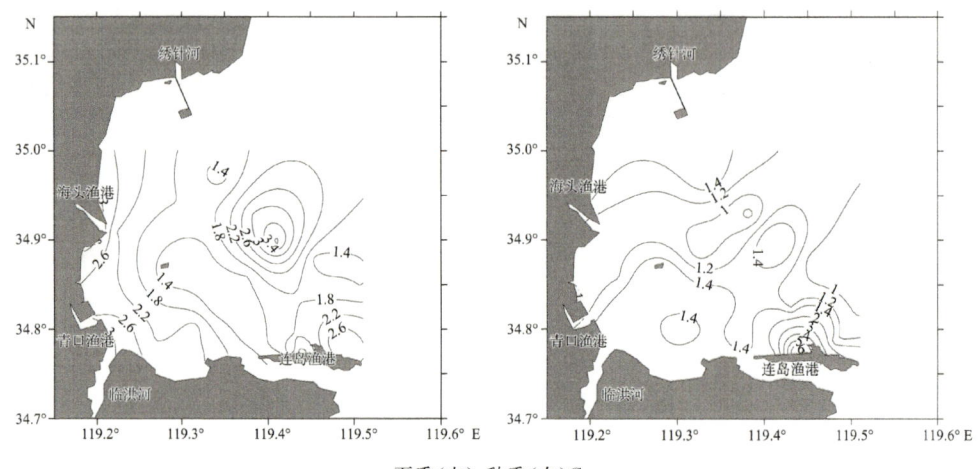

夏季(左)、秋季(右)Cu

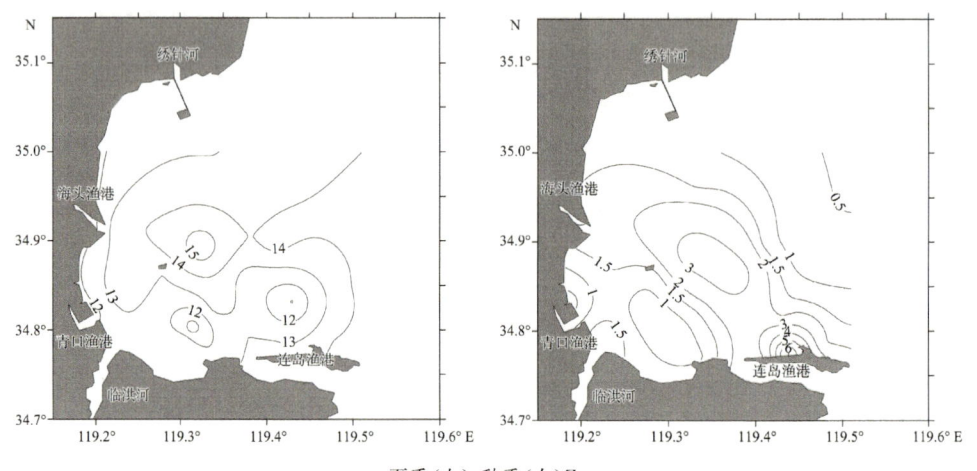

夏季(左)、秋季(右)Zn

第 4 章
渔港经济区海域环境质量状况及分析

夏季(左)、秋季(右)Pb

夏季(左)、秋季(右)Cd

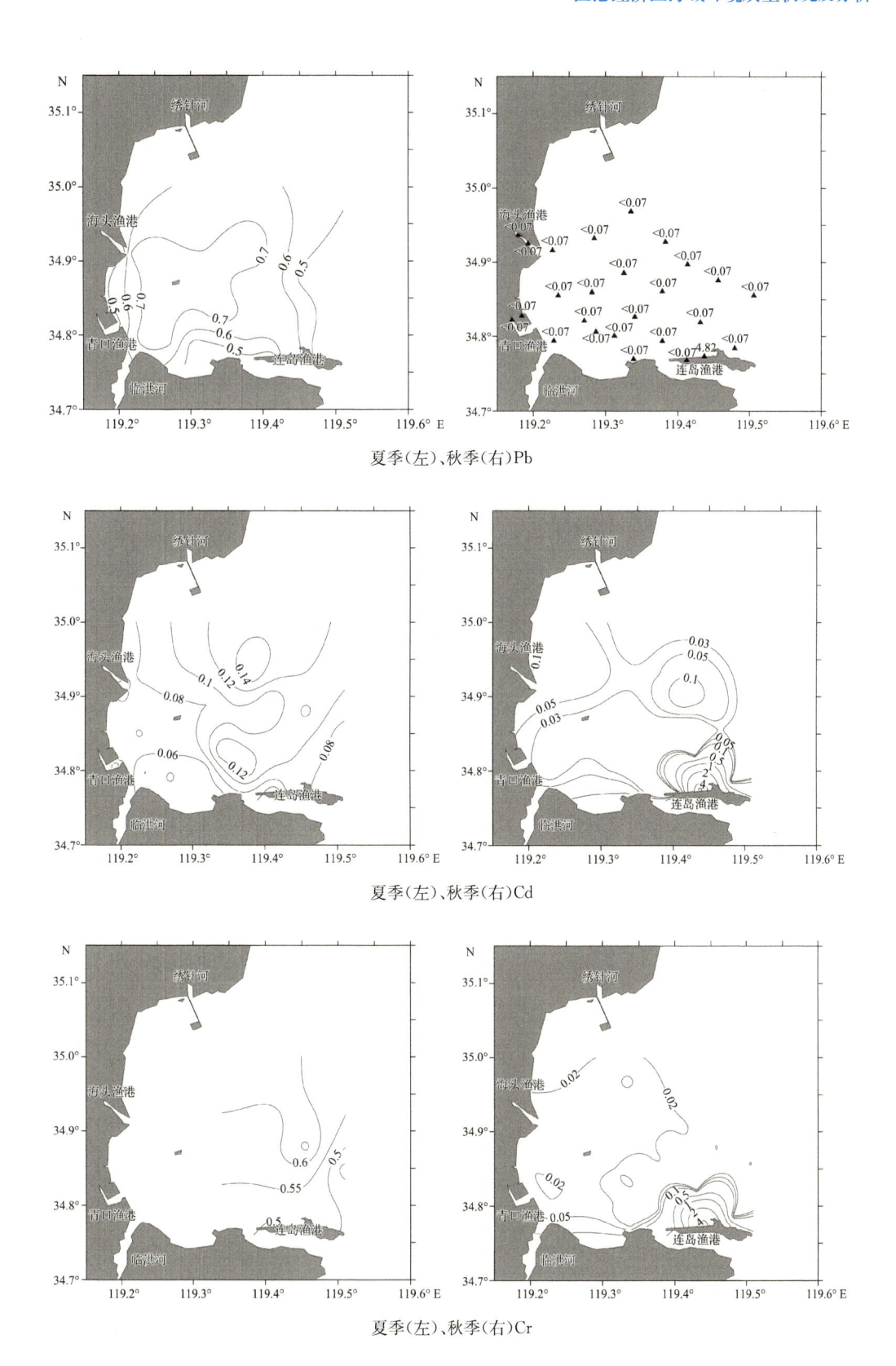

夏季(左)、秋季(右)Cr

夏季（左）、秋季（右）Hg

夏季（左）、秋季（右）As

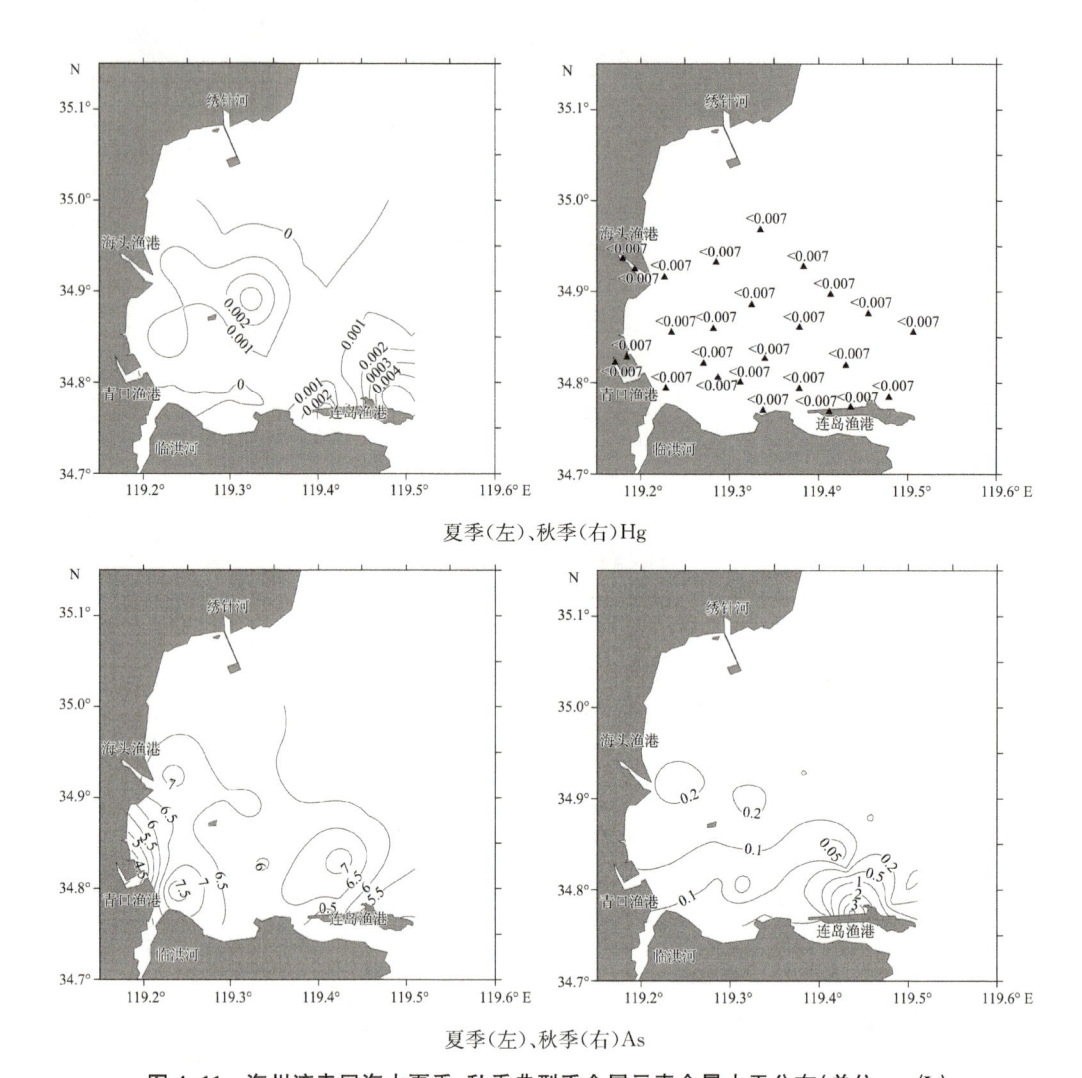

图 4-11　海州湾表层海水夏季、秋季典型重金属元素含量水平分布（单位：μg/L）

2021年秋季海州湾海水中悬浮物、石油类的含量在湾顶和湾口较高，在湾中部较低，呈现由沿岸渔港港区向海州湾中部逐渐降低，又由湾中部向湾口逐渐升高的趋势，表明海州湾悬浮物和石油类可能存在陆源和海源两个污染源。COD_{Mn}、活性磷酸盐、无机氮的含量基本呈现由沿岸向外海逐渐降低的趋势，与盐度变化趋势相反，尤其是在连岛一级渔港、青口中心渔港、海头中心渔港港区及港外的含量较高，与夏季分布基本一致。DO、pH等指标呈现从渔港港口向邻近海域逐渐升高的趋势，与盐度变化趋势基本一致，与夏季分布基本一致。海州湾海水中Cu的含量在连岛一级渔港和海州湾海洋牧场海域存在高值区，在临洪河口基本沿盐度变化方向由河口向邻近海域降低，这表明海州湾海水Cu的分布态势不仅受到陆源输入控制，可能还受到海源输入的影响，这与夏季影响因素一致。海州湾海水中Zn、Pb、Cd、Cr、As等在连岛一级渔港存在高值区，Zn、Cd分别在湾中部和湾口中部存在高值区。除连岛一级渔港外，Pb在各监测站位中均未检出，而Hg在所有监测站位中均未检出。结合夏季监测结果，可以发现捕捞作业期渔业活动可能是渔港重金属污染物输入的重要风险来源之一。

1.3.3　海州湾湾南渔港经济区海域海水污染物主要影响因子及来源分析

海州湾海水中盐度、DO、pH、COD_{Mn}、悬浮物、PO_4^{3-}、DIN、石油类和重金属元素含量相关性分析(表4-12-1、表4-12-2)表明,夏季(休渔期),在显著性0.05的水平上,渔港及邻近海域 COD_{Mn} 与盐度具有较高的负相关系数($R<-0.8$),这表明 COD_{Mn} 可能主要来自河流输入(孙丽萍,2007;孙磊,2020)。pH与盐度具有较高的正相关系数($R>0.8$),这可能是由于pH主要受河水与海水混合比例影响;秋季(捕捞作业期),pH与盐度的相关系数($R>0.5$)小于夏季,这可能是由于pH不仅受河水与海水混合比例影响,而且秋季旺盛的浮游植物活动(叶绿素含量秋季 29.5 μg/L>夏季 3.1 μg/L)能提升表层海水pH(Hendriks et al.,2013;隋昕、邓宇杰,2015)。

秋季DO分布态势与夏季基本一致,渔港港区存在低值区,在海州湾中部存在高值区,这主要是由于海州湾潮流动力作用较弱,波浪以风浪为主,通常为NE向和E向,造成渔港港内水体交换、混合不够充分,而海州湾内海水混合相对充分,海-气交换条件好,具有良好的复氧能力(朱文谨 等,2020;左书华 等,2013;孙磊,2020),但秋季DO与盐度的相关系数($R>0.4$)与夏季相比有所降低($R>0.9$),夏秋两季DO与pH都具有很高的正相关系数($R>0.7$),这表明秋季DO不仅受海州湾内海水混合、海-气交换条件的控制,还受强烈的浮游植物光合作用控制(Hendriks et al.,2013;隋昕、邓宇杰,2015)。此外,夏季DO与DIN、PO_4^{3-} 具有很高的负相关系数($R<-0.9$),与 COD_{Mn}、Hg具有较高的负相关系数($R<-0.8$),这可能是由于海水中有机物质耗氧降解过程与DIN、PO_4^{3-} 释放过程和溶解有机态Hg形成过程是耦合的(Zhang et al.,2018;戴树桂,2006)。秋季DO与DIN、PO_4^{3-} 的相关性($R<-0.5$)与夏季相比降幅较大,与 COD_{Mn} 基本没有相关性($R<-0.17$),这主要由于秋季旺盛的浮游植物活动成为控制DIN、PO_4^{3-}、COD_{Mn} 分布的主要因子,浮游植物水华大量消耗DIN、PO_4^{3-},产生大量溶解态和颗粒态有机物。

无论夏季(休渔期)还是秋季(捕捞作业期),在显著性0.01的水平上,DIN、PO_4^{3-} 与盐度具有较高的负相关系数($R<-0.7$),DIN与 PO_4^{3-} 具有很高的正相关系数($R>0.9$),表明河流输入可能是DIN的主要来源,DIN与 PO_4^{3-} 具有共同的来源和相似的迁移途径,并且是其含量和分布的主要控制因素(赵建华、李飞,2015;韩彬 等,2019)。

夏季Cd与盐度具有较高的正相关系数($R>0.8$),这是由于 Cd^{2+} 易与 Cl^- 形成配位化合物,颗粒态Cd随盐度增加在河口区呈现溶出行为,这种非保守性行为在黄河口、九龙江口、闽江口、尼罗河口、密西西比河口、亚马逊河口都有发现(Boyle et al.,1982;Shiller and Boyle,1991;Wang et al.,2009)。而秋季Cd与盐度基本没有相关性($R<-0.1$),并且浓度较低,近50%站位在检测线以下,河流输入可能不是其主要控制因子。虽然夏季和秋季Cd与Cr都具有较高的正相关系数($R>0.8$),夏季Hg与As也具有很高的负相关系数($R<-0.9$),但Hg、Cr在大多数站位都未检出,相关关系的可靠性不高。

表 4-12-1 海州湾夏季海水中主要监测指标的相关性统计

污染物	盐度	DO	pH	COD$_{Mn}$	悬浮物	PO$_4^{3-}$	DIN	石油类	Cu	Zn	Pb	Cd	Cr	Hg	As
盐度	1.000														
DO	0.919	1.000													
pH	0.826	0.940	1.000												
COD$_{Mn}$	−0.859*	−0.879*	−0.672**	1.000											
悬浮物	−0.558	−0.476*	−0.156*	0.788**	1.000										
PO$_4^{3-}$	−0.852	−0.925	−0.968**	0.695**	0.157**	1.000									
DIN	−0.968**	−0.911**	−0.878**	0.787**	0.369**	0.935**	1.000								
石油类	0.253	0.210*	−0.048**	−0.553*	−0.760**	0.118**	−0.065**	1.000							
Cu	−0.001*	−0.181*	0.024	0.339*	0.612*	−0.119*	−0.159**	−0.384	1.000						
Zn	−0.221*	−0.189	0.066	0.440	0.820	−0.191	−0.026	−0.802	0.722	1.000					
Pb	0.366*	0.373	0.405	−0.353	−0.048	−0.333	−0.365**	0.512	0.384	−0.069	1.000				
Cd	0.864	0.757	0.618	−0.763	−0.705	−0.547	−0.721	0.535	−0.216	−0.621	0.407	1.000			
Cr	0.592	0.446	0.426	−0.338	−0.362	−0.292	−0.451	0.368	−0.001	−0.527	0.431	0.860	1.000		
Hg	−0.671	−0.863	−0.858	0.734	0.280	0.775	0.675	−0.347	0.133	0.165	−0.672	−0.586	−0.368	1.000	
As	0.561	0.752	0.722	−0.654	−0.364	−0.568	−0.492	0.504	−0.311	−0.429	0.658	0.658	0.530	−0.937	1.000

注：** 在 0.01 水平上显著相关；* 在 0.05 水平上显著相关；$n=29$。

第 4 章

渔港经济区海域环境质量状况及分析

表 4-12-2 海州湾秋季海水中主要监测指标的相关性统计

污染物	盐度	DO	pH	COD$_{Mn}$	悬浮物	PO$_4^{3-}$	DIN	石油类	Cu	Zn	Pb	Cd	Cr	Hg	As
盐度	1.000														
DO	0.406*	1.000													
pH	0.525**	0.766**	1.000												
COD$_{Mn}$	−0.791**	−0.169	−0.341**	1.000											
悬浮物	−0.259	0.000	−0.141	0.176	1.000										
PO$_4^{3-}$	−0.769**	−0.547**	−0.621**	0.596**	0.258	1.000									
DIN	−0.821**	−0.504**	−0.610**	0.686**	0.184	0.943**	1.000								
石油类	−0.379*	−0.190	−0.471**	0.371*	0.298	0.428**	0.372*	1.000							
Cu	−0.266	−0.080	−0.155	0.407	0.011	0.338*	0.355*	0.165	1.000						
Zn	−0.269	−0.097	−0.125	0.390*	0.046	0.339*	0.397**	0.106	0.774**	1.000					
Pb	−0.109	0.038	0.011	0.274	−0.046	0.130	0.157	0.101	0.950**	0.745**	1.000				
Cd	−0.095	0.038	0.019	0.262	−0.047	0.119	0.142	0.106	0.948**	0.734**	0.999**	1.000			
Cr	−0.127	0.030	0.014	0.288	−0.024	0.149	0.191	0.077	0.950**	0.769**	0.990**	0.989**	1.000		
Hg	—	—	—	—	—	—	—	—	—	—	—	—	—	1.000	
As	−0.058	0.042	0.033	0.244	−0.055	0.082	0.113	0.075	0.936**	0.738**	0.997**	0.997**	0.989**	—	1.000

注:** 在 0.01 水平上显著相关;* 在 0.05 水平上显著相关;$n=30$。

夏秋季石油类与盐度、Cu、Pb、Cd、Cr、Hg、As 等元素含量之间都没有显著相关关系，表明河流输入不是石油类污染物主要来源，石油类的来源和迁移转化途径与重金属污染物都不相同，渔港及邻近海域石油类污染物主要来源于渔业船舶排放（袁士春 等，2010）。夏季除了 Hg 与 As、Cd 与 Cr 相关系数较高外，Cu、Zn、Pb、Cd、Cr、Hg、As 等元素含量之间没有显著的相关关系，表明这些重金属元素来源可能比较复杂，河流输入（孙丽萍，2007；杜吉净 等，2016；孙磊，2020）、海州湾内工程建设（罗云云、邓岳松，2020；方群兵，2001；陈骁 等，2016）和渔业养殖活动（王娟、曹雷，2020；苏敬丽 等，2020）等都是可能的污染来源。秋季，Pb、Cd、Cr、Hg 在绝大多数站位都未检出，Zn 也在 25% 站位未检出，因此，重金属元素之间相关关系的可靠性不高。此外，尽管 As 与盐度相关系数不高，一般认为 As 主要来源于陆源输入（柳青青 等，2012），通常 As 在自然界中存在较少，但它是农药、化肥的主要成分。现代农业发展过程中农药、化肥的过度使用产生的农药残留，通过水土流失汇入入海河流，最终进入大海（郑江鹏 等，2017）。

夏季海州湾渔港及邻近海域海水主要监测指标的主成分分析（表 4-13）表明，影响渔港及邻近海域海水污染物含量的因素较多，3 个主成分累积占了总方差的约 87.6%，第 1 主成分的贡献率约为 55.6%，PO_4^{3-}、DO、DIN、pH、盐度、COD_{Mn}、Hg、Cd 在第 1 主成分上均有较高载荷（图 4-12），分别为 -0.984、0.954、-0.950、0.950、0.899、-0.765、-0.740、0.622，其中载荷值为正值的 DO、pH、盐度、Cd 可能主要涉及与陆源有关的地球化学过程（陈敏，2009；杜吉净 等，2016；郑江鹏 等，2017），载荷值为负值的主要 PO_4^{3-}、DIN、COD_{Mn}、Hg 可能主要涉及与陆源有关的生物地球化学过程（Zhang et al.，2018；戴树桂，2006），第 1 主成分反映了河流输入和河口地球化学过程对海州湾海水的影响，这与相关性分析结果基本一致。第 2 主成分的方差贡献率为 21.8%，在 Zn、悬浮物、Cu 上的正载荷最高，分为 0.937、0.902 和 0.838，这可能反映了湾内牧场和工程建设活动的影响（罗云云、邓岳松，2020；方群兵，2001；陈骁 等，2016；俞锦辰 等，2019）。第 3 主成分的贡献率为 10.2%，在 Pb、As、石油类和 Cr 上的载荷最高，分别为 0.929、0.618、0.614 和 0.594，湾内船舶行驶会带来石油类和 Pb 污染物的输入，船体油漆的脱落、溶解导致 Cr 输入，第 3 主成分可能反映了海州湾渔业生产与交通活动的影响。

由于秋季 Pb、Cd、Cr、Hg 在海州湾渔港及邻近海域绝大多数站位海水中都未检出，依据盐度、DO、pH、COD_{Mn}、悬浮物、PO_4^{3-}、DIN、石油类、Cu、Zn、As 等监测指标进行主成分分析。结果表明，4 个主成分累积占了总方差的约 84.6%，第 1 主成分的贡献率约为 28.2%，盐度、COD_{Mn}、DIN、PO_4^{3-} 在第 1 主成分上均有较高载荷（图 4-12），分别为 -0.892、0.860、0.835、0.753，与夏季类似。第 1 主成分反映了河流输入和河口地球化学过程对海州湾海水的影响，这与夏季主成分分析结果一致，表明夏秋季节河流输入对监测指标都有重要的影响。第 2 主成分的方差贡献率约为 24.5%，在 As、Cu、Zn 上的正载荷最高，分别为 0.973、0.947 和 0.849，与夏季类似，可能反映了湾内牧场养殖业和工程建设活动的影响。第 3 主成分的贡献率约为 19.5%，在 DO、pH 上的载荷最高，分别为 0.911 和 0.859，秋季营养盐 DIN、PO_4^{3-} 含量是夏季的 25～30 倍（表 4-10-1、表 4-10-2），浮游植物活动旺盛（叶绿素含量秋季 29.5 μg/L≫夏季 3.1 μg/L）能提高表层海水 DO 和

pH(Hendriks et al.，2013；隋昕、邓宇杰，2015)，第3主成分可能反映了海州湾海域浮游植物生长过程的影响。第4主成分的贡献率为12.4%，在悬浮颗粒物和石油类上的载荷最高，分别为0.841和0.708，秋季(捕捞作业期)大量捕捞船出海作业，行驶船舶含油污水排放带来石油类和颗粒物的输入。实际上，秋季海州湾表层海水石油类平均含量是夏季平均含量的3.6倍，与夏季类似。第4主成分可能反映了海州湾渔业生产与交通活动的影响。

表4-13 海州湾海水主要监测指标主成分分析计算结果

主成分因子	夏季 特征值	夏季 方差贡献率(%)	夏季 累积方差贡献率(%)	秋季 特征值	秋季 方差贡献率(%)	秋季 累积方差贡献率(%)
1	8.345	55.635	55.635	3.102	28.204	28.204
2	3.265	21.766	77.402	2.690	24.451	52.655
3	1.533	10.217	87.619	2.149	19.533	72.188
4	1.108	7.386	95.005	1.368	12.437	84.625
5	0.749	4.995	100.000	0.680	6.185	90.811
6	0	0	100.000	0.365	3.320	94.130
7	0	0	100.000	0.264	2.400	96.531
8	0	0	100.000	0.180	1.639	98.169
9	0	0	100.000	0.137	1.247	99.417
10	0	0	100.000	0.043	0.393	99.809
11	0	0	100.000	0.021	0.191	100.000
12	0	0	100.000			
13	0	0	100.000			
14	0	0	100.000			
15	0	0	100.000			

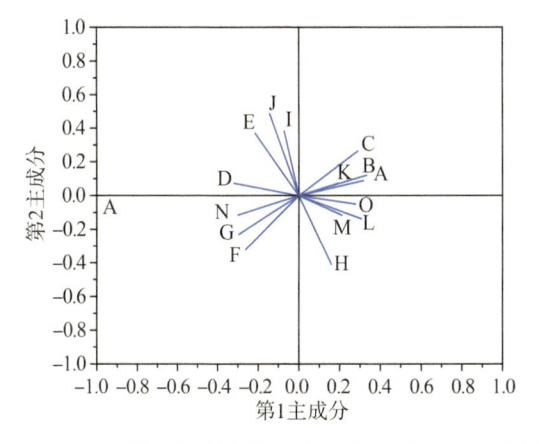

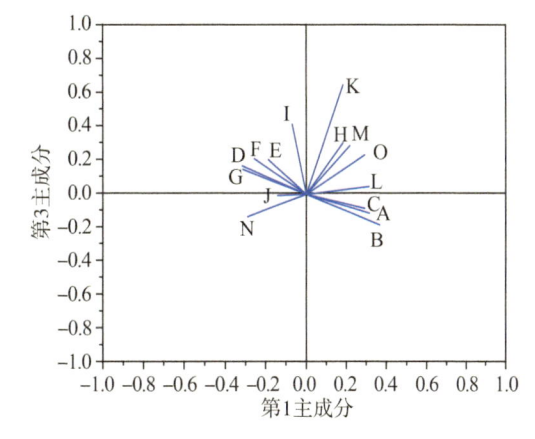

夏季(A：盐度；B：DO；C：pH；D：COD；E：悬浮物；F：DIP；G：DIN；H：石油类；I：Cu；J：Zn；K：Pb；L：Cd；M：Cr；N：Hg；O：As)

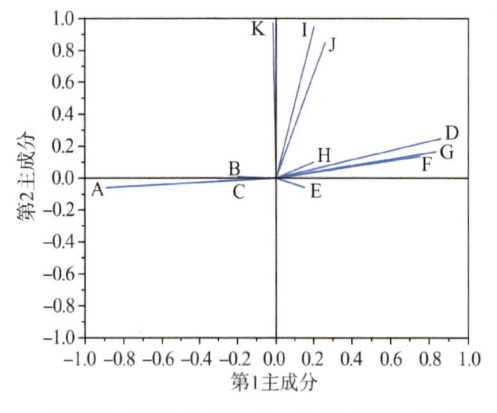

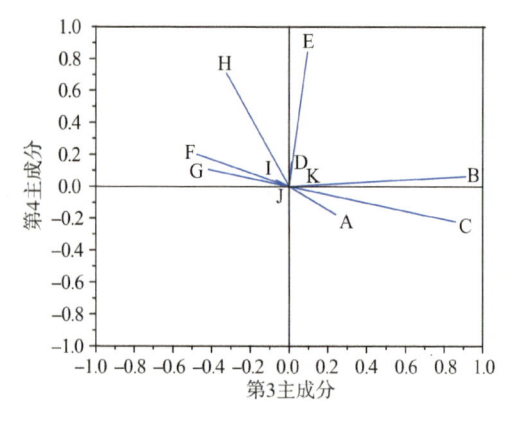

秋季(A：盐度；B：DO；C：pH；D：COD；E：悬浮物；F：DIP；G：DIN；H：石油类；I：Cu；J：Zn；K：As)

图 4-12　海水中污染物的因子载荷

1.4　海州湾湾南渔港经济区海域表层沉积物主要污染物含量和分布特征

1.4.1　海州湾湾南渔港经济区海域表层沉积物主要污染物含量

由表 4-14 可知,渔港内及口门沉积物有机碳、石油类、Cu、Zn、Pb、Cd、Cr、Hg、As 的含量都高于渔港邻近海域沉积物,尤其是有机碳、石油类含量分别高出 54% 和 83%。生活废水、生活垃圾和动力系统产生的油污水是渔业船舶排放的主要污染物类型。生活废水主要包括洗衣水、洗刷锅碗水、大小便等(袁士春 等,2010),含有大量有机颗粒物,这些废水排放到海水中以后,颗粒物一部分随海水交换到外海,一部分沉积到港内,进入沉积物,导致港内沉积物有机碳含量高于邻近海域。渔业船舶油污水主要包括船舶由于管道渗漏、设备清洗、货舱油品残留等原因产生的含油废水。根据产生途径可分为舱底水、含油洗舱水和含油压载水(贺梦凡 等,2021)。舱底水主要包括船舶上各种废水、废油渗漏至舱底混合形成的油污水,是渔业船舶油污水的主要来源。渔港内大量渔业船舶聚集,排放的油污水漂浮或悬浮于海水中,其中一部分随海水交换进入邻近海域,其他部分通过吸附、光化学反应等聚集、沉降进入沉积物(徐学仁,1987),造成港内沉积物石油类含量高于邻近海域。硫化物含量在渔港内外都较低,且渔港港内沉积物硫化物含量稍低于邻近海域沉积物中硫化物含量(表 4-14)。通常在缺氧的环境中氧化还原电位降低,在硫酸盐还原细菌的作用下,有机质降解,硫酸盐还原转变为硫化物或其他低价硫,一般硫化物还原最大速率发生在表层沉积物中(吴金浩 等,2014；Jorgensen,1982),海州湾渔港及邻近海域水深较浅(孙磊,2020),表层沉积物含氧量较高,使得沉积物硫化物较低。

表 4-14　海州湾渔港及邻近海域表层沉积物主要污染物含量　　　　(单位:10^{-6})

	有机碳	硫化物	石油类	Cu	Zn	Pb	Cd	Cr	Hg	As
青口渔港	0.58± 0.10	36.35± 7.64	411.75± 213.33	19.83± 3.75	88.31± 9.08	22.44± 6.68	0.16± 0.02	54.19± 3.81	0.023± 0.004	13.00± 2.87

续表

	有机碳	硫化物	石油类	Cu	Zn	Pb	Cd	Cr	Hg	As
海头渔港	0.43±0.02	39.17±0.97	444.63±344.03	18.59±3.27	86.03±14.71	21.66±4.68	0.17±0.01	39.93±5.20	0.019±0.001	10.58±1.22
连岛渔港	0.48±0.06	40.70±2.10	114.22±20.81	24.77±2.30	90.73±1.80	26.57±3.04	0.17±0.02	41.82±13.40	0.027±0.005	14.55±0.05
渔港平均	0.51±0.10	38.26±5.52	356.59±277.07	20.52±4.06	88.09±10.61	23.10±5.72	0.16±0.02	46.69±10.04	0.023±0.005	12.54±2.54
邻近海域	0.33±0.09	41.44±11.58	194.90±113.43	19.58±4.66	64.08±8.20	21.98±3.94	0.14±0.03	42.30±7.98	0.019±0.004	11.56±2.07

1.4.2 海州湾湾南渔港经济区海域表层沉积物主要污染物分布特征

从平面分布上看(图4-13～图4-16),沉积物中有机碳、石油类、Zn、Cr、Hg的含量从渔港港内向邻近海域呈现明显的下降趋势,展现出人类生产生活活动对沉积环境的影响,与金州湾、东山湾的分布趋势基本一致(陈兆林,2015;郑盛华 等,2014)。硫化物的含量从渔港港口向邻近海域呈现升高趋势,与辽东湾的分布一致(吴金浩 等,2014),与金州湾分布差别较大(陈兆林,2015),这可能是由于海州湾湾顶有龙王河、青口河和临洪河等较大河流输入,辽东湾湾顶有双台子河、大辽河等较大河流输入,而金州湾湾顶没有较大河流输入。硫化物分布的影响因素具有多重性,受到沉积物的氧化还原电位、沉积类型、水深、海水溶解氧等影响,而河口区通常水深较浅,水交换频繁,氧化还原电位相对较高,且沉积物颗粒较大(Hatcher et al.,1994;徐东浩 等,2012;杜吉净 等,2017),不利于硫化物生成,造成河口区表层沉积物硫化物含量较低。Cu、Pb的含量在渔港港内沉积物中较高,但在渔港口门沉积物中的含量有所降低,呈现从渔港港口向邻近海域明显的升高趋势。与Cu、Pb含量的分布趋势相反,在渔港港内和邻近海域沉积物中Cd的含量低于渔港口门沉积物中含量,呈现从渔港港口向邻近海域明显的降低趋势。As的含量分布趋势与Cu、Pb相似,但有高值点出现在邻近海域。

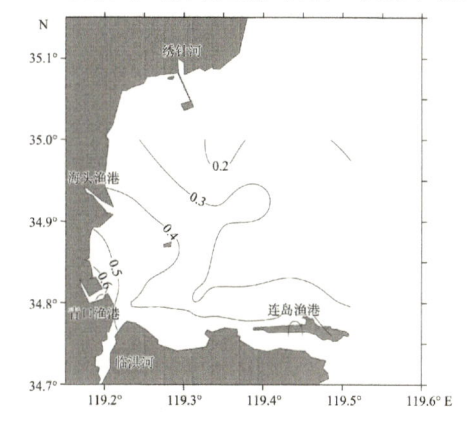

图4-13 海州湾表层沉积物中有机碳含量的水平分布(单位:×10⁻⁶)

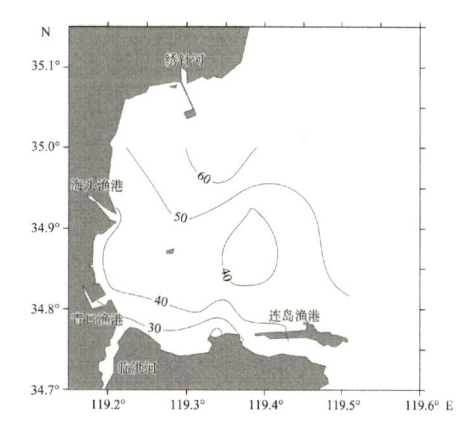

图4-14 海州湾表层沉积物中硫化物含量的水平分布(单位:×10⁻⁶)

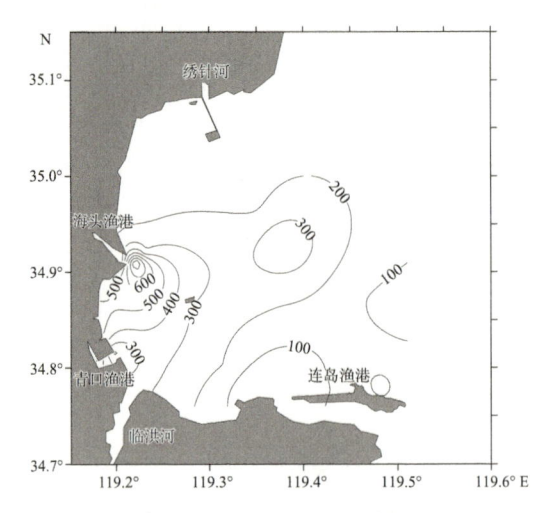

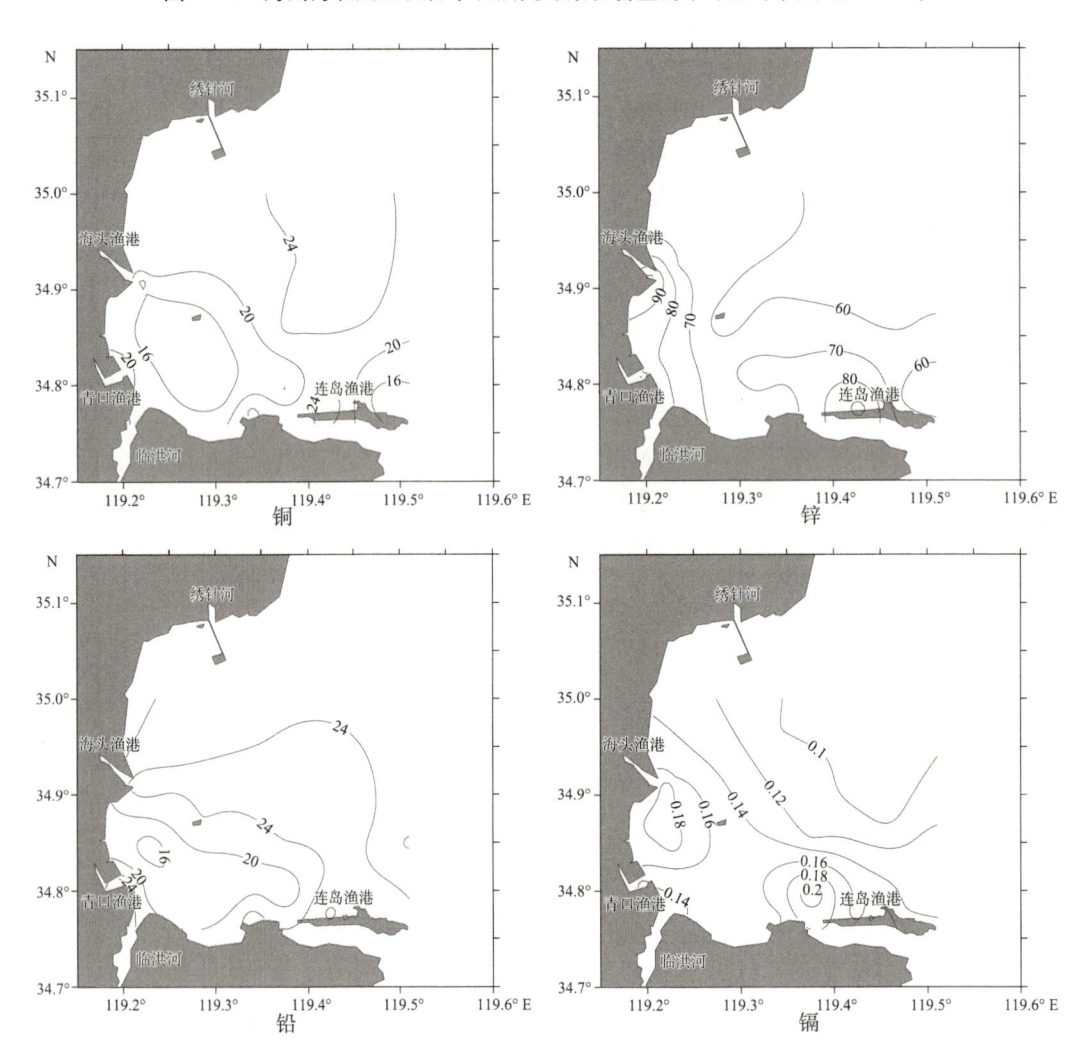

图 4-15　海州湾表层沉积物中石油类污染物含量的水平分布（单位：$\times 10^{-6}$）

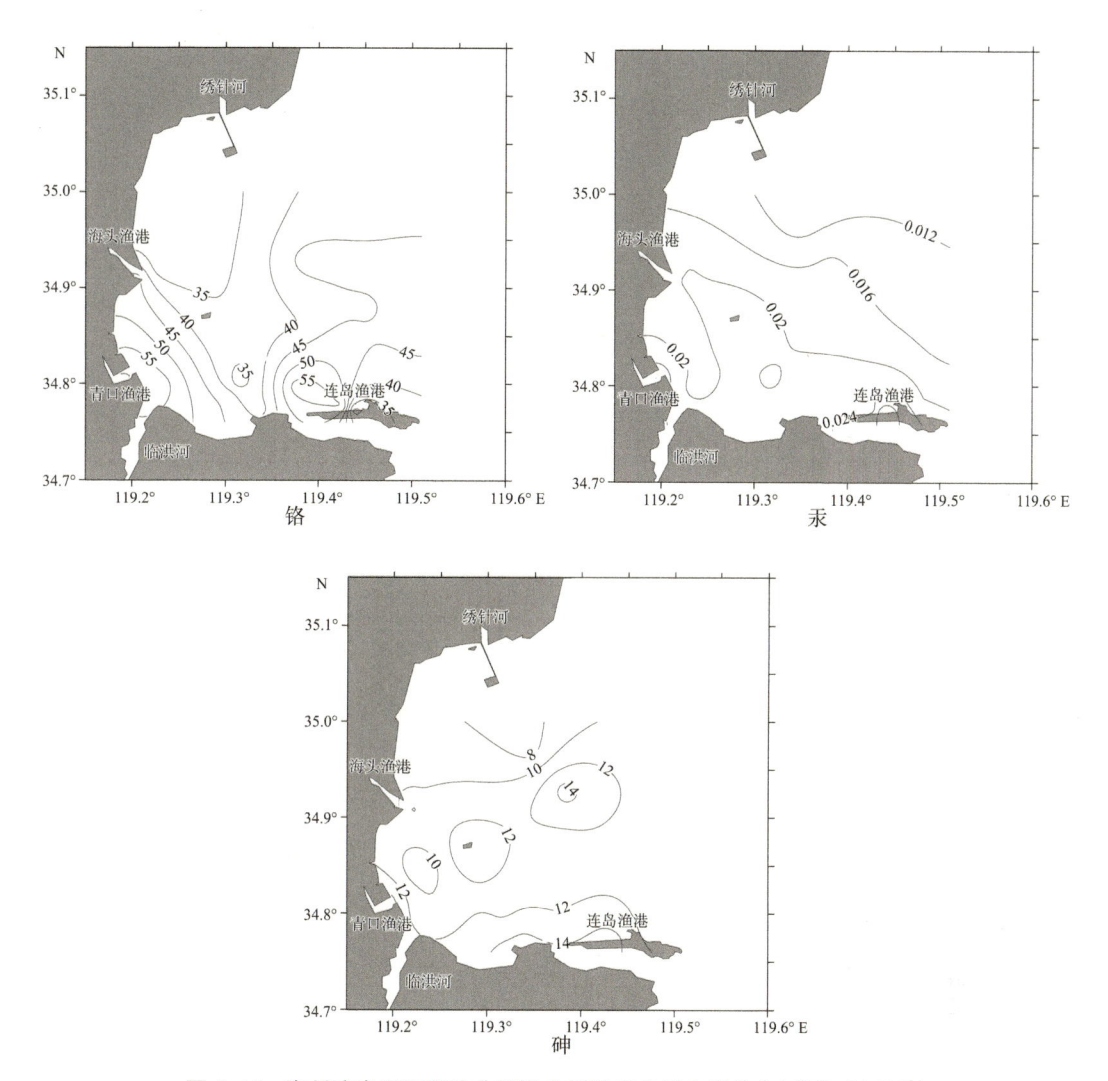

图 4-16　海州湾表层沉积物典型重金属元素含量水平分布(单位：$\times 10^{-6}$)

1.4.3　海州湾湾南渔港经济区海域表层沉积物污染物主要影响因子及来源分析

表层沉积物中有机碳、硫化物、石油类和重金属元素含量相关性分析(表 4-15)表明，在显著性 0.01 的水平上，有机碳含量与 Hg、As 具有较高的正相关系数，与硫化物呈较高的负相关系数，表明 Hg 可能主要以有机结合态形式存在，沉积物中有机碳和 As 可能具有相同的来源，都来自陆源输入，沉积物中有机碳降解耗氧造成的缺氧环境可能为硫化物的产生创造了有利条件，促进了硫化物的产生。硫化物与 As 在显著性 0.01 的水平上有显著负相关关系。研究表明，五价 As 在还原环境下易从颗粒态解吸并甲基化，转化为溶解态，这可能是硫化物与 As 负相关的原因。Cu 与 Pb 在显著性 0.01 的水平上有显著正相关关系，这表明这些污染物可能具有相同的来源及相似的迁移路径(郑江鹏 等，2017)。

表 4-15　沉积物中有机碳、硫化物、石油类、重金属元素的相关性统计

污染物	有机碳	硫化物	石油类	Cu	Zn	Pb	Cd	Cr	Hg	As
有机碳	1.000									
硫化物	−0.516**	1.000								
石油类	0.363*	−0.107	1.000							
Cu	−0.011	−0.180	−0.315	1.000						
Zn	0.598*	−0.235	0.302	0.147**	1.000					
Pb	0.145	−0.192	0.008	0.601**	0.162	1.000				
Cd	0.473*	−0.169	0.244	−0.470*	0.482*	−0.385*	1.000			
Cr	0.314*	−0.213	0.051	0.112	0.343	0.010	0.062	1.000		
Hg	0.749**	−0.435*	−0.030	−0.048	0.454*	0.239	0.511**	0.073	1.000	
As	0.606**	−0.507**	0.025	0.215	0.208	0.456*	0.138	0.246	0.714**	1.000

注：** 在 0.01 水平（两侧）上显著相关；* 在 0.05 水平（两侧）上显著相关；n=22。

石油类与有机碳、硫化物、Cu、Zn、Pb、Cd、Cr、Hg、As 元素含量之间都没有显著相关性，表明石油类的来源和迁移转化途径与这些污染物都不相同，渔港及邻近海域石油类污染物主要来源于渔业船舶排放（袁士春 等，2010），有机碳、Zn、Cd、Cr、Hg、As 可能主要来源于河流输入（孙丽萍，2007；杜吉净 等，2016；孙磊，2020），Cu 和 Pb 可能主要来源于海州湾内渔业养殖活动（王娟、曹雷，2020；苏敬丽 等，2020）。

海州湾渔港及邻近海域表层沉积物污染物的主成分分析表明，影响渔港及邻近海域沉积物污染物含量的因素较复杂，3 个主成分累积占了总方差的约 69.3%，第 1 主成分的贡献率约为 35.8%（表 4-16），有机碳、Hg、As、Zn、硫化物在第 1 主成分上均有较高载荷（图 4-17），载荷绝对值都大于 0.6，分别为 0.91、0.84、0.76、0.68、−0.64，这与相关性分析结果一致，其中贡献最高的有机碳、Hg、As、Zn 主要来源为工农业生产面源污染（杜吉净 等，2016；郑江鹏 等，2017），通过河流输入海洋，第 1 主成分可以反映河流输入的影响。第 2 主成分的贡献率约为 22.0%，在 Cu、Pb 上的正载荷最高，分为 0.88 和 0.78，在 Cd 上的载荷为 −0.71，第 2 主成分反映了湾内海洋牧场和工程建设、工业废水和交通活动（罗云云、邓岳松，2020；方群兵，2001；陈骁 等，2016；何书锋 等，2013；杜吉净 等，2016；俞锦辰 等，2019），尤其是 Pb 的颗粒活性较强，容易随颗粒物沉降进入沉积物（Beltrame et al.，2009），造成离岸水域较高的含量，这与相关性分析结果及平面分布一致。

表 4-16　沉积物中污染物主成分分析计算结果

主成分因子	特征值	方差贡献率	累积方差贡献率
1	3.58	35.81%	35.81%
2	2.20	22.03%	57.84%

续表

主成分因子	特征值	方差贡献率	累积方差贡献率
3	1.15	11.50%	69.34%
4	0.97	9.68%	79.02%
5	0.80	8.05%	87.07%
6	0.59	5.94%	93.01%
7	0.27	2.71%	95.72%
8	0.23	2.31%	98.03%
9	0.14	1.42%	99.46%
10	0.05	0.54%	100.00%

第3主成分的贡献率为11.5%，在Cr和石油类上的载荷最高，分为0.57和0.51，第3主成分反映了海州湾渔业船舶污染物排放的影响，然而Cr和石油类不具有显著相关性（表4-15），表明Cr的来源和迁移转化较为复杂，一方面船体油漆的脱落、溶解造成渔港及邻近海域Cr输入，另一方面冶金、化工、电镀、制革、制药、油漆、颜料、印染及航空工业都会产生Cr污染物，入海后的Cr离子容易吸附在颗粒物上，随颗粒物沉降在沉积物中，但随着沉积物理化条件变化，Cr可从颗粒物解吸进入水体(Wang et al., 2018；杨东方 等，2008；Mangabeira et al., 2004)，可见主成分分析比相关性分析提供了更多污染物来源信息。

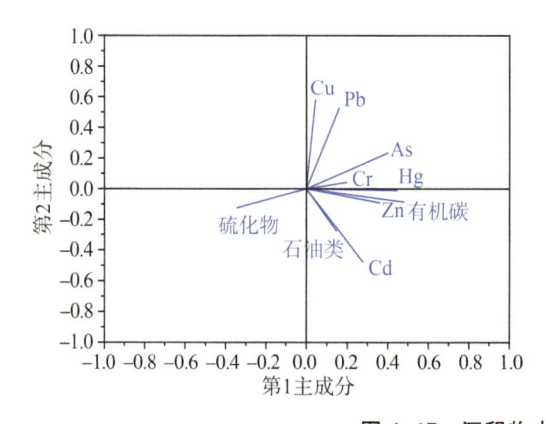

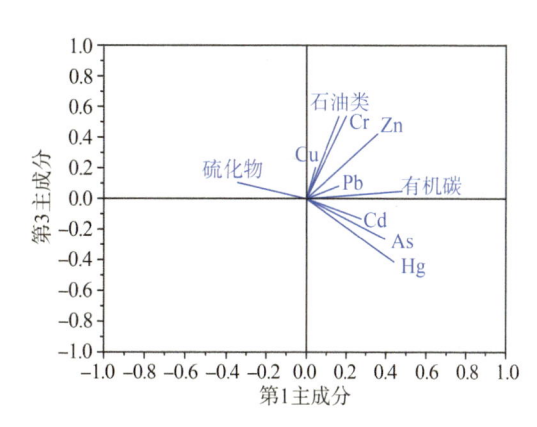

图 4-17 沉积物中污染物的因子载荷

1.5 海州湾湾南渔港经济区海域水体环境质量评价

1.5.1 海水水质综合污染指数

计算结果(表4-17-1)显示，2021年夏季海州湾重点渔港有机污染指数($A_{有机}$)均值为6.55，其中海头中心渔港港内海水 $A_{有机}$ 高达14.08，表明渔港有机污染等级已处于严重污染状态，青口中心渔港港内海水 $A_{有机}$ 在3.44~8.87范围，整体水质有机污染等级也达到严重污染程度,连岛一级渔港港内站位海水 $A_{有机}$ 为 1.72,表明渔港有机污染等级处于微污染状态。海州湾重点渔港邻近海域表层海水 $A_{有机}$ 值小于 1.0 的站位有 5 个,大于 1.0 的站位有 20 个,大多数站位均受到不同程度的有机污染,$A_{有机}$ 平均值为 1.95,表明 8 月海州湾海域有机污染等级已处于微污染状态。2021 年 8 月海州湾重点渔港及邻近海域石油污染指数($A_{石油}$)都小于 1.0,表明该海域休渔期未受到石油污染。此外,海州湾重点渔港及邻近海域有毒污染指数($A_{有毒}$)都小于 0.4,表明该海域休渔期整体上未受到有毒重金属污染。

表 4-17-1　海州湾渔港及邻近海域夏季海水水质污染指数

统计量	渔港				邻近海域			
	$A_{有机}$	$A_{石油}$	$A_{有毒}$	$A_{综合}$	$A_{有机}$	$A_{石油}$	$A_{有毒}$	$A_{综合}$
最大值	14.08	0.69	0.32	15.06	5.01	0.65	0.37	5.59
最小值	1.72	0.07	0.25	2.08	0.67	0.07	0.26	1.07
平均值	6.55	0.40	0.29	7.23	1.95	0.17	0.30	2.42
标准差	4.66	0.21	0.23	4.79	1.09	0.13	0.03	1.15

根据海水水质综合污染指数($A_{综合}$)计算结果,2021 年夏季海州湾重点渔港海水 $A_{综合}$ 平均值为 7.23,水质综合污染等级整体处于重污染状态,其中海头中心渔港整体处于严重污染程度,青口中心渔港整体处于重污染状态,仅连岛一级渔港处于轻污染状态。海州湾重点渔港邻近海域表层海水 20 个站位 $A_{综合}$ 值都大于 1.0,大于 2.0 的站位也有 11 个,但未有站位 $A_{综合}$ 值大于 7.0,表明调查站位海水均受到不同程度的有机污染,$A_{综合}$ 平均值为 2.42,表明夏季海州湾海域水质污染等级整体已处于轻污染状态。

2021 年秋季海州湾重点渔港有机污染指数($A_{有机}$)均值为 26.01,其中海头中心渔港港内海水 $A_{有机}$ 高达 40.0,连岛一级渔港港内站位海水 $A_{有机}$ 为 28.21,青口中心渔港港内海水 $A_{有机}$ 在 15.47~19.77 范围,表明渔港有机污染等级已处于严重污染状态。海州湾重点渔港邻近海域表层海水 $A_{有机}$ 平均值为 19.73,80% 的站位 $A_{有机}$ 平均值大于 4.0,表明秋季海州湾海域有机污染等级整体已处于严重污染状态。2021 年秋季海州湾重点渔港及邻近海域石油污染指数($A_{石油}$)平均值小于 1.0,但海头中心渔港港内海水 $A_{石油}$ 大于 1.0,邻近海域也有 10% 的站位海水 $A_{石油}$ 大于 1.0,表明捕捞作业期该海域整体上虽未受到石油污染,但有部分海域处于微污染状态。此外,海州湾重点渔港及邻近海域有毒污染指数($A_{有毒}$)平均值都小于 0.4,但连岛一级渔港港内海水 $A_{有毒}$ 值达 1.80,表明该海域休渔期整体上虽未受到有毒重金属污染,但有部分海域处于轻污染状态(表 4-17-2)。

表 4-17-2　海州湾渔港及邻近海域秋季海水水质污染指数

统计量	渔港				邻近海域			
	$A_{有机}$	$A_{石油}$	$A_{有毒}$	$A_{综合}$	$A_{有机}$	$A_{石油}$	$A_{有毒}$	$A_{综合}$
最大值	40.0	1.48	1.80	41.57	35.32	1.08	0.10	35.95
最小值	15.47	0.48	0.05	16.01	1.88	0.21	0.04	2.14

续表

统计量	渔港				邻近海域			
	$A_{有机}$	$A_{石油}$	$A_{有毒}$	$A_{综合}$	$A_{有机}$	$A_{石油}$	$A_{有毒}$	$A_{综合}$
平均值	26.01	0.96	0.36	27.33	19.73	0.59	0.07	20.39
标准差	9.46	0.36	0.65	9.88	10.92	0.26	0.01	10.87

根据海水水质综合污染指数（$A_{综合}$）计算结果，2021年秋季海州湾重点渔港海水 $A_{综合}$ 平均值为 27.33，范围为 16.01～41.57，水质综合污染等级都处于严重污染状态。海州湾重点渔港邻近海域表层海水 $A_{综合}$ 平均值为 20.39，75％站位 $A_{综合}$ 值都大于 9.0，表明秋季海州湾海域水质污染等级整体已处于严重污染状态。整体上看，海州湾重点渔港邻近海域海水秋季捕捞作业期水质污染状况比夏季休渔期严重。

1.5.2 富营养化指数

调查海域的富营养化指数计算结果显示，2021年夏季海州湾重点渔港海水 E 值平均值为 15.99（表 4-18），其中海头中心渔港港内海水 E 值高达 60 以上，已达严重富营养化程度，青口中心渔港港内海水 E 值在 0.42～9.98 范围，部分站位水质也达重富营养化程度，只有连岛一级渔港港内站位海水 E 值都低于 1.0，尚未达到富营养化水平。海州湾湾内海水 E 值均值为 0.27，大于 1.0 的站位只有临洪河口的 4♯站位，其余站位的 E 值均小于 1.0。总体上，夏季休渔期海州湾中心渔港海水富营养化程度水平较高，这可能与河流输入有关；邻近海域表层海水水质较好，未达到富营养化程度，这可能与休渔期渔业活动较少有关。

2021年秋季海州湾重点渔港海水 E 值平均值为 429.72（表 4-18），其中海头中心渔港港内海水 E 值高达 884.17，远远超过严重富营养化程度等级指标，连岛一级渔港港内站位海水 E 值 548.17，青口中心渔港港内海水 E 值在 133.28～157.46 范围，也超过严重富营养化程度指标。海州湾渔港邻近海域海水 E 值均值为 286.38，80％的站位 E 值大于 15.0，已达严重富营养化程度，仅海州湾湾口站位的 E 值在 0.1～1.18 范围，处于轻富营养化等级以下。总体上，秋季捕捞作业期海州湾中心渔港及邻近海域海水已达严重富营养化程度，这可能与河流输入及渔业活动有关。

表 4-18 海州湾湾南渔港经济区海域海水富营养化指数

统计量	渔港		邻近海域	
	夏季	秋季	夏季	秋季
最大值	66.04	884.17	2.890	768.26
最小值	0.01	133.28	0.002	0.10
平均值	15.99	429.72	0.270	286.38
标准差	26.35	302.88	0.630	244.95

1.6 海州湾湾南渔港经济区海域表层沉积物环境质量评价

根据计算的各个站位各污染物的标准污染指数(表 4-19),除海头中心渔港口门处(站位号 H1)石油类污染物超过一类沉积物质量标准外,其余站位均符合一类沉积物质量标准(国家质量监督检验检疫总局,2002),沉积物质量总体上处于良好状态。其中 As、Cu、Cr 和石油类的平均污染指数在 0.5 以上,Zn、Pb、Cd 平均污染指数在 0.3~0.5,有机碳及硫化物污染指数较低,在 0.1~0.2,Hg 的平均污染指数最低,平均值仅为 0.1。从标准污染指数平均值看,海州湾渔港及邻近海域各污染物污染程度顺序为:As>Cu>Cr>石油类>Zn>Pb>Cd>有机碳>硫化物>Hg,这与海州湾湾口及邻近海域的污染特征有较大差异(刘展新 等,2016)。

表 4-19 海州湾渔港及邻近海域表层沉积物污染物标准污染指数

统计量	有机碳	硫化物	石油类	Cu	Zn	Pb	Cd	Cr	Hg	As
最大值	0.34	0.05	0.04	0.39	0.37	0.23	0.19	0.36	0.05	0.36
最小值	0.09	0.22	1.86	0.77	0.69	0.54	0.44	0.74	0.16	0.77
平均值	0.20	0.13	0.52	0.57	0.49	0.37	0.30	0.55	0.10	0.60
标准差	0.06	0.03	0.43	0.13	0.10	0.08	0.06	0.11	0.02	0.12

计算各个站位重金属污染物的潜在生态风险因子和综合潜在生态风险指数(表 4-20),可知重金属 Hg 生态风险因子最高,潜在生态风险因子为 24.35~79.25,平均值达到 50.87,86.4% 的监测站位潜在生态风险因子大于 40.00,处于中等生态风险水平;其次,重金属 Cd 生态风险因子较高,潜在生态风险因子为 27.94~65.56,均值达到 44.85,77.3% 的监测站位潜在生态风险因子大于 40.00,处于中等生态风险水平;Cu、Zn、Pb、Cr、As 重金属的全部监测站位的潜在生态风险因子均小于 40.00,处于较低生态风险水平。重金属综合潜在生态风险指数范围在 71.89~186.74,均值达到 126.85,总体上综合潜在生态风险较低,但海头中心渔港(H2 站位)、青口中心渔港(Q2 站位)港内站位和连岛渔港(15 号站位)口门站位综合潜在生态风险指数大于 150.00,处于中等生态风险水平。因此,尽管海州湾渔港及邻近海域综合潜在生态风险整体处于较低水平,Hg 和 Cd 潜在生态风险因子较大,需要重点监测 Hg 和 Cd 的含量变化趋势,这与江苏近岸海域沉积物重金属综合潜在生态风险基本一致(郑江鹏 等,2017;李玉 等,2017)。

表 4-20 海州湾渔港及邻近海域表层沉积物重金属污染物潜在生态风险评价结果

统计量	潜在生态风险因子							综合潜在生态风险指数
	Cu	Zn	Pb	Cd	Cr	Hg	As	
最大值	8.51	1.72	11.07	65.56	3.58	79.25	17.04	186.74
最小值	4.29	0.91	4.70	27.94	1.71	24.35	7.98	71.89

续表

统计量	潜在生态风险因子							综合潜在生态风险指数
	Cu	Zn	Pb	Cd	Cr	Hg	As	
平均值	6.28	1.23	7.74	44.85	2.66	50.87	13.23	126.85
标准差	1.40	0.25	1.65	8.99	0.55	11.66	2.57	27.07

第 2 节　海州湾湾北渔港经济区海域环境质量

2.1　周边海域环境概况

连云港海域岸滩大致可划分为海州湾临洪河口的微淤积岸段及北面的微冲刷岸段，连云港中部海域为冲淤平衡略有冲刷的岸段和南部废黄河三角洲平原的侵蚀岸段等。连云港港位于连云港中部海域，岸滩冲淤平衡略有冲刷。连云港西大堤建成后，在港区形成了一个新海湾，切断了港区与北侧海域的水体交换，每年通过东口门进入内港区水域的泥沙量远低于西大堤建成前，目前浅滩几乎没有淤积。工程海域海岸性质处于基岩-砂质海岸与粉砂淤泥质海岸的交会处，规划航道南侧主要以黏土质粉砂或砂质黏土的细颗粒为主，而北侧则粗细相间，沉积物类型多样，有粉砂质黏土、黏土质粉砂、粗中砂、中细砂、砾石等；海岸整体冲淤幅度不大，岸滩处于微冲刷和基本稳定状态。

海州湾北部赣榆港海域由于岚山头岬角的突出，形成了比较明显的岸线转折，在波浪作用为主的水动力作用下，以及泥沙由北向南运移，由于颗粒较粗，主要以底沙运移为主，早期对海州湾地形的塑造起到了重要影响。

根据赣榆国家基本气象站(东经 119°08′，北纬 34°51′，海拔高度为 5.3 m)1981—2010 年资料进行统计：渔港经济区平均气温为 13.9℃。根据青口镇气象站 1981—2010 年资料进行统计：降水多集中于每年的夏季三个月(6—8 月)，其降水量约占年降水量的 60.7%，而每年的冬季 12 月至次年的 2 月，降水量极少，其降水量仅为全年降水量的 6.0%，春季(3—5 月)占全年的 16.3%，而 5 月份占春季的 51.1%，秋季(9—11 月)占全年的 17.0%，而 9 月份占秋季的 54.3%。根据赣榆国家基本气象站 1981—2010 年风观测资料统计，常风向、次常风向分别为 E 向、ENE 向，出现频率分别为 12%、9%；强风向、次强风向分别为 ENE 向、NNE 向，该向≥6 级风出现频率分别为 0.45%、0.36%。根据赣榆国家基本气象站 1981—2010 年雾日资料统计，累年平均雾日共为 29.3 天。年雾日最多天数为 56 天，出现在 1987 年。赣榆年平均相对湿度为 72%(资料时间段 1981—2010 年)。赣榆年平均雷暴日为 24.8 天，年最多雷暴日 35 天(资料时间段 1981—2010 年)。

江苏省

沿海渔港经济区生态环境及治理

赣榆区海洋资源主要包括港口岸线资源、渔业资源、滩涂资源、旅游资源、海岛资源。赣榆区龙王河口以北的砂质海岸（柘汪、海头附近）建港条件优越，填海 3 km 就可达到 −11.3 m，适合建设 10 万 t 级以上的深水码头，是目前江苏沿海 −20 m 水深离陆地最近的岸段（直线距离约 35 km），也是江苏海岸海床最为稳定、深水区含沙量最小的岸段。就深水靠岸条件和海床稳定性而言，这里是江苏海岸开发 30 万 t 港口较好的港址。赣榆港区附近渔港主要有柘汪渔港扩建工程、东林子渔港、石洋渔港、海头渔港、韩口渔港等，其中柘汪渔港扩建工程和柘汪渔港为赣榆区的群众性渔港，东林子渔港和石洋渔港为船舶停靠点，目前这些渔港均在使用中。赣榆区素有"黄金海岸"之称，境内海岸线全长 45.382 km。

海州湾海域渔业资源种类繁多，资源较为丰富。海洋渔业生物资源主要有鱼类、甲壳类（虾蟹）、头足类、贝类、棘皮动物等。其中鱼类有 200 多种，中上层鱼类在海州湾鱼类资源中占有重要地位，主要有银鲳、蓝点马鲛、鲐鱼、黄鲫、青鳞鱼、刀鲚、凤鲚、太平洋鲱鱼、远东拟沙丁鱼、鳓鱼、燕鳐、日本鳀、赤鼻棱鳀、玉筋鱼等；其次为底层鱼类，主要有带鱼、大黄鱼、小黄鱼、黄姑鱼、白姑鱼、叫姑鱼、棘头梅童鱼、鲈鱼、梭鱼、黑鲷、绿鳍马面鲀、短吻舌鳎、团扇鳐等。海州湾海域甲壳类和头足动物种类也较多，经济价值较高的物种有中国对虾、鹰爪虾、毛虾、日本蟳、日本枪乌贼、金乌贼等近 20 种。常见贝类有 40 余种，具有较高经济价值的主要物种有毛蚶、褶牡蛎、近江牡蛎等 10 余种，一些小型贝类如蓝蛤、黑荞麦蛤等，是鱼、虾类极为重要的天然饵料。此外海蜇也是海州湾海域的主要捕捞对象。

赣榆区海岸线总长 45.382 km，滩涂总面积 57.46 万亩。其中潮上带滩涂面积 44.8 万亩，已开发利用 43.44 万亩；潮间带滩涂面积 12.66 万亩，已开发利用 7 万亩。主要产业有水产品育苗业、淡海水养殖业、盐业及各类水产品加工企业等。

赣榆区有诸多自然景观和名胜古迹，集山海风光于一体。境内有以"抗日"命名、全国重点烈士纪念建筑物保护单位、国家级爱国主义教育基地和全国重点红色旅游景区——抗日山；2000 多年前孔子相鲁会齐侯地——夹谷山；江苏省第二高峰——大吴山森林公园和二龙山风景区。位于赣榆区海头镇境内的海州湾旅游度假区被誉为"江苏北戴河"，有江苏省最长的优质沙滩，已建成了商业服务一条街，水上游乐区、海滨浴场、槐林休闲区、别墅区、养殖企业等，已形成了新、奇、幽、神的滨海旅游特色。目前，赣榆区已打响"观黄海风光、探秦山神路、访徐福故里、游红色胜地"的旅游品牌。

江苏省共有海岛 26 个，而连云港拥有其中的 20 个，因此岛屿是连云港市十分宝贵的资源，包含平岛、平岛东礁、达山岛、达山南岛、达东礁、花石礁、车牛山岛、牛背岛、牛角岛、牛尾岛、牛犊岛、秦山岛、小孤山、竹岛、鸽岛、连岛、羊山岛、开山岛、大狮礁和船山。

连云港地区受热带气旋影响较轻，基本为热带气旋边缘影响。多年统计资料表明，影响江苏的热带气旋平均每年 1.5 次。连云港地区发生风暴潮灾害的主要天气系统为 7—9 月份的热带气旋；另外，冬、春季的强冷空气也会造成潮灾。连云港地区的寒潮影响每年为 3~5 次，寒潮带来大风和降温。20 世纪 50 年代连云港地区最低气温曾有过 −18.1℃的记载，近年来最低气温基本在 −11℃左右。连云港地区所处的地理位置经常受到江淮气旋和黄河气旋的双重影响，常有雷暴出现，并伴随有雷雨大风。

2.2 海州湾湾北渔港经济区水体环境质量

2.2.1 样品采集与分析

春季调查共布设 20 个水质监测站位。站位示意图见图 4-18。

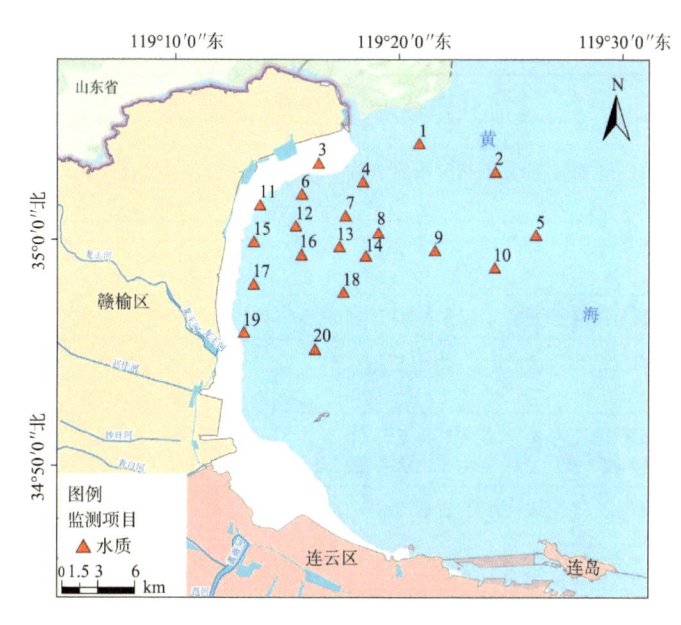

图 4-18　春季调查水质监测站位置图

秋季调查共布设 20 个水质监测站位。站位示意图见图 4-19。

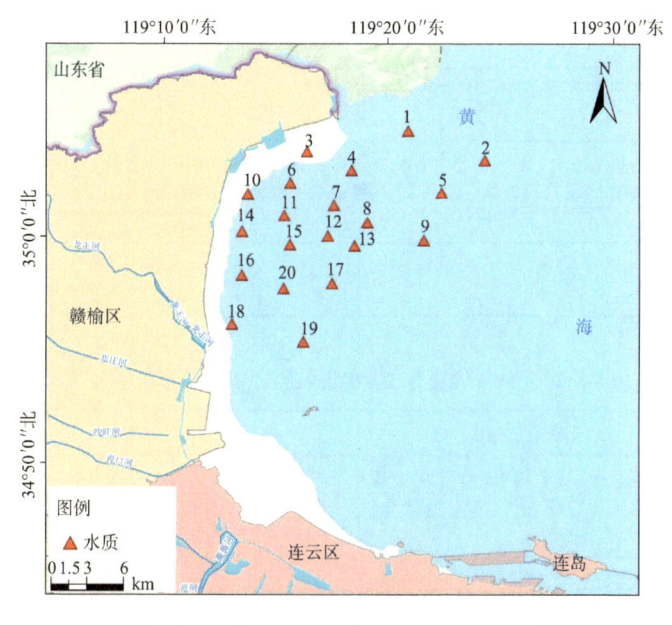

图 4-19　秋季调查水质监测站位置图

春季调查于 4 月 24 日—26 日开展，秋季调查于 10 月 10 日开展。监测项目包括：水温、盐度、pH、溶解氧、悬浮物、化学需氧量、氨(氨氮)、硝酸盐、亚硝酸盐、活性磷酸盐、石油类、铜、铅、锌、镉、铬、汞、砷、苯并[a]芘。所有样品的采集、保存、运输和分析均按照《海洋调查规范》和《海洋监测规范》的要求执行(表 4-21、表 4-22)。

表 4-21　春季调查水文、水质监测分析方法及仪器设备

监测项目	依据标准方法	仪器名称
水温	《海洋调查规范 第 2 部分：海洋水文观测》(GB/T 12763.2—2007) 5.2.1 温盐深仪(CTD)定点测温	温盐深仪
盐度	《海洋监测规范 第 4 部分：海水分析》(GB 17378.4—2007) 29.2 温盐深仪(CTD)法	温盐深仪
pH	《海洋监测规范 第 4 部分：海水分析》(GB 17378.4—2007) 26 pH——pH 计法	便携式 pH 计
溶解氧	《水质 溶解氧的测定 电化学探头法》(HJ 506—2009)	便携式溶解氧仪
悬浮物	《海洋监测规范 第 4 部分：海水分析》(GB 17378.4—2007) 27 悬浮物——重量法	十万分之一天平
氨(氨氮)	《近岸海域环境监测技术规范 第三部分 近岸海域水质监测》(HJ 442.3—2020)附录 C 连续流动比色法测定河口与近岸海域海水中氨	连续流动分析仪
化学需氧量	《海洋监测规范 第 4 部分：海水分析》(GB 17378.4—2007) 32 化学需氧量——碱性高锰酸钾法	聚四氟乙烯滴定管
石油类	《水质 石油类的测定 紫外分光光度法(试行)》(HJ 970—2018)	紫外可见分光光度计
硝酸盐、亚硝酸盐	《近岸海域环境监测技术规范 第三部分 近岸海域水质监测》(HJ 442.3—2020)附录 D 连续流动比色法测定河口与近岸海域海水中硝酸盐氮和亚硝酸盐氮	连续流动分析仪
活性磷酸盐	《近岸海域环境监测技术规范 第三部分 近岸海域水质监测》(HJ 442.3—2020)附录 E 连续流动比色法测定河口与近岸海域海水中活性磷酸盐	连续流动分析仪
汞	《海洋监测规范 第 4 部分：海水分析》(GB 17378.4—2007) 5.1 原子荧光法	原子荧光光度计
砷、铅、铜、铬、锌、镉	《海洋监测技术规程 第 1 部分：海水》(HY/T 147.1—2013) 5 铜、铅、锌、镉、铬、铍、锰、钴、镍、砷、铊的同步测定——电感耦合等离子体质谱法	电感耦合等离子体质谱仪
苯并[a]芘	《水质 多环芳烃的测定 液液萃取和固相萃取高效液相色谱法》(HJ 478—2009)	液相色谱仪

表 4-22　秋季调查水文、水质监测分析方法及仪器设备

监测项目	依据标准方法	仪器名称	编号
水温	《海洋调查规范 第 2 部分：海洋水文观测》(GB/T 12763.2—2007)5.2.1 温盐深仪定点测温	温盐深仪(CTD)DW1626	03140106034、03140106035
盐度	《海洋监测规范 第 4 部分：海水分析》(GB 17378.4—2007)29.2 温盐深仪(CTD)法	温盐深仪(CTD)DW1626	03140106034、03140106035

续表

监测项目	依据标准方法	仪器名称	编号
pH	《海洋监测规范 第4部分:海水分析》(GB 17378.4—2007)pH——pH计法	酸度计S2、酸度计Seven2Go	03140102024、03140106037
溶解氧	《水质 溶解氧的测定 电化学探头法》(HJ 506—2009)	温盐深仪(CTD)DW1626	03140106034、03140106035
悬浮物	《海洋监测规范 第4部分:海水分析》(GB 17378.4—2007)27 悬浮物——重量法	BSA124S电子天平	03010302588
化学需氧量	《海洋监测规范 第4部分:海水分析》(GB 17378.4—2007)32 化学需氧量——碱性高锰酸钾法	Q0448滴定仪	03150302108
氨(氨氮)	《海洋监测技术规程 第1部分:海水》(HY/T 147.1—2013)9.1 铵盐的测定——流动分析法	海水型连续流动分析仪AA500	03010205762
硝酸盐	《海洋监测技术规程 第1部分:海水》(HY/T 147.1—2013)8.1 硝酸盐的测定——流动分析法	海水型连续流动分析仪AA500	03010205762
亚硝酸盐	《海洋监测技术规程 第1部分:海水》(HY/T 147.1—2013)7.1 亚硝酸盐的测定——流动分析法	海水型连续流动分析仪AA500	03010205762
活性磷酸盐	《海洋监测技术规程 第1部分:海水》(HY/T 147.1—2013)10.1 磷酸盐的测定——流动分析法	海水型连续流动分析仪AA500	03010205762
铜、锌、铅镉、铬	《海洋监测技术规程 第1部分:海水》(HY/T 147.1—2013)5 铜、铅、锌、镉、铬、铍、锰、钴、镍、砷、铊的同步测定——电感耦合等离子体质谱法	电感耦合等离子体质谱仪SUPEC 7000	230P225000A
汞、砷	《海洋监测规范 第4部分:海水分析》(GB 17378.4—2007)5.1 原子荧光法	BAF-3000原子荧光分光光度计(含液相部分)	03010202625
石油类	《海洋监测规范 第4部分:海水分析》13.2 紫外分光光度法	GENESYS 150紫外可见分光光度计	03010202672
苯并[a]芘	《海水中16种多环芳烃的测定 气相色谱-质谱法》(GB/T 26411—2010)	气相色谱质谱仪 岛津 GCMS-QP2020NX	03010204714

海水质量评价标准采用《海水水质标准》(GB 3097—1997)。按照海域的不同使用功能和保护目标将海水水质分为四类:

第一类适用于海洋渔业水域、海上自然保护区和珍稀濒危海洋生物保护区;

第二类适用于水产养殖区、海水浴场、人体直接接触海水的海上运动或娱乐区以及人类食用直接有关的工业用水区;

第三类适用于一般工业用水区、滨海风景旅游区;

第四类适用于海洋港口水域、海洋开发作业区。

各类海水水质标准见表4-23。

表 4-23　海水水质标准　　　　　　　　　　　　　　　　　（单位：mg/L）

序号	项目	第一类	第二类	第三类	第四类
1	pH	\multicolumn{2}{c}{7.8～8.5}		6.8～8.8	
2	溶解氧＞	6	5	4	3
3	化学需氧量≤	2	3	4	5
4	无机氮≤（以 N 计）	0.20	0.30	0.40	0.50
5	活性磷酸盐≤（以 P 计）	0.015	0.030		0.045
6	石油类≤	0.05		0.30	0.50
7	铜≤	0.005	0.010	0.050	
8	铅≤	0.001	0.005	0.010	0.050
9	锌≤	0.020	0.050	0.100	0.500
10	镉≤	0.001	0.005		0.010
11	汞≤	0.000 05	0.000 20		0.000 50
12	砷≤	0.020	0.030		0.050
13	铬≤	0.05	0.10	0.20	0.50
14	苯并[a]芘（μg/L）≤	0.002 5			

（1）采用单因子污染指数法进行污染指数计算。单因子污染指数法计算公式为：

$$P = C_i / S_i$$

式中：C_i 表示第 i 种污染物的实测浓度值，S_i 表示第 i 种评价因子的评价标准值。

（2）评价因子中 DO 的污染指数计算方法如下：

$S_{DOj} = |DO_f - DO_j| / |DO_f - DO_s|$，当 $DO_j \geqslant DO_s$ 时；

$S_{DOj} = 10 - 9DO_j / DO_s$，当 $DO_j < DO_s$ 时。

式中：S_{DOj} 为溶解氧在第 j 个取样点的标准指数，DO_f 为饱和溶解氧浓度，DO_j 为第 j 个取样点水样溶解氧所有实测浓度的均值，DO_s 为溶解氧的评价标准，$DO_f = 468/(31.6+T)$。

（3）评价因子中 pH 的污染指数计算方法如下：

$$S_{pH} = |pH - pH_{sm}| / DS$$

其中：$pH_{sm} = (pH_{su} + pH_{sd})/2$，$DS = (pH_{su} - pH_{sd})/2$

式中：S_{pH} 为 pH 的污染指数，pH 为本次监测实测值，pH_{su} 为海水 pH 标准的上限值，pH_{sd} 为海水 pH 标准的下限值。

严格按照 CMA 计量认证体系的管理要求，依据《海洋监测规范》(GB 17378—2007)等相关技术规范和江苏省海洋经济监测评估中心《质量手册》《程序文件》《作业指导书》等文件要求，从采样前准备、样品采集、保存运输、实验室分析、数据审核、报告编制等各个环节开展全过程质量控制工作，确保获得的监测数据准确可靠、评价结论科学合理。

各航次样品采集前，按计划开展了采样准备工作，根据《海洋监测规范》(GB 17378—

2007)、《海洋调查规范》(GB/T 12763—2007)和项目实施方案的相关要求，准备材质合适、数量足够的采样器械、样品容器、药品试剂及相关耗材。抽滤所用滤膜为 Whatman 品牌，重金属等固定用硫酸、硝酸均为苏州晶锐产 UPS 级，滤膜及硝酸、硫酸均在采购时分别随机进行了营养盐（活性磷酸盐、氨氮、亚硝酸盐、硝酸盐）和重金属（铜、锌、铅、镉、铬、汞）及砷的空白检验，各要素均未检出。

现场采样质量控制按照《海洋监测规范》(GB 17378—2007)、《海洋调查规范》(GB/T 12763—2007)等相关要求，采集并分装样品，防止采样船舶以及采样设备的污染影响。按照不同项目，选用合适材料的采样器、样品瓶，减少吸附和溶出影响，并按规范要求，对需要过滤、萃取的样品在现场即时完成，加入固定剂，低温保存。各航次海水样品处理方式、保存方法和容器详见表 4-24。

表 4-24　海水样品处理、保存和容器

监测指标	容器	处理方式	保存方法
盐度、pH、溶解氧、水温、透明度	—	现场测定	—
悬浮物	P	0.45 μm 滤膜过滤	放入干燥器
化学需氧量	P	—	覆冰冷藏/冷冻
氨氮、硝酸盐、亚硝酸盐、活性磷酸盐	P	0.45 μm 滤膜过滤	覆冰冷藏/冷冻
铜、锌、铅、镉、铬	P	0.45 μm 滤膜过滤，加硝酸 pH<2	覆冰冷藏
汞	G	加硫酸，pH<2	覆冰冷藏
砷	G	0.45 μm 滤膜过滤，加硫酸 pH<2	覆冰冷藏
石油类	G	加硫酸，pH<2	覆冰冷藏
叶绿素 a	G	加入 1 mL 1% 碳酸镁溶液，用玻璃纤维滤膜 (WhatmanGF/Φ47 mm) 过滤	覆冰冷藏
苯并[a]芘	G	80 mg 硫代硫酸钠和 5 mL 甲醇	7 d 内萃取

备注：P—塑料瓶，G—玻璃瓶

(3) 水样采集好后，先填好样品登记表并核对瓶号，再按顺序分装水样，水样分装顺序的基本原则为：不过滤的样品先分装，需过滤的样品后分装；样品采集后先分装溶解氧、pH 样品用于现场测定，再按化学需氧量→汞→悬浮物→硫化物等→叶绿素 a→营养盐→其他重金属的顺序进行分装。在分装悬浮物的同时摇动采样器，防止悬浮物在采样器内沉降。

(4) 通过采集现场空白样、现场平行样对采样过程进行质量控制。

现场空白样：各航次制备水质现场空白样品 3 个，所需采样瓶种类、规格与现场样品分装所需样品瓶保持一致，其分装、固定剂添加、保存、运输等也与现场样品保持一致。

现场平行样：现场随机选取站位总数量至少 10% 的站位，采集现场平行样。平行样分装过程中，同一检测项目的平行双样均于同一采样器中分装，所需采样瓶种类、规格与现场样品分装所需样品瓶保持一致，其分装、固定剂添加、保存、运输等也与现场样品保持一致。现场平行样根据《海洋监测规范 第2部分 数据处理与分析质量控制》中海水平行双样相对偏差表(表4-25)中检测结果数量级对应的相对偏差范围分别对各要素平行样进行评价,评价结果合格率均为100%。

表 4-25 海水平行双样相对偏差表

分析结果所在数量级	10^{-4}	10^{-5}	10^{-6}	10^{-7}	10^{-8}	10^{-9}	10^{-10}
相对偏差容许限(%)	1.0	2.5	5.0	10.0	20.0	30.0	50.0

样品运输实施质量控制。各航次采样结束后,需带回实验室测量的样品由专人将样品运回实验室分析,运输过程中注意防碰撞、防污染,样品箱采用聚乙烯材质,按检测要素装箱后运输。对于玻璃样品瓶,瓶间加纸板等隔断,避免样品碰撞破碎,保证样品完整性;对于营养盐、化学需氧量等样品,样品箱覆冰保持冷藏,并加盖密封;对运输车辆环境进行严格把关,确保清洁、无明显异味。

实验室测定实施质量控制。(1)样品进入实验室后,样品管理员首先核对采样单、容器编号、包装情况、保存条件和有效期等,并进行样品的交接、流转工作,并留有明确的交接、流转记录。(2)样品分析时,均要求进行实验室空白分析,对实验所用到的各种器皿、量具、试剂、药品的空白进行检验,空白分析需符合《海洋监测规范》规定的方法检出限,否则须重新分析。(3)各航次样品分析所需仪器设备均经过计量检定部门检定或校准,性能指标符合项目要求,并处于检定有效期内;各实验人员均在样品分析前认真做好仪器设备调试、维护工作,使仪器性能处于良好、可用状态。(4)实验室平行样:样品进入实验室后,各项目分析人员对水质样品随机抽取样品数量10%的样品进行实验室平行样分析,以检测分析过程的精密度。实验室平行样分析结果根据《海洋监测规范 第2部分:数据处理与分析质量控制》,依据各要素检测结果数量级对应的相对偏差范围分别对各要素实验室平行样进行评价,评价结果合格率均为100%。实施内控样:各航次样品检测分析对于能购买到有证标准物质的检测项目,均采用标准样品或加标回收的方式进行精准度控制。标准样品分析结果按照标准物质不确定度要求进行统计分析,误差小于不确定度的3倍为合格;加标回收回收率根据《海洋监测规范 第2部分:数据处理与分析质量控制》有关规定进行统计分析。根据统计,各航次各内控样合格率为100%。

实行数据质量控制。对数据实行三级审核制度,对监测数据进行严格审核,以确保监测数据质量。各航次监测数据,各介中平行样分析、质控样分析及加标回收分析结果合格率均达到100%,说明各航次监测分析过程控制良好,分析数据真实可信,分析过程质量受控。

2.2.2 海水环境质量状况

春季调查水质监测结果表明:

(1) pH

监测区域pH范围为8.0~8.3,平均值为8.1,最大值出现在11号站位表层,最小值出现在16号站位表层。

(2) 溶解氧

监测区域溶解氧范围为 6.32~11.88 mg/L,平均值为 8.48 mg/L,最大值出现在 19 号站位表层,最小值出现在 17 号站位表层。

(3) 化学需氧量

监测区域化学需氧量含量范围为 0.94~3.13 mg/L,平均值为 1.51 mg/L,最大值出现在 5 号站位表层,最小值出现在 6 号站位表层。

(4) 漂浮物

监测区域悬浮物含量范围为 14~44 mg/L,平均值为 26 mg/L,最大值出现在 4 号站位表层,最小值出现在 7 号站位表层。

(5) 无机氮

监测区域无机氮含量范围为 0.048~0.190 mg/L,平均值为 0.108 mg/L,最大值出现在 3 号站位表层,最小值出现在 10 号站位底层。

(6) 活性磷酸盐

监测区域活性磷酸盐含量范围为 0.001~0.016 mg/L,平均值为 0.002 mg/L,最大值出现在 18 号站位表层。

(7) 石油类

监测区域石油类含量范围为 0.01~0.04 mg/L,平均值为 0.02 mg/L,最大值出现在 20 号站位表层。

(8) 铜

监测区域铜含量范围为 1.58~2.61 μg/L,平均值为 2.07 μg/L,最大值出现在 16 号站位表层,最小值出现在 1 号站位表层。

(9) 锌

监测区域锌含量范围为 0.46~7.14 μg/L,平均值为 2.11 μg/L,最大值出现在 7 号站位表层,最小值出现在 16 号站位表层。

(10) 铅

监测区域铅含量范围为 0.14~2.19 μg/L,平均值为 0.79 μg/L,最大值出现在 14 号站位表层,最小值出现在 13 号站位表层。

(11) 镉

监测区域镉含量范围为 0.03~0.07 μg/L,平均值小于 0.03 μg/L,最大值出现在 18 号站位表层。

(12) 铬

监测区域铬含量范围为 0.05~0.64 μg/L,平均值为 0.06 μg/L,最大值出现在 2 号站位底层。

(13) 汞

监测区域汞含量范围为 0.007~0.084 μg/L,平均值为 0.008 μg/L,最大值出现在 6 号站位表层。

（14）砷

监测区域砷含量均小于检出限 0.05 μg/L。

（15）苯并[a]芘

监测区域苯并[a]芘含量均小于检出限 0.000 4 μg/L。

依据《海水水质标准》(GB 3097—1997)，采用单因子污染指数法对水质监测结果进行计算和评价：

（1）全部监测站位中 pH、溶解氧、无机氮、石油类、铜、锌、镉、铬、砷和苯并[a]芘含量均符合第一类海水水质标准。

（2）全部监测站位中 90% 的站位化学需氧量含量符合第一类海水水质标准，5% 的站位符合第二类海水水质标准，5% 的站位符合第三类海水水质标准。

（3）全部监测站位中 95% 的站位活性磷酸盐含量符合第一类海水水质标准，5% 的站位符合第二类和第三类海水水质标准。

（4）全部监测站位中 90% 的站位汞含量符合第一类海水水质标准，10% 的站位符合第二类和第三类海水水质标准。

（5）全部监测站位中 70% 的站位铅含量符合第一类海水水质标准，30% 的站位符合第二类海水水质标准。

在监测项目近岸海域 20 个站位中，55% 的站位符合第一类海水水质标准，40% 的站位符合第二类海水水质标准，5% 的站位符合第三类海水水质标准（图 4-20）。

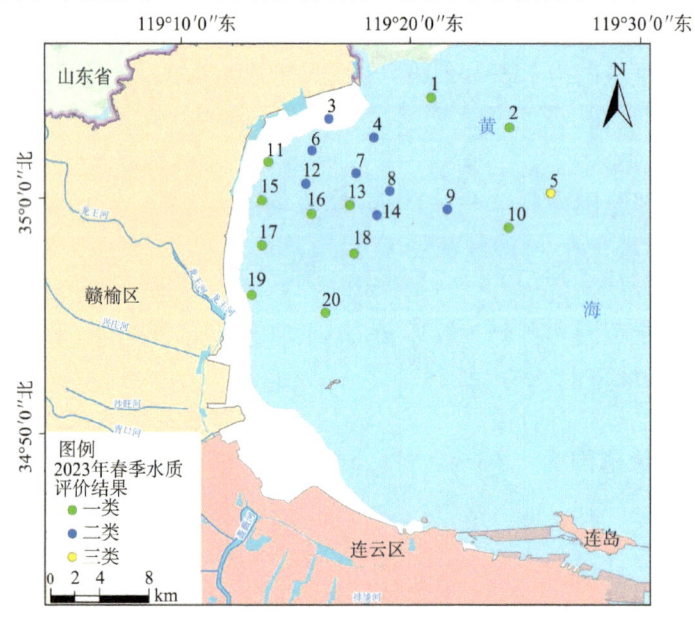

图 4-20　春季调查海水水质综合评价结果图

秋季调查水质监测结果表明：

（1）水温

监测区域水温范围为 20.6～22.6℃，平均值为 21.6℃，最大值出现在 2 号站位底层，最小值出现在 10 号、11 号站位表层。

(2) 盐度

监测区域盐度范围为 26.06~28.15，平均值为 27.00，最大值出现在 13 号站位表层，最小值出现在 6 号站位表层。

(3) pH

监测区域 pH 范围为 7.80~7.97，平均值为 7.85，最大值出现在 10 号站位底层，最小值出现在 12 号、13 号站位表层。

(4) 溶解氧

监测区域溶解氧范围为 6.39~7.43 mg/L，平均值为 7.05 mg/L，最大值出现在 10 号站位表层，最小值出现在 18 号站位表层。

(5) 化学需氧量

监测区域化学需氧量含量范围为 0.92~1.87 mg/L，平均值为 1.34 mg/L，最大值出现在 3 号站位表层，最小值出现在 10 号站位表层。

(6) 悬浮物

监测区域悬浮物含量范围为 6~75 mg/L，平均值为 59 mg/L，最大值出现在 3 号站位表层，最小值出现在 20 号站位表层。

(7) 无机氮

监测区域无机氮含量范围为 0.190~0.338 mg/L，平均值为 0.232 mg/L，最大值出现在 18 号站位表层，最小值出现在 2 号站位底层。

(8) 活性磷酸盐

监测区域活性磷酸盐含量范围为 0.005~0.015 mg/L，平均值为 0.011 mg/L，最大值出现在 18 号站位表层，最小值出现在 10 号站位表层。

(9) 石油类

监测区域石油类含量范围小于检出限 3.5~5.8 μg/L，平均值小于检出限 3.5 μg/L，最大值出现在 13 号站位表层。

(10) 铜

监测区域铜含量范围小于检出限 0.12~4.37 μg/L，平均值为 0.34 μg/L，最大值出现在 3 号站位底层。

(11) 锌

监测区域锌含量范围小于检出限 0.10~2.82 μg/L，平均值为 0.21 μg/L，最大值出现在 3 号站位表层。

(12) 铅

监测区域铅含量均小于检出限 0.07 μg/L。

(13) 镉

监测区域镉含量均小于检出限 0.03 μg/L。

(14) 铬

监测区域铬含量范围为 0.05~28.7 μg/L，平均值为 1.03 μg/L，最大值出现在 3 号站位表层。

（15）汞

监测区域汞含量范围为 0.013～0.036 μg/L，平均值为 0.017 μg/L，最大值出现在 15 号站位表层，最小值出现在 3 号站位底层和 5 号站位表、底层。

（16）砷

监测区域砷含量均小于检出限 0.05～0.52 μg/L，平均值小于检出限 0.05 μg/L，最大值出现在 3 号站位表层。

（17）苯并[a]芘

监测区域苯并[a]芘含量均小于检出限 1 ng/L。

依据《海水水质标准》(GB 3097—1997)，采用单因子污染指数法对水质监测结果进行计算和评价：

（1）全部监测站位中 pH、溶解氧、化学需氧量、活性磷酸盐、石油类、铜、锌、铅、镉、铬、汞、砷和苯并[a]芘含量均符合第一类海水水质标准。

（2）全部监测站位中 5% 的站位无机氮符合第一类海水水质标准，90% 的站位符合第二类海水水质标准，5% 的站位符合第三类海水水质标准。

各监测站位评价结果见表 4-26。在监测项目近岸海域 20 个站位中，5% 的站位符合第一类海水水质标准，90% 的站位符合第二类海水水质标准，5% 的站位符合第三类海水水质标准（图 4-21）。

表 4-26 秋季调查海水水质综合评价结果一览表

监测站位	经度	纬度	综评类别
1	119°20′54.69″	35°4′13.33″	二类
2	119°24′19.01″	35°2′58.01″	一类
3	119°16′26.14″	35°3′20.85″	二类
4	119°18′24.87″	35°2′31.79″	二类
5	119°22′23.35″	35°1′33.13″	二类
6	119°15′41.81″	35°1′59.25″	二类
7	119°17′37.97″	35°1′1.74″	二类
8	119°19′5.89″	35°0′16.52″	二类
9	119°21′36.42″	34°59′29.57″	二类
10	119°13′48.12″	35°1′30.58″	二类
11	119°15′25.28″	35°0′34.91″	二类
12	119°17′21.24″	34°59′41.00″	二类
13	119°18′32.24″	34°59′15.62″	二类

续表

监测站位	经度	纬度	综评类别
14	119°13′32.22″	34°59′53.09″	二类
15	119°15′40.39″	34°59′18.74″	二类
16	119°13′31.63″	34°57′59.31″	二类
17	119°17′32.62″	34°57′38.00″	二类
18	119°13′5.45″	34°55′52.76″	三类
19	119°16′16.54″	34°55′7.18″	二类
20	119°15′23.35″	34°57′25.12″	二类

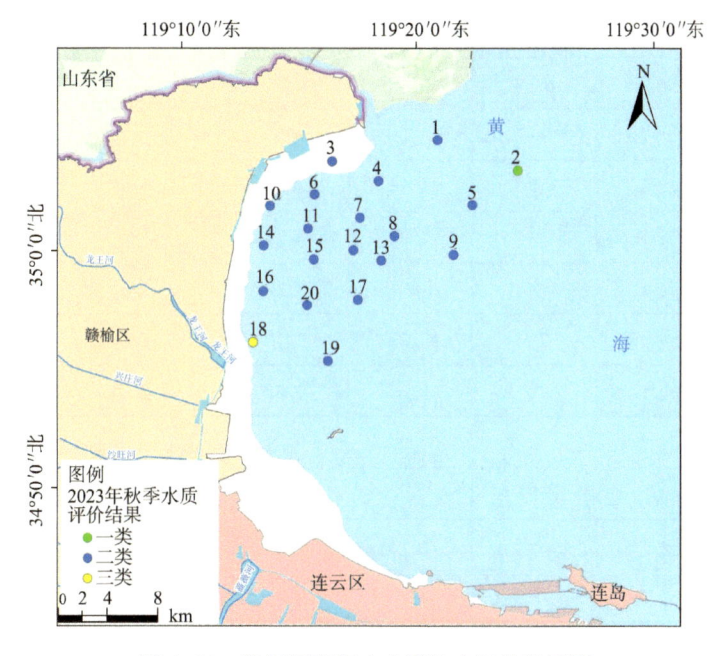

图 4-21　秋季调查海水水质综合评价结果图

分析近岸海域水体环境质量趋势，可得到以下主要结论：

2023 年春季监测海域全部监测站位中 pH、溶解氧、无机氮、石油类、铜、锌、镉、铬、砷和苯并[a]芘含量均符合第一类海水水质标准。化学需氧量 1 个站位为第二类海水水质，1 个站位为第三类海水水质，其余均符合第一类海水水质标准。活性磷酸盐 1 个站位为第二类和第三类海水水质，其余均符合第一类海水水质标准。汞 2 个站位为第二类和第三类海水水质，其余均符合第一类海水水质标准。铅有 6 个站位为第二类海水水质，其余均符合第一类海水水质标准（图 4-20）。

2023 年秋季监测海域全部监测站位中 pH、溶解氧、化学需氧量、活性磷酸盐、石油类、铜、锌、铅、镉、铬、汞、砷和苯并[a]芘含量均符合第一类海水水质标准。无机氮 1 个站位为第一类海水水质,1个站位为第三类海水水质,其余均符合第二类海水水质标准(图4-21)。

此外,将2023年春季监测结果与2022年春季的水质要素监测结果进行统计比较(表4-27),结果显示,总体上2023年春季海水水质状况与2022年春季相比没有明显变化,化学需氧量含量有所升高,无机氮含量下降比较明显,其他各评价因子变化不大。

表4-27 海水水质要素结果对比

项目		2022年春季			2023年春季		
指标	单位	最小值	最大值	平均值	最小值	最大值	平均值
pH	—	7.81	7.98	7.89	8.00	8.30	8.10
溶解氧	mg/L	6.26	6.89	6.63	6.32	11.88	8.48
化学需氧量	mg/L	0.45	1.82	1.19	0.94	3.13	1.51
悬浮物	mg/L	9.0	62.0	27.3	14.0	44.0	26.0
无机氮	mg/L	0.060	0.460	0.078	0.048	0.190	0.108
活性磷酸盐	mg/L	0.000 72 L	0.015 00	0.003 00	0.001 00 L	0.016 00	0.002 00
石油类	μg/L	3.5 L	47.6	15.0	10.0	40.0	20.0
铜	μg/L	1.06	4.35	2.15	1.58	2.61	2.07
锌	μg/L	0.10 L	14.70	3.27	0.46	7.14	2.11
铅	μg/L	0.11	2.38	0.76	0.14	2.19	0.79
镉	μg/L	0.03 L	0.80	0.23	0.03 L	0.07	0.03 L
铬	μg/L	0.05 L	0.99	0.34	0.05 L	0.64	0.06
汞	μg/L	0.007 L	0.055	0.018	0.007 L	0.084	0.008
砷	μg/L	0.25	4.13	0.68	0.05 L	0.05 L	0.05 L
苯并[a]芘	μg/L	0.001 0 L	0.001 0 L	0.001 0 L	0.000 4 L	0.000 4 L	0.000 4 L

注:L代表未检出。

2.3 海州湾湾北渔港经济区海洋沉积物环境质量

2.3.1 样品采集与分析

共布设13个沉积物监测站位。站位示意图见图4-22。

春季调查于2023年4月24日—26日进行海洋沉积物的样品采集。监测项目包括石油类、有机碳、硫化物、铜、铅、锌、镉、汞、铬、砷。所有样品的采集、保存、运输和分析均按照《海洋监测规范》等要求执行(表4-28)。

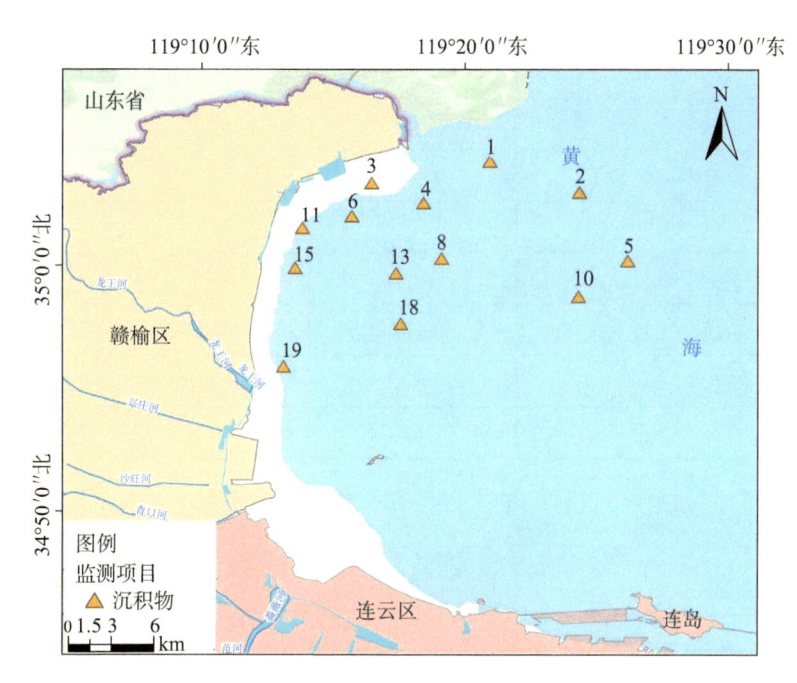

第 4 章
渔港经济区海域环境质量状况及分析

图 4-22　监测站位图

表 4-28　海洋沉积物监测项目分析方法

监测项目	依据标准方法	仪器名称
汞	《海洋监测规范 第 5 部分：沉积物分析》（GB 17378.5—2007）5.1 原子荧光法	原子荧光光度计
石油类	《海洋监测规范 第 5 部分：沉积物分析》（GB 17378.5—2007）13.2 紫外分光光度法	紫外可见分光光度计
硫化物	《海洋监测规范 第 5 部分：沉积物分析》（GB 17378.5—2007）17.1 亚甲基蓝分光光度法	紫外可见分光光度计
砷、铅、铜、铬、锌、镉	《海洋监测技术规程 第 2 部分：沉积物》（HY/T 147.2—2013）6 铜、铅、锌、镉、铬、锂、钒、钴、镍、砷、铝、钛、铁、锰的同步测定—电感耦合等离子体质谱法	电感耦合等离子体质谱仪
有机碳	《土壤 有机碳的测定 重铬酸钾氧化-分光光度法》（HJ 615—2011）	紫外可见分光光度计

评价标准采用《海洋沉积物质量》（GB 18668—2002）。根据江苏省海洋功能区划，各站位所在海域沉积物执行的标准见表 4-29。

表 4-29　沉积物质量标准

序号	项目	第一类	第二类	第三类
1	汞（$\times 10^{-6}$）≤	0.20	0.50	1.00
2	铅（$\times 10^{-6}$）≤	60.0	130.0	250.0
3	镉（$\times 10^{-6}$）≤	0.50	1.50	5.00

续表

序号	项目	第一类	第二类	第三类
4	锌($\times 10^{-6}$)≤	150.0	350.0	600.0
5	砷($\times 10^{-6}$)≤	20.0	65.0	93.0
6	铜($\times 10^{-6}$)≤	35.0	100.0	200.0
7	铬($\times 10^{-2}$)≤	80.0	150.0	270.0
8	石油类($\times 10^{-6}$)≤	500.0	1000.0	1500.0
9	硫化物($\times 10^{-6}$)≤	300.0	500.0	600.0
10	有机碳($\times 10^{-2}$)≤	2.0	3.0	4.0

采用单因子污染指数法进行污染指数计算。单因子污染指数法计算公式为：

$$P = C_i / S_i$$

式中：C_i 表示第 i 种污染物的实测浓度值，S_i 表示第 i 种评价因子的评价标准值。

严格按照 CMA 计量认证体系的管理要求，依据《海洋监测规范》(GB 17378—2007)等相关技术规范和江苏省海洋经济监测评估中心《质量手册》《程序文件》《作业指导书》等文件要求，从采样前准备、样品采集、保存运输、实验室分析、数据审核、报告编制等各个环节开展全过程质量控制工作，确保获得的监测数据准确可靠、评价结论科学合理。

本航次样品采集前，按计划开展了采样准备工作，根据《海洋监测规范》(GB 17378—2007)、《海洋调查规范》(GB/T 12763—2007)和项目实施方案的相关要求，准备材质适宜、数量足够的采样器械、样品容器、药品试剂及相关耗材。

现场采样实施质量控制。(1)按照《海洋监测规范》(GB 17378—2007)、《海洋调查规范》(GB/T 12763—2007)等相关要求，采集并分装样品，防止采样船舶以及采样设备的沾污影响；(2)按照不同项目，选用合适材料的采样器、样品瓶，减少吸附和溶出影响，并按规范要求，本航次各类样品处理方式、保存方法和容器详见表 4-30。

表 4-30 海洋沉积物样品处理、保存和容器

监测指标	容器	处理方式	保存方法
汞、石油类、有机碳	250 ml 棕色广口磨口玻璃瓶	密封瓶口	覆冰冷藏
硫化物	250 ml 棕色广口磨口玻璃瓶	水封密闭	覆冰冷藏
铜、铅、镉、锌、铬、砷	250 ml 棕色广口磨口玻璃瓶	密封瓶口	覆冰冷藏

样品运输实施质量控制。航次采样结束后，需带回实验室测量的样品由专人将样品运回实验室分析，运输过程中注意防碰撞、防沾污，样品箱采用聚乙烯材质，按检测要素装箱后运输。对于玻璃样品瓶，瓶间加纸板等隔断，避免样品碰撞破碎，保证样品完整性；样品箱覆冰保持冷藏，并加盖密封；对运输车辆环境进行严格把关，确保清洁、无明显异味。

实验室测定实施质量控制。(1)样品进入实验室后，样品管理员首先核对采样单、容

器编号、包装情况、保存条件和有效期等,并进行样品的交接、流转工作,同时留有明确的交接、流转记录。(2)样品分析时,均要求进行实验室空白分析,对实验所用到的各种器皿、量具、试剂、药品的空白进行检验,空白分析需符合《海洋监测规范》规定的方法检出限,否则须重新分析。(3)本航次样品分析所需仪器设备均经过计量检定部门检定或校准,性能指标符合项目要求,并处于检定有效期内;各实验人员均在样品分析前认真做好仪器设备调试、维护工作,使仪器性能处于良好、可用状态。(4)实验室平行样:样品进入实验室后,各项目分析人员随机抽取样品数量10%的样品进行实验室平行样分析,以检测分析过程的精密度。实验室平行样分析结果根据《海洋监测规范 第 2 部分:数据处理与分析质量控制》《海洋监测规范 第 5 部分:沉积物分析》中所列平行双样相对偏差表,依据各要素检测结果数量级对应的相对偏差范围分别对各要素实验室平行样进行评价。

实施内控样。本航次样品检测分析对于能购买到有证标准物质的检测项目,均采用标准样品或加标回收的方式进行精准度控制,各要素采用的标准物质信息见表 4-37。标准样品分析结果按照标准物质不确定度要求进行统计分析,误差小于不确定度的 3 倍为合格;加标回收率根据《海洋监测规范 第 2 部分:数据处理与分析质量控制》(GB 17378.2—2007)有关规定进行统计分析。

实施数据质量控制。对数据实行三级审核制度,对监测数据进行严格审核,以确保监测数据质量。

2.3.2　海洋沉积物环境质量状况

海洋沉积环境要素监测结果表明:

(1) 沉积物有机碳含量范围在 0.49%～1.10%,平均值为 0.78%。最大值出现在 6 号站位,最小值出现在 15 号站位。

(2) 沉积物硫化物含量范围在未检出～$46.4×10^{-6}$,平均值为 $16.8×10^{-6}$。最大值出现在 18 号站位,最小值出现在 13 号站位。

(3) 沉积物石油类含量范围在 $12.2×10^{-6}$～$893×10^{-6}$,平均值为 $344×10^{-6}$。最大值出现在 13 号站位,最小值出现在 4 号站位。

(4) 沉积物铜含量范围在 $10.4×10^{-6}$～$15.7×10^{-6}$,平均值为 $13.3×10^{-6}$。最大值出现在 4 号站位,最小值出现在 11 号站位。

(5) 沉积物锌含量范围在 $30.2×10^{-6}$～$56.1×10^{-6}$,平均值为 $39.1×10^{-6}$。最大值出现在 13 号站位,最小值出现在 11 号站位。

(6) 沉积物铅含量范围在 $19.0×10^{-6}$～$33.3×10^{-6}$,平均值为 $24.3×10^{-6}$。最大值出现在 2 号站位,最小值出现在 11 号站位。

(7) 沉积物镉含量范围在未检出～$0.086×10^{-6}$,平均值为 $0.043×10^{-6}$。最大值出现在 19 号站位,最小值出现在 4、11 和 15 号站位。

(8) 沉积物铬含量范围在 $34.9×10^{-6}$～$57.0×10^{-6}$,平均值为 $42.0×10^{-6}$。最大值出现在 4 号站位,最小值出现在 11 号站位。

(9) 沉积物汞含量范围在 $0.017×10^{-6}$～$0.029×10^{-6}$,平均值为 $0.023×10^{-6}$。最大

值出现在19号站位，最小值出现在1号站位。

（10）沉积物砷含量范围在$6.83×10^{-6}$～$8.93×10^{-6}$，平均值为$7.87×10^{-6}$。最大值出现在19号站位，最小值出现在15号站位。

根据《江苏省海洋功能区划（2011—2020年）》，调查海域功能区划类型有农渔业区、工业城镇用海区、旅游休闲娱乐区和海洋特别保护区。按照评价从严原则，各监测站位均采用《海洋沉积物质量》中的第一类沉积物质量标准评价。

采用单因子污染指数法对沉积物监测结果进行计算和评价，详见表4-31。全部监测站位中有机碳、硫化物、铜、锌、铅、镉、铬、汞和砷污染指数评价结果均符合《海洋沉积物质量》中的第一类沉积物质量标准。84.6%的站位石油类污染指数评价结果符合《海洋沉积物质量》中的第一类沉积物质量标准，15.4%的站位符合第二类沉积物质量标准。

表4-31 海洋沉积物单因子污染指数评价结果

站位号	有机碳 第一类	硫化物 第一类	石油类 第一类	石油类 第二类	铜 第一类	锌 第一类	铅 第一类	镉 第一类	铬 第一类	汞 第一类	砷 第一类
1	0.42	0.05	0.48	0.24	0.32	0.22	0.34	0.04	0.46	0.09	0.41
2	0.41	0.03	0.65	0.32	0.33	0.22	0.56	0.11	0.44	0.10	0.37
3	0.50		0.90	0.45	0.44	0.28	0.39	0.14	0.56	0.12	0.38
4	0.25	0.00	0.02	0.01	0.45	0.29	0.45	ND	0.71	0.10	0.35
5	0.47	0.07	0.72	0.36	0.41	0.26	0.42	0.13	0.52	0.11	0.41
6	0.55	0.00	1.61	0.81	0.41	0.28	0.41	0.12	0.54	0.13	0.38
8	0.34	0.02	0.34	0.17	0.31	0.24	0.33	0.04	0.44	0.14	0.35
10	0.38	0.08	0.74	0.37	0.39	0.26	0.41	0.11	0.51	0.10	0.44
11	0.35	0.03	0.19	0.09	0.30	0.20	0.32	ND	0.44	0.12	0.39
13	0.42	ND	1.79	0.89	0.42	0.37	0.40	0.12	0.54	0.13	0.43
15	0.25	0.00	0.05	0.03	0.40	0.24	0.45	ND	0.62	0.11	0.34
18	0.31	0.15	0.72	0.36	0.40	0.27	0.41	0.11	0.53	0.11	0.43
19	0.44	0.13	0.74	0.37	0.39	0.25	0.40	0.17	0.51	0.15	0.45
站位达标率	100.0%	100.0%	84.6%	15.4%	100.0%	100.0%	100.0%	100.0%	100.0%	100.0%	100.0%

注：L代表未检出。

在监测项目近岸海域13个站位中，84.6%的站位符合第一类沉积物质量标准，15.4%的站位符合第二类沉积物标准（图4-23）。

分析近岸海域沉积物环境质量趋势，可得到以下主要结论：全部监测站位中有机碳、硫化物、铜、锌、铅、镉、铬、汞和砷污染指数评价结果均符合《海洋沉积物质量》中的第一类沉积物质量标准。84.6%的站位石油类污染指数评价结果符合《海洋沉积物质量》中的第

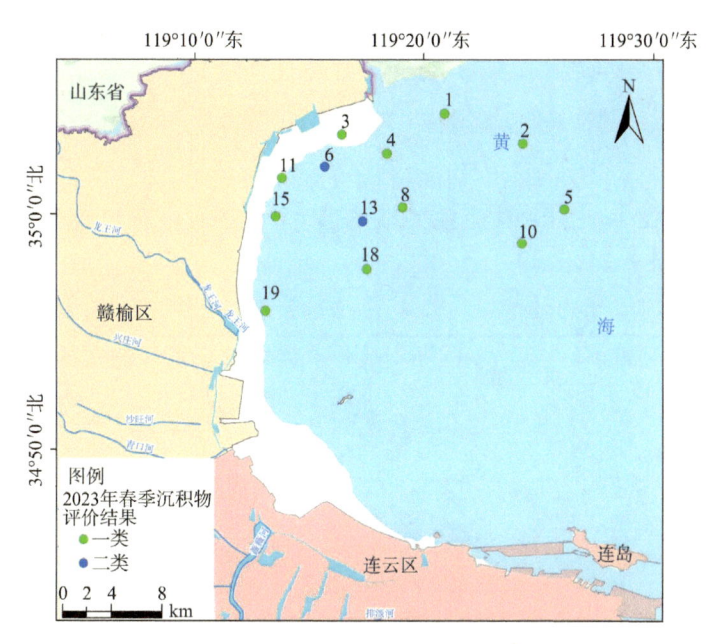

图 4-23　2023 年春季海洋沉积物综合评价结果

一类沉积物质量标准,其余均符合第二类沉积物质量标准。

将监测结果与 2022 年监测资料进行对比分析,如表 4-32 所示。分析结果表明,监测海域 2023 年沉积物个别站位石油类出现第二类现象,与 2022 年相比铜、铬、砷浓度呈显著下降趋势,其他各评价因子无明显变化。

表 4-32　沉积物要素结果对比

项目		2022 年春季			2023 年春季		
指标	单位	最小值	最大值	平均值	最小值	最大值	平均值
有机碳	%	0.13	0.48	0.29	0.49	1.10	0.78
硫化物	$\times 10^{-6}$	7.05	229.00	69.70	0.30	46.40	12.80
石油类	$\times 10^{-6}$	40.5	362.0	152.0	12.2	893.0	344.0
铜	$\times 10^{-6}$	9.99	37.70	21.10	10.40	15.70	13.30
锌	$\times 10^{-6}$	29.7	93.3	53.5	30.2	56.1	39.1
铅	$\times 10^{-6}$	1.65	18.60	6.96	19.00	33.30	24.30
镉	$\times 10^{-6}$	0.050	0.180	0.110	0.015L	0.086	0.043
铬	$\times 10^{-6}$	26.0	87.6	49.7	34.9	57.0	42.0
汞	$\times 10^{-6}$	0.011 4	0.029 4	0.019 9	0.017 0	0.029 0	0.023 0
砷	$\times 10^{-6}$	1.60	20.6	12.8	6.83	8.93	7.87

2.4 海州湾湾北渔港经济区海洋生态和生物质量

2.4.1 样品采集与分析

本次监测共布设 12 个海洋生态监测站位、12 个生物质量站位和 3 个潮间带生物监测站位(断面),见图 4-24。

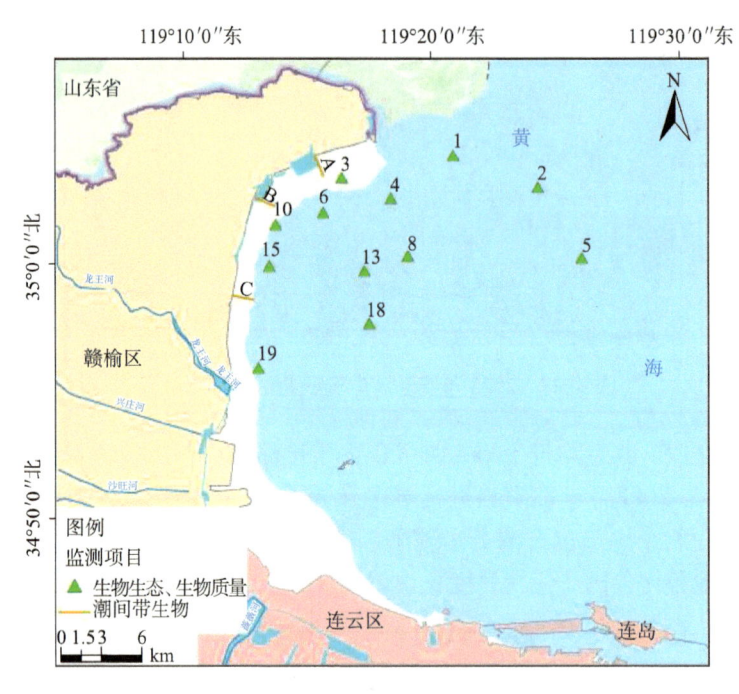

图 4-24 海洋生态和生物质量监测站位

春季调查于 2023 年 4 月 24 日—26 日进行海洋生物质量样品采集,于 4 月 15 日—16 日和 5 月 27 日进行海洋生态样品采集,秋季调查于 2023 年 9 月 25 日—28 日进行海洋生态样品采集。生物质量监测项目包括铜、铅、锌、镉、汞、铬、砷、石油烃。海洋生物生态监测项目包括叶绿素 a、浮游植物、浮游动物、底栖生物、潮间带生物。生物质量分析方法按照下表 4-33 执行。生物生态分析方法按照表 4-34 执行。

表 4-33 生物质量监测项目分析方法

监测项目	依据标准方法	仪器名称
石油烃	《海洋检测规范 第 6 部分:生物体分析》(GB 17378.6—2007)13 石油烃——荧光分光光度法	原子荧光光度计
汞	《海洋监测规范 第 6 部分:生物体分析》(GB 17378.6—2007) 5.1 原子荧光法	原子荧光光度计
砷	《海洋监测技术规程 第 3 部分:生物体》(HY/T 147.3—2013) 6 铜、铅、锌、镉、铬、锰、镍、砷、铝、铁的同步测定——电感耦合等离子体质谱法	电感耦合等离子体质谱仪

续表

监测项目	依据标准方法	仪器名称
铜	《海洋监测技术规程 第3部分:生物体》(HY/T 147.3—2013) 6 铜、铅、锌、镉、铬、锰、镍、砷、铝、铁的同步测定——电感耦合等离子体质谱法	电感耦合等离子体质谱仪
锌	《海洋监测技术规程 第3部分:生物体》(HY/T 147.3—2013) 6 铜、铅、锌、镉、铬、锰、镍、砷、铝、铁的同步测定——电感耦合等离子体质谱法	电感耦合等离子体质谱仪
铅	《海洋监测技术规程 第3部分:生物体》(HY/T 147.3—2013) 6 铜、铅、锌、镉、铬、锰、镍、砷、铝、铁的同步测定——电感耦合等离子体质谱法	电感耦合等离子体质谱仪
镉	《海洋监测技术规程 第3部分:生物体》(HY/T 147.3—2013) 6 铜、铅、锌、镉、铬、锰、镍、砷、铝、铁的同步测定—电感耦合等离子体质谱法	电感耦合等离子体质谱仪
铬	《海洋监测技术规程 第3部分:生物体》(HY/T 147.3—2013) 6 铜、铅、锌、镉、铬、锰、镍、砷、铝、铁的同步测定——电感耦合等离子体质谱法	电感耦合等离子体质谱仪

表 4-34　海洋生态及渔业资源调查项目分析方法

监测项目	检测仪器	分析方法	引用标准
叶绿素 a	紫外可见分光光度计	紫外可见分光光度法	GB 17378.7—2007
浮游植物	生物显微镜	目检法、计数法	GB 17378.7—2007
浮游动物	体视显微镜 电子天平	目检法、湿重法、计数法	GB 17378.7—2007
大型底栖生物	体视显微镜 电子天平	目检法、湿重法、计数法	GB 17378.7—2007
潮间带底栖生物	体视显微镜 电子天平	目检法、湿重法、计数法	GB 17378.7—2007

　　贝类(双壳类)生物体内污染物质含量评价标准采用《海洋生物质量》(GB 18421—2001)规定的第一类标准值。甲壳和鱼虾类体内重金属含量评价标准采用《全国海岸带和海涂资源综合调查简明规程》规定的生物质量标准,石油烃评价标准根据《第二次全国海洋污染基线调查技术规程》(第二分册)中的规定进行。

表 4-35　鱼类、甲壳类海洋生物质量评价标准(鲜重)　　　　　(单位:mg/kg)

生物类别	铜≤	铅≤	镉≤	锌≤	汞≤	石油类≤
鱼类	20	2.0	0.6	40	0.3	20
甲壳类	100	2.0	2.0	150	0.2	20

表 4-36　海洋贝类生物质量标准值(鲜重)　　　　　(单位:mg/kg)

序号	项目	第一类	第二类	第三类
1	铜≤	10	25	50(牡蛎 500)
2	锌≤	20	50	100(牡蛎 500)

续表

序号	项目	第一类	第二类	第三类
3	铅≤	0.1	2.0	6.0
4	镉≤	0.2	2.0	5.0
5	铬≤	0.5	2.0	6.0
6	汞≤	0.05	0.10	0.30
7	砷≤	1.0	5.0	8.0
8	石油烃≤	15	50	80
9	大肠杆菌(个/kg)≤	3 000	5 000	—

评价方法采用单因子污染指数法。单因子污染指数法的计算公式为：

$$P_i = C_i/S_i$$

式中：P_i 表示污染物 i 的污染指数，C_i 表示污染物 i 的实测值，S_i 表示污染物 i 的质量标准值。

优势种的概念有两个方面，即一方面指占有广泛的生态环境，可以利用较高的资源，有着广泛的适应性，在空间分布上表现为空间出现频率（f_i）较高；另一方面，表现为个体数量（n_i）庞大，密度 n_i/N 较高。

设：f_i 为第 i 个种在各样方中的出现频率，n_i 为群落中第 i 个种在空间中的个体数量，N 为群落中所有种的个体数总和。

综合优势种概念的两个方面，得出优势种优势度（Y）的计算公式：

$$Y = n_i/N \cdot f_i$$

群落多样性的高低，除了受取样大小、数量的分布影响外，主要依赖于群落中种类数多少及个体分布是否均匀。丰富度（D）和均匀度指数（J）计算公式如下：

$$D = (S-1)/\log_2 N \tag{1}$$

$$J = \frac{H'}{H'_{Max}} = \frac{H'}{\log_2 S} \tag{2}$$

式中：S 为种类数，n_i 为第 i 种的丰度，N 为总丰度，H' 为实测 Shannon-Wiener 多样性指数，$H'_{Max} = \log_2 S$。

根据本次监测的海洋生态生物学评价采用 Shannon-Wiener 多样性指数。

$$H' = -\sum P_i \cdot \log_2 P_i$$

式中：H' 为 Shannon-Wiener 多样性指数，P_i 为第 i 种的个体数（或密度）占总个体数（或密度）的比例。

H' 分级标准：$H'>3.0$ 为"丰富"；$2.0<H'\leq3.0$ 为"较丰富"；$1.0<H'\leq2.0$ 为"一

般"; $0<H'\leqslant1.0$ 为"贫乏"; $H'=0$ 为"极度贫乏"。

严格按照CMA计量认证体系的管理要求,依据《海洋监测规范》(GB 17378—2007)、《海洋调查规范》(GB/T 12763—2007)等相关要求,从采样前准备、样品采集、保存运输、实验室分析、数据审核、报告编制等各个环节开展全过程质量控制工作,确保获得的监测数据准确可靠、评价结论科学合理。

生物生态专项监测调查任务严格按照CMA质量体系要求实施管理,根据实验室《质量手册》《程序文件》《作业指导书》的要求进行实验室内部的质量控制,严格按照《海洋调查规范》(GB/T 12763—2007)等相关技术规范的要求进行分析,确保分析数据的准确可信。

各航次样品采集前,按计划开展了采样准备工作,根据《海洋监测规范》(GB 17378—2007)、《海洋调查规范》(GB/T 12763—2007)和项目实施方案的相关要求,准备材质适宜、数量足够的采样器械、样品容器、药品试剂及相关耗材。

现场采样实施质量控制。(1)按照《海洋监测规范》(GB 17378—2007)、《海洋调查规范》(GB/T 12763—2007)等相关要求,采集并分装样品,防止采样船舶以及采样设备的污染影响。(2)海洋生物质量按照不同项目,选用合适材料的采样器、样品瓶,减少吸附和溶出影响,并按规范要求保存。(3)海洋生态样品的采集。浮游植物(水采):用采水器采样;浮游植物(网样):采用浅水Ⅲ型浮游生物网自底层至表层进行垂直拖网,落网为0.5 m/s,起网为0.5~0.8 m/s;浮游动物(网样):采用浅水Ⅰ型和Ⅱ型浮游生物网从底层至表层垂直拖网获取,落网为0.5 m/s,起网为0.5~0.8 m/s;底栖生物:用采泥器(0.025 m^2)进行采集,每站采集4次。底栖动物样品在船上用5%福尔马林溶液固定保存后带回实验室称重(软体动物带壳称重)、分析、计数、鉴定到种,并换算成单位面积的生物量(mg/m^2)和栖息密度(个/m^2)。潮间带底栖生物:每一断面的高、中、低3个潮区分别布设取样点,每一取样点随机取样,样方规格为25 cm×25 cm×30 cm。高、中、低3个潮区分别采集2,3,2个样方,以孔径1 mm^{2}的筛子筛出其中生物。样品用5%福尔马林溶液固定保存后带回实验室称重(软体动物带壳称重)、分析和鉴定,并换算成单位面积的生物量(g/m^2)和栖息密度(个/m^2)。

实验室测定实施质量控制。(1)样品进入实验室后,样品管理员首先核对采样单、容器编号、包装情况、保存条件和有效期等,并进行样品的交接、流转工作,同时留有明确的交接、流转记录。(2)样品分析时,均要求进行实验室空白分析,对实验所用到的各种器皿、量具、试剂、药品进行空白检验,空白分析须符合《海洋监测规范》规定的方法检出限,否则须重新分析。(3)各航次样品分析所需仪器设备均经过计量检定部门检定或校准,性能指标符合项目要求,并处于检定有效期内;各实验人员均在样品分析前认真做好仪器设备调试、维护工作,使仪器性能处于良好、可用状态。(4)实验室平行样:样品进入实验室后,各项目分析人员对水质样品随机抽取样品数量10%的样品进行实验室平行样分析,以检测分析过程的精密度。实验室平行样分析结果根据《海洋监测规范 第2部分:数据处理与分析质量控制》,依据各要素检测结果数量级对应的相对偏差范围分别对各要素实验室平行样进行评价。

表 4-37 海洋生物体实验室平行样评价结果统计表

检测要素	数量(组)	合格率(%)
汞	2	100
砷	2	100
铅	2	100
铜	2	100
铬	2	100
锌	2	100
镉	2	100
石油烃	3	100

实施内控样。各航次样品检测分析对于能购买到有证标准物质的检测项目,均采用标准样品或加标回收的方式进行精准度控制。标准样品分析结果按照标准物质不确定度要求进行统计分析,误差小于不确定度的 3 倍为合格;加标回收率根据《海洋监测规范 第 2 部分:数据处理与分析质量控制》(GB 17378.2—2007)有关规定进行统计分析。

实施数据质量控制。对数据实行三级审核制度,对监测数据进行严格审核,以确保监测数据质量。各航次监测数据中,各介质中平行样分析、质控样分析及加标回收分析结果合格率均达到 100%,说明各航次监测分析过程控制良好,分析数据真实可信,分析过程质量受控。

2.4.3 海洋生态和生物质量状况

根据《江苏省海洋功能区划(2011—2020 年)》,调查海域功能区划类型有农渔业区、工业城镇用海区、旅游休闲娱乐区和海洋特别保护区。按照评价从严原则,各监测站位均采用《海洋生物质量》中的第一类海洋贝类生物质量标准评价。监测结果表明:

(1) 生物体铜含量范围在 0.09~2.05 mg/kg,平均值为 0.75 mg/kg。
(2) 生物体锌含量范围在 2.03~10.4 mg/kg,平均值为 5.59 mg/kg。
(3) 生物体铅含量范围在 0.02~0.09 mg/kg,平均值为 0.04 mg/kg。
(4) 生物体镉含量范围在 0.01~0.09 mg/kg,平均值为 0.03 mg/kg。
(5) 生物体铬含量范围未检出~0.12 mg/kg,平均值为 0.08 mg/kg。
(6) 生物体汞含量范围在 0.008~0.086 mg/kg,平均值为 0.020 mg/kg。
(7) 生物体砷含量范围在 1.63~2.55 mg/kg,平均值为 2.22 mg/kg。
(8) 生物体石油烃含量范围在 10.4~13.5 mg/kg,平均值为 11.8 mg/kg。

表 4-38 春季海洋生物质量监测结果

站位号	样品种类		铜(mg/kg)	锌(mg/kg)	铅(mg/kg)	镉(mg/kg)	铬(mg/kg)	汞(mg/kg)	砷(mg/kg)	石油烃(mg/kg)
1	菲律宾蛤仔	贝类	0.53	5.40	0.08	0.01	0.08	0.015	2.24	10.7
2	三疣梭子蟹	甲壳类	1.98	9.38	0.02	0.09	ND	0.019	2.23	13.2

续表

站位号	样品种类		铜(mg/kg)	锌(mg/kg)	铅(mg/kg)	镉(mg/kg)	铬(mg/kg)	汞(mg/kg)	砷(mg/kg)	石油烃(mg/kg)
3	菲律宾蛤仔	贝类	0.59	5.72	0.05	0.02	0.10	0.010	2.30	11.3
4	菲律宾蛤仔	贝类	0.54	4.25	0.04	0.02	0.10	0.012	2.08	12.2
5	菲律宾蛤仔	贝类	0.61	5.40	0.03	0.01	0.09	0.010	2.41	11.4
6	菲律宾蛤仔	贝类	0.66	5.52	0.04	0.02	0.08	0.010	2.38	10.4
8	菲律宾蛤仔	贝类	0.56	4.91	0.04	0.01	0.07	0.014	2.14	11.1
11	三疣梭子蟹	甲壳类	2.05	10.42	0.03	0.09	ND	0.021	2.48	12.8
13	菲律宾蛤仔	贝类	0.71	6.29	0.05	0.01	0.12	0.008	2.55	10.9
15	菲律宾蛤仔	贝类	0.60	5.33	0.04	0.02	0.12	0.012	2.49	11.0
18	鲈鱼	鱼类	0.12	2.39	0.03	ND	0.07	0.086	1.63	13.5
19	鲈鱼	鱼类	0.09	2.03	0.09	ND	ND	0.022	1.69	13.4

采用单因子污染指数法对各监测站位的双壳贝类进行计算和评价,详见表4-39;依据《全国海岸带和海涂资源综合调查简明规程》和《第二次全国海洋污染基线调查技术规程》(第二分册)中海洋生物质量评价标准对鱼类、甲壳类进行计算和评价,详见表4-40和表4-41。

其中,贝类生物全部监测站位中铜、锌、铅、镉、铬、汞和石油烃含量均符合《海洋生物质量》中的第一类海洋贝类生物质量标准。全部监测站位中砷的含量均超过《海洋生物质量》中的第一类海洋贝类生物质量标准,均符合第二类海洋贝类生物质量标准。

生物体鱼类铜、锌、铅、镉、汞和石油类均符合《全国海岸带和海涂资源综合调查简明规程》和《第二次全国海洋污染基线调查技术规程》(第二分册)中海洋生物质量评价标准值。

生物体甲壳类铜、锌、铅、镉、汞和石油类均符合《全国海岸带和海涂资源综合调查简明规程》和《第二次全国海洋污染基线调查技术规程》(第二分册)中海洋生物质量评价标准值。

表4-39 海洋生物双壳贝类评价结果

站位	样品种类	铜	锌	铅	镉	铬	汞	砷		石油烃
		第一类	第一类	第一类	第一类	第一类	第一类	第一类	第二类	第一类
1	菲律宾蛤仔	0.05	0.27	0.78	0.07	0.15	0.31	2.24	0.45	0.71
3	菲律宾蛤仔	0.06	0.29	0.51	0.11	0.20	0.21	2.30	0.46	0.75
4	菲律宾蛤仔	0.05	0.21	0.41	0.11	0.20	0.24	2.08	0.42	0.81
5	菲律宾蛤仔	0.06	0.27	0.27	0.06	0.19	0.20	2.41	0.48	0.76
6	菲律宾蛤仔	0.07	0.28	0.42	0.09	0.17	0.21	2.38	0.48	0.69

续表

站位	样品种类	铜	锌	铅	镉	铬	汞	砷		石油烃
		第一类	第一类	第一类	第一类	第一类	第一类	第一类	第二类	第一类
8	菲律宾蛤仔	0.06	0.25	0.35	0.07	0.15	0.27	2.14	0.43	0.74
13	菲律宾蛤仔	0.07	0.31	0.51	0.05	0.24	0.16	2.55	0.51	0.73
15	菲律宾蛤仔	0.06	0.27	0.45	0.12	0.23	0.24	2.49	0.50	0.73
站位达标率		100%	100%	100%	100%	100%	100%	0%	100%	100%

表 4-40 海洋生物鱼类评价结果

站位	样品种类	铜	锌	铅	镉	汞	石油类
18	鲈鱼	0.01	0.06	0.01	ND	0.29	0.68
19	鲈鱼	0.00	0.05	0.05	ND	0.07	0.67
站位达标率		100%	100%	100%	100%	100%	100%

表 4-41 海洋生物甲壳类评价结果

站位	样品种类	铜	锌	铅	镉	汞	石油类
2	三疣梭子蟹	0.02	0.06	0.01	0.04	0.09	0.66
11	三疣梭子蟹	0.02	0.07	0.01	0.05	0.10	0.64
站位达标率		100%	100%	100%	100%	100%	100%

春季调查海洋生物生态监测结果表明：

(1) 叶绿素 a

监测区域叶绿素 a 含量范围为 0.5～3.1 μg/L，平均值为 1.6 μg/L，最大值出现在 6 号站位，最小值出现在 1 号站位。

(2) 浮游植物

①种类组成

调查海域共鉴定出浮游植物 6 门 88 种，其中硅藻门 66 种，甲藻门 10 种，绿藻门 8 种，裸藻门 2 种，蓝藻门和金藻门各 1 种(图 4-25)。

浮游植物表层水样 6 门 65 种，其中硅藻门 49 种，甲藻门 7 种，绿藻门 5 种，裸藻门 2 种，蓝藻门和金藻门各 1 种(图 4-26)；底层水样 5 门 59 种，其中硅藻门 46 种，甲藻门 8 种，绿藻门 3 种，蓝藻门和金藻门各 1 种(图 4-27)。

共鉴定出浮游植物网样 5 门 57 种，其中硅藻门 46 种，甲藻门 3 种，绿藻门 5 种，裸藻门 2 种，金藻门 1 种(图 4-28)。

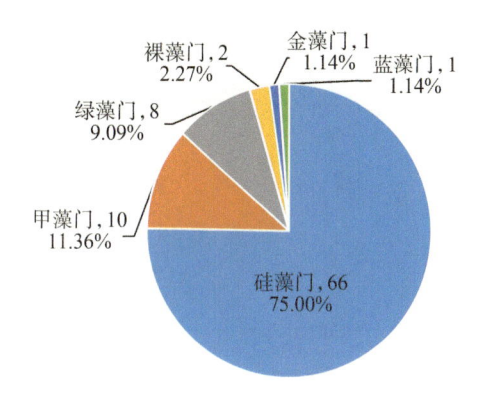

图 4-25 浮游植物种类组成

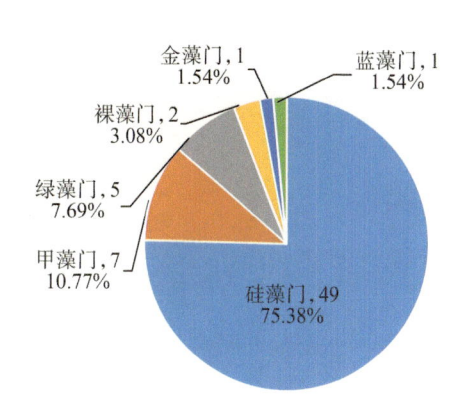

图 4-26 表层水样种类组成

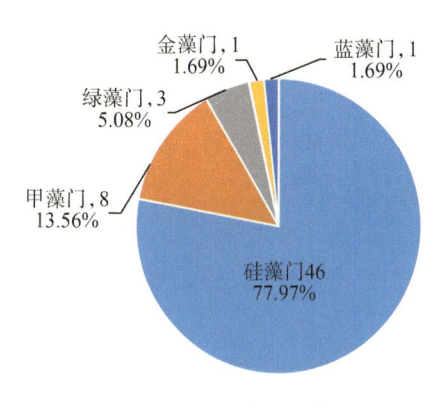

图 4-27 底层水样种类组成

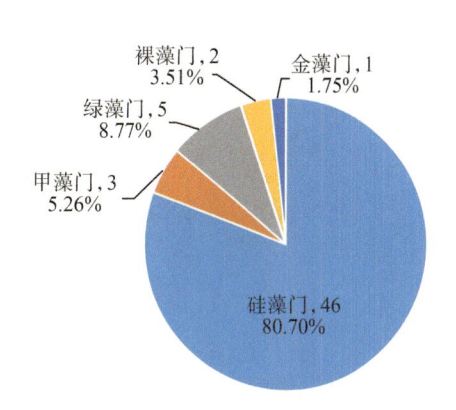

图 4-28 网样种类组成

②密度空间分布

调查海域浮游植物表层水样密度范围为 $3.58×10^5 \sim 1.81×10^6$ 个/L,平均值为 $9.88×10^5$ 个/L(图 4-29)。浮游植物底层水样的密度范围为 $1.41×10^5 \sim 3.20×10^6$ 个/L,平均值为 $8.45×10^5$ 个/L(图 4-30)。浮游植物网样密度范围为 $7.72×10^4 \sim 1.17×10^6$ 个/m³,平均值为 $4.69×10^5$ 个/m³(图 4-31)。

③多样性、均匀度和丰富度

调查海域浮游植物表层水样的多样性指数平均值为 1.56(0.92~2.56),均匀度平均值为 0.36(0.21~0.59),丰富度平均值为 1.44(0.99~1.87);底层水样的多样性指数平均值为 1.45(0.51~2.23),均匀度平均值为 0.36(0.12~0.56),丰富度平均值为 1.21(0.76~1.51);浮游植物Ⅲ型网采水样的多样性指数平均值为 2.82(0.71~3.97),均匀度平均值为 0.65(0.17~0.85),丰富度平均值为 1.53(1.26~1.92)(表 4-42 至表 4-44)。

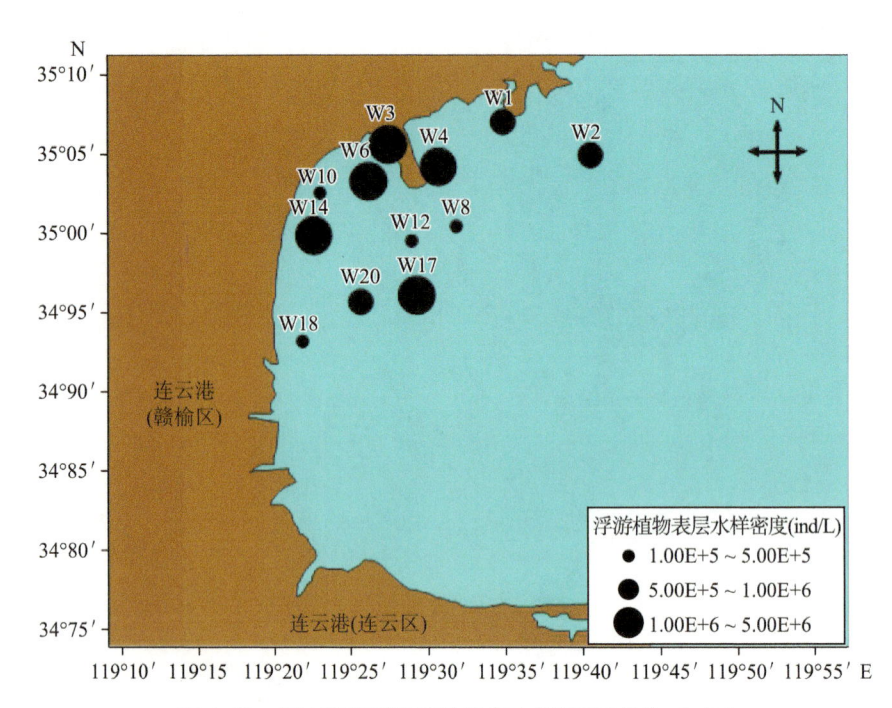

图 4-29 调查海域浮游植物表层水样密度(单位:个/L)

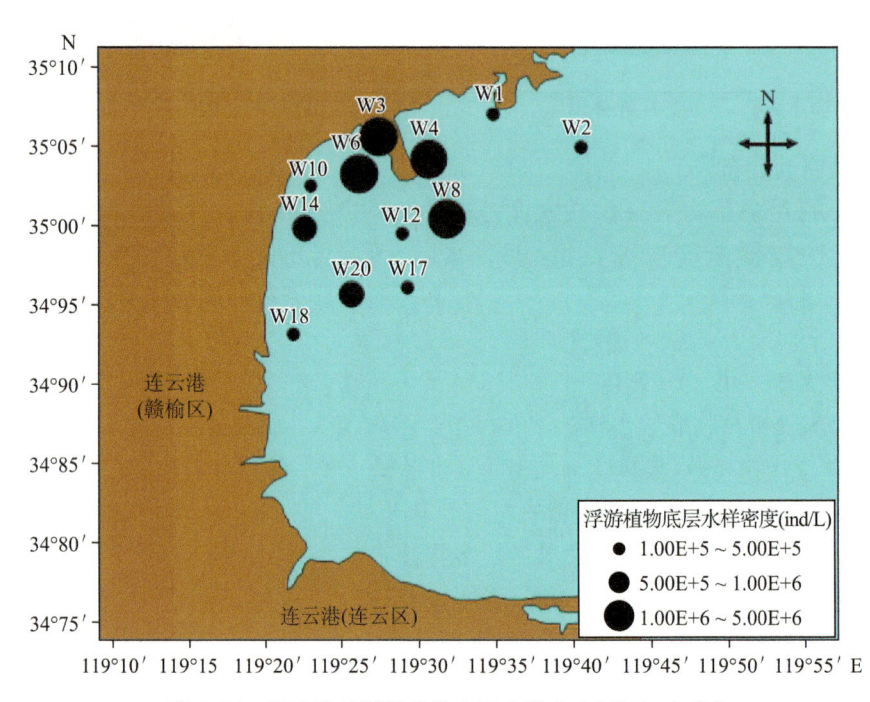

图 4-30 调查海域浮游植物底层水样密度(单位:个/L)

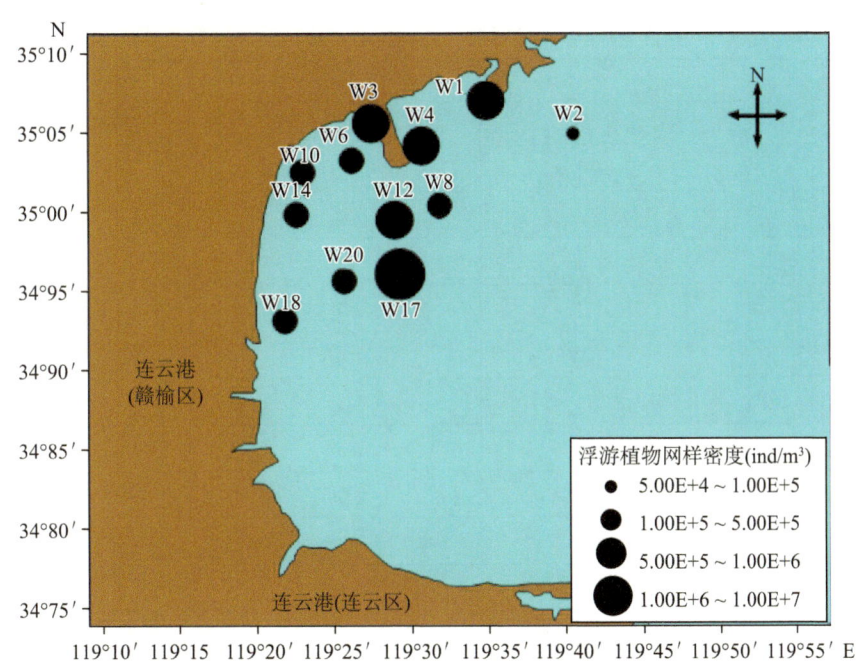

第 4 章
渔港经济区海域环境质量状况及分析

图 4-31 调查海域浮游植物网样密度(单位:个/m³)

表 4-42 调查海域浮游植物表层水样群落多样性

站位号	水样 丰富度(D)	水样 均匀度(J)	水样 多样性指数(H')
1	1.41	0.51	2.20
2	1.31	0.29	1.23
3	1.82	0.21	1.02
4	1.87	0.38	1.83
6	1.11	0.23	0.92
8	1.49	0.59	2.56
10	1.53	0.55	2.42
12	1.46	0.44	1.89
14	1.55	0.26	1.16
17	1.34	0.27	1.15
18	0.99	0.26	0.99
20	1.37	0.33	1.40
最小值	0.99	0.21	0.92
最大值	1.87	0.59	2.56
平均值	1.44	0.36	1.56

表 4-43　调查海域浮游植物底层水样群落多样性

站位号	水样		
	丰富度(D)	均匀度(J)	多样性指数(H')
1	1.21	0.56	2.23
2	1.26	0.37	1.51
3	1.27	0.12	0.51
4	1.51	0.33	1.49
6	1.27	0.27	1.17
8	1.28	0.35	1.49
10	1.49	0.39	1.67
12	1.23	0.50	2.03
14	1.21	0.36	1.46
17	0.92	0.22	0.82
18	0.76	0.49	1.62
20	1.13	0.34	1.37
最小值	0.76	0.12	0.51
最大值	1.51	0.56	2.23
平均值	1.21	0.36	1.45

表 4-44　调查海域浮游植物网样群落多样性

站位号	网样		
	丰富度(D)	均匀度(J)	多样性指数(H')
1	1.26	0.17	0.71
2	1.42	0.80	3.25
3	1.48	0.43	1.89
4	1.42	0.61	2.64
6	1.41	0.84	3.51
8	1.44	0.68	2.84
10	1.75	0.34	1.53
12	1.61	0.65	2.96
14	1.44	0.73	3.11
17	1.72	0.85	3.97
18	1.92	0.83	3.86
20	1.53	0.81	3.51

续表

站位号	网样		
	丰富度(D)	均匀度(J)	多样性指数(H')
最小值	1.26	0.17	0.71
最大值	1.92	0.85	3.97
平均值	1.53	0.65	2.82

④优势种和优势度

调查海域表层水样浮游植物优势种共3种,为中肋骨条藻($Y=0.768$)、新月菱形藻($Y=0.097$)和长菱形藻($Y=0.031$)。底层水样浮游植物优势种共3种,为中肋骨条藻($Y=0.812$)、新月菱形藻($Y=0.085$)和长菱形藻($Y=0.030$)。网样浮游植物优势种共5种,为中肋骨条藻($Y=0.381$)、新月菱形藻($Y=0.145$)、斯氏根管藻($Y=0.072$)、短楔形藻($Y=0.039$)和脆杆藻($Y=0.025$)。

(3) 浮游动物

①种类组成

调查海域共鉴定浮游动物7大类25种,包括桡足类8种,水母类3种,被囊类、软甲类、毛颚类和原生动物各1种,浮游幼体10种(图4-32)。

其中大型浮游动物6大类18种,包括桡足类7种,被囊类、软甲类、毛颚类和原生动物各1种,浮游幼体7种。

中小型浮游动物6大类23种,包括桡足类8种,水母类3种,被囊类、毛颚类和原生动物各1种,浮游幼体9种。

②个体数量分布生物量

调查海域大型浮游动物密度范围为3.1~525.0个/m³,均值为157.3个/m³(图4-33);中小型浮游动物密度范围为170.2~4 298.6个/m³,均值为1 472.7个/m³(图4-34)。

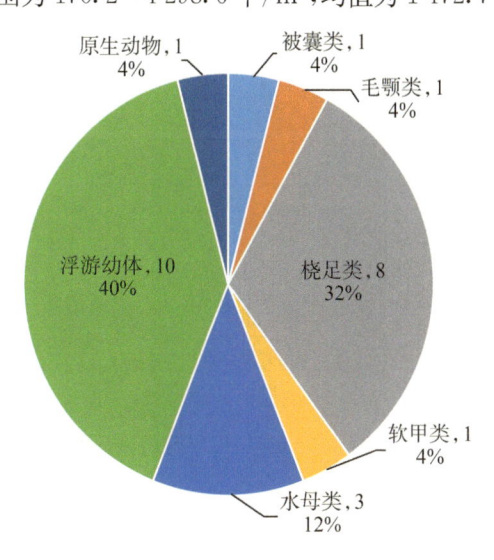

图4-32 调查海域浮游动物种类

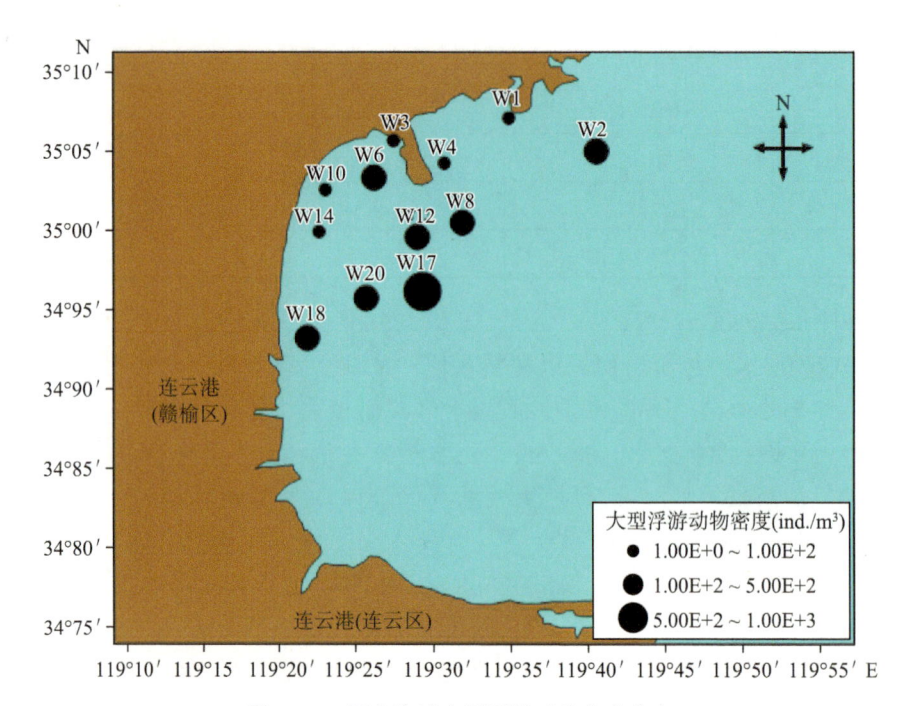

图 4-33 调查海域大型浮游动物密度分布

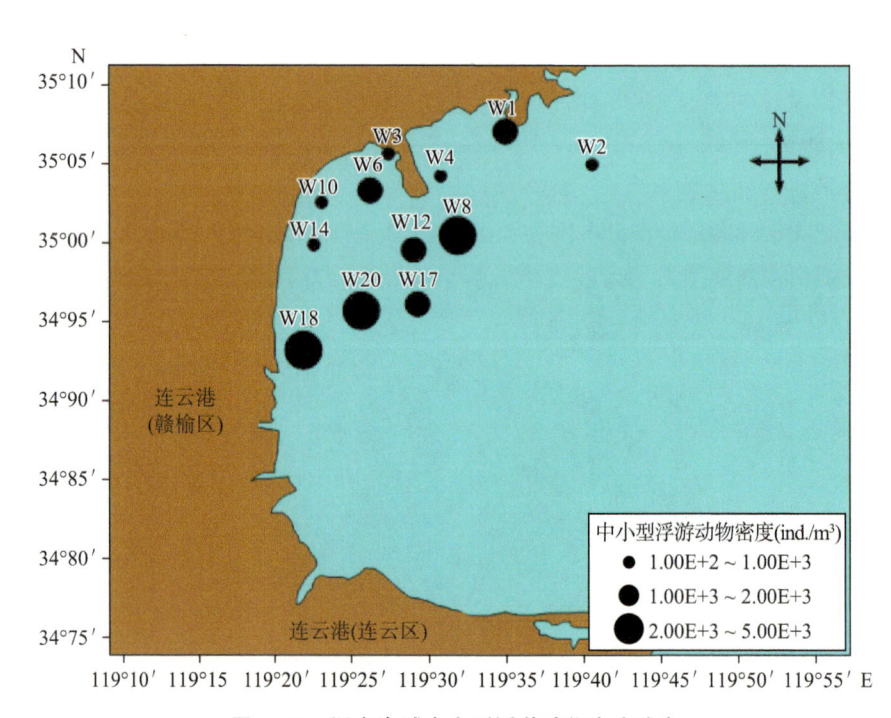

图 4-34 调查海域中小型浮游动物密度分布

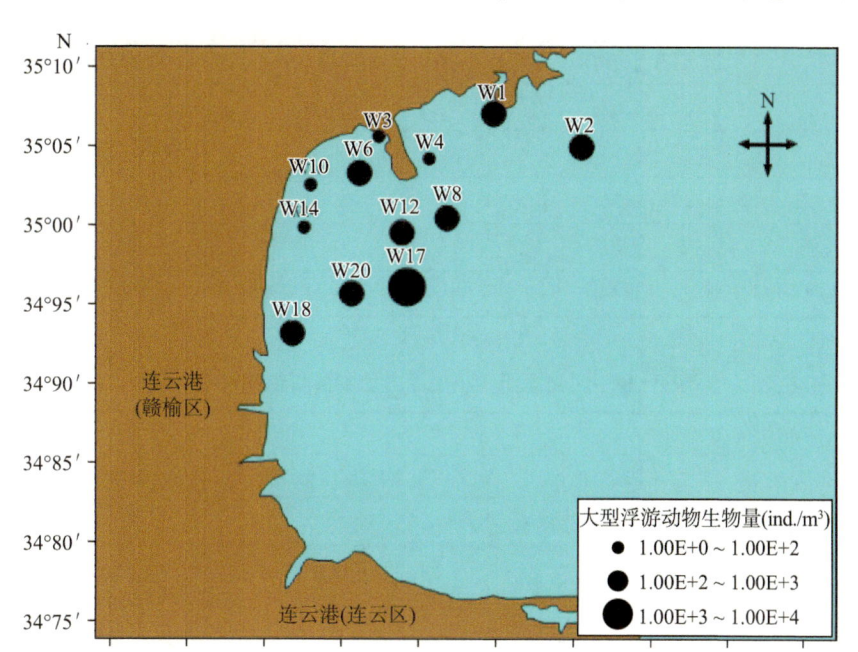

第 4 章
渔港经济区海域环境质量状况及分析

大型浮游动物生物量范围为 18.5～1 100.0 mg/m³，平均值为 227.4 mg/m³（图 4-35）。

图 4-35　调查海域大型浮游动物生物量分布

③物种多样性、均匀度和丰富度

调查海域的大型浮游动物多样性指数、丰富度和均匀度指数平均值分别为 0.87、1.38 和 0.33；中小型浮游动物多样性指数、丰富度和均匀度指数平均值分别为 1.04、1.14 和 0.33（表 4-45 至表 4-46）。

表 4-45　调查海域大型浮游动物多样性统计表

站位	2023 年 5 月		
	丰富度(D)	均匀度(J)	多样性指数(H')
1	1.40	0.23	0.65
2	0.54	0.03	0.07
3	1.12	0.30	0.69
4	3.01	0.68	2.17
6	1.01	0.25	0.64
8	0.95	0.10	0.27
10	2.67	0.95	1.91
12	1.06	0.32	0.83
14	1.20	0.27	0.71
17	0.80	0.29	0.75

续表

站位	2023年5月		
	丰富度(D)	均匀度(J)	多样性指数(H')
18	1.41	0.32	1.00
20	1.33	0.24	0.73
最小值	0.54	0.03	0.07
最大值	3.01	0.95	2.17
平均值	1.38	0.33	0.87

表4-46 调查海域中小型浮游动物多样性统计表

站位	2023年5月		
	丰富度(D)	均匀度(J)	多样性指数(H')
1	1.28	0.20	0.67
2	0.88	0.04	0.11
3	1.73	0.53	1.90
4	1.20	0.42	1.25
6	1.09	0.53	1.68
8	1.40	0.20	0.71
10	0.78	0.12	0.27
12	1.00	0.35	1.04
14	1.28	0.30	0.96
17	0.94	0.62	1.85
18	1.26	0.33	1.14
20	0.84	0.30	0.90
最小值	0.78	0.04	0.11
最大值	1.73	0.62	1.90
平均值	1.14	0.33	1.04

④优势种和优势度

调查海域大型浮游动物优势种共3种,分别为夜光虫($Y=0.901$)、克氏纺锤水蚤$Y=0.029$)和小拟哲水蚤($Y=0.022$);中小型浮游动物优势种共3种,分别为夜光虫($Y=0.747$)、小拟哲水蚤($Y=0.090$)和克氏纺锤水蚤$Y=0.088$)。

(4)底栖生物

①种类组成

定性定量监测共采集鉴定底栖生物6门38种,其中节肢动物最多,计14种,占

36.84%；软体动物 9 种,占 23.68%；脊索动物 8 种,占 21.05%；环节动物 4 种,占 10.53%；棘皮动物 2 种,占 5.26%；纽形动物门 1 种,占 2.63%（图 4-36）。

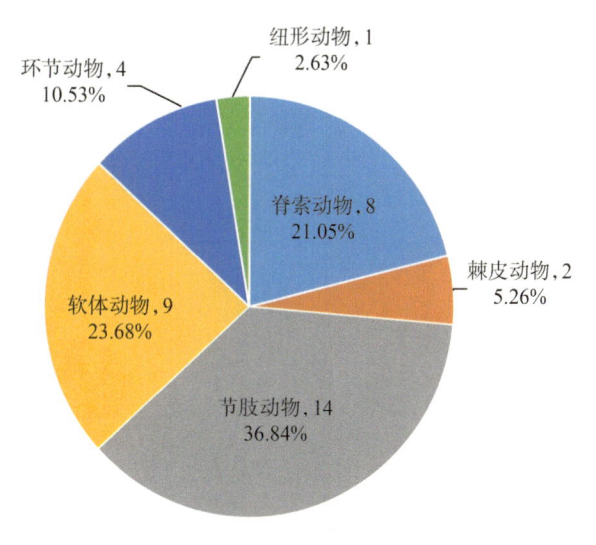

图 4-36 调查海域底栖生物种类分布

②生物量及栖息密度

调查海域底栖生物栖息密度范围为 20～80 个/m²,平均值为 49 个/m²（图 4-37）。生物量范围为 4.83～46.28 g/m²,平均值为 22.95 g/m²（图 4-38）。

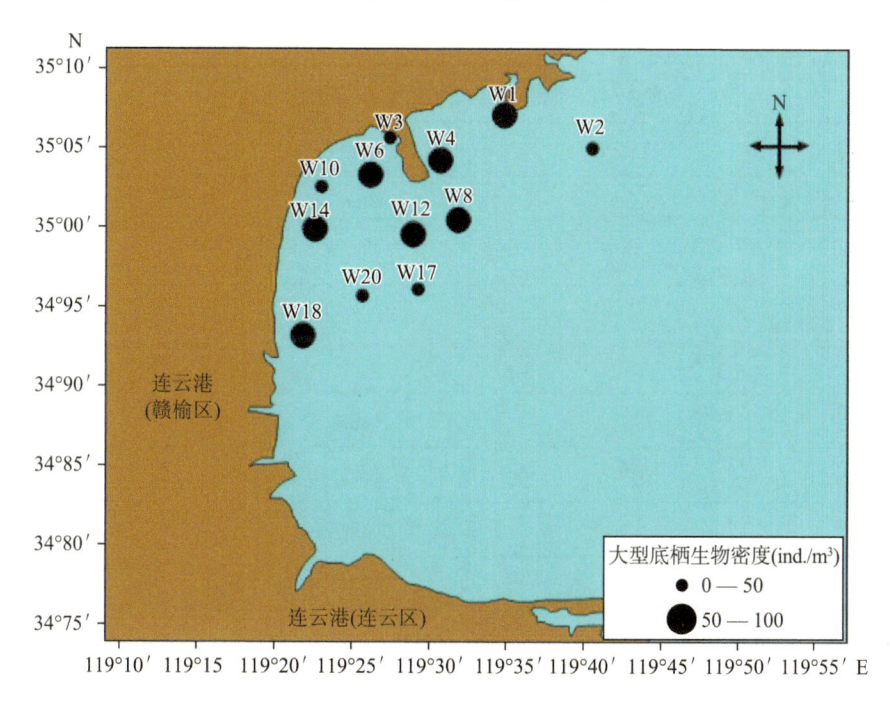

图 4-37 调查海域大型底栖动物密度分布

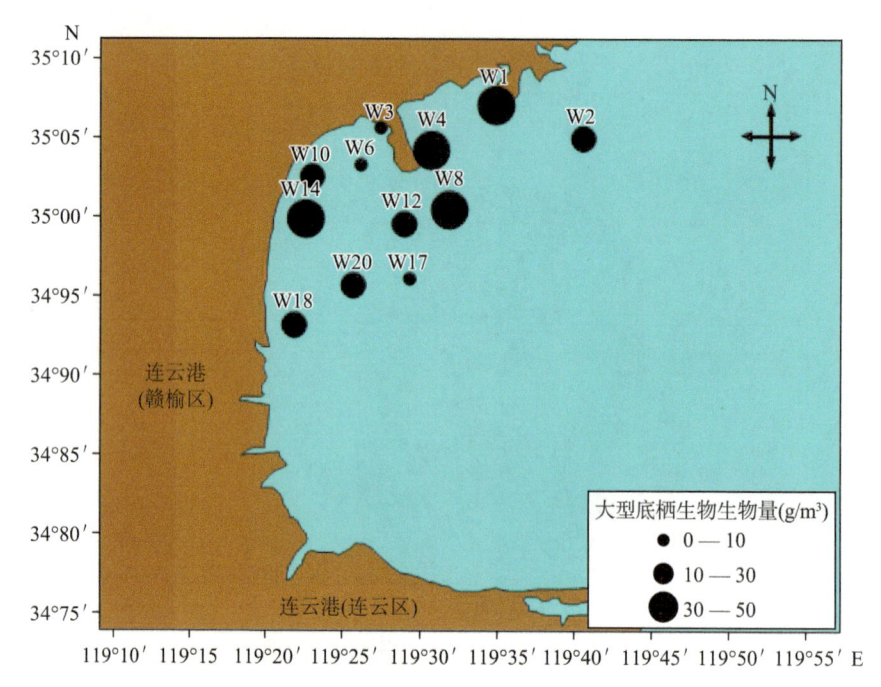

图 4-38 调查海域大型底栖动物生物量分布

③物种多样性、均匀度和丰富度

调查海域的底栖生物多样性指数、丰富度和均匀度指数平均值分别为 1.65、0.62 和 0.95(表 4-47)。

表 4-47 调查海域底栖生物多样性统计表

站位	丰富度(D)	均匀度(J)	多样性指数(H')
1	0.77	0.96	1.92
2	0.33	1.00	1.00
3	0.54	0.95	1.50
4	0.51	0.86	1.37
6	0.73	0.96	1.92
8	0.71	0.92	1.84
10	0.54	0.95	1.50
12	0.77	0.96	1.92
14	0.51	0.96	1.52
17	0.54	0.95	1.50

续表

站位	丰富度(D)	均匀度(J)	多样性指数(H')
18	0.68	0.88	1.75
20	0.81	1.00	2.00
最小值	0.33	0.86	1.00
最大值	0.81	1.00	2.00
均值	0.62	0.95	1.65

④优势种和优势度

调查海域底栖生物优势种共有 3 种,为纵肋织纹螺(Y=0.311)、红带织纹螺(Y=0.254)和光滑河蓝蛤(Y=0.051)。

(4) 潮间带生物

①种类组成

调查海域潮间带共采集鉴定生物 4 门 21 种,其中环节动物 8 种,软体动物 7 种,节肢动物 5 种,腕足动物 1 种。

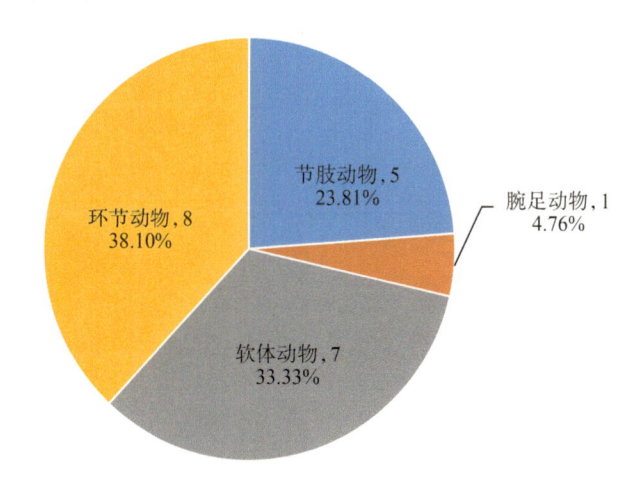

图 4-39 调查海域潮间带生物种类分布

②栖息密度与生物量

A 断面潮间带底栖生物各潮带密度和生物量范围分别介于 15~22 个/m^2 和 113.97~189.45 g/m^2,平均值分别为 19 个/m^2 和 163.04 g/m^2。

B 断面潮间带底栖生物各潮带密度和生物量范围分别介于 12~47 个/m^2 和 55.98~339.31 g/m^2,平均值分别为 31 个/m^2 和 214.63 g/m^2。

C 断面潮间带底栖生物各潮带密度和生物量范围分别介于 34~92 个/m^2 和 86.92~640.86 g/m^2,平均值分别为 55 个/m^2 和 312.58 g/m^2。

③物种多样性、均匀度和丰富度

潮间带生物多样性指数、丰富度和均匀度指数平均值分别为 2.18、1.70 和 0.81(表 4-48)。

表 4-48　潮间带生物多样性统计表

站位号	丰富度(D)	均匀度(J)	多样性指数(H')
A-低潮定量	1.34	0.84	1.96
A-高潮定量	0.97	0.64	1.28
A-中潮定量	1.86	0.86	2.22
B-低潮定量	1.70	0.77	2.17
B-高潮定量	1.61	0.97	2.25
B-中潮定量	2.08	0.71	2.24
C-低潮定量	1.65	0.89	2.51
C-高潮定量	1.70	0.90	2.54
C-中潮定量	2.43	0.69	2.47
最小值	0.97	0.64	1.28
最大值	2.43	0.97	2.54
平均值	1.70	0.81	2.18

④优势种和优势度

调查海域潮间带优势种共 5 种,分别为四角蛤蜊($Y=0.447$)、秀丽织纹螺($Y=0.070$)、谭氏泥蟹($Y=0.031$)、豆形拳蟹($Y=0.028$)和海豆芽($Y=0.026$)。

秋季调查海洋生物生态监测结果表明:

(1) 叶绿素 a

监测区域叶绿素 a 含量范围为 $0.51\sim2.12\ \mu g/L$,平均值为 $1.12\ \mu g/L$,最大值出现在 5 号站位,最小值出现在 2 号站位。

(2) 浮游植物

①种类组成

调查海域共鉴定出浮游植物 4 门 41 属 79 种,其中,硅藻门 29 属 60 种,甲藻门 10 属 17 种,裸藻门 1 属 1 种,金藻门 1 属 1 种(图 4-40)。

共鉴定出浮游植物网样 3 门 35 属 68 种,其中,硅藻门 25 属 53 种,甲藻门 9 属 14 种,金藻门 1 属 1 种。

共鉴定出浮游植物水样 3 门 32 属 46 种,其中,硅藻门 23 属 33 种,甲藻门 8 属 12 种,裸藻门 1 属 1 种。

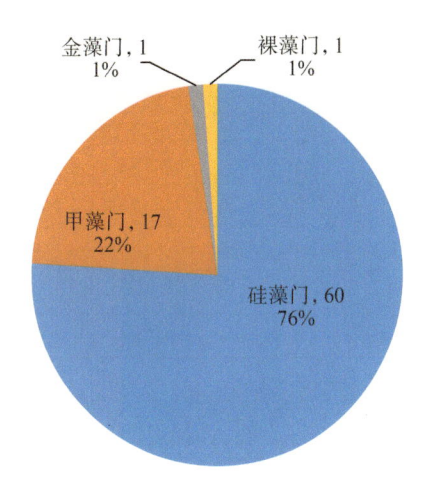

第 4 章
渔港经济区海域环境质量状况及分析

图 4-40 浮游植物种类

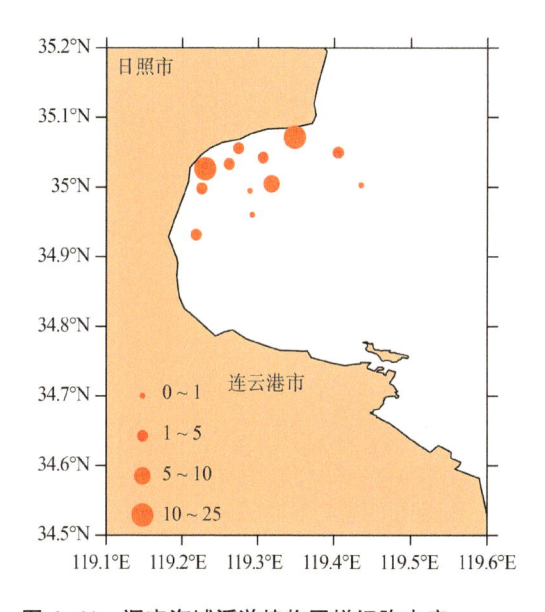

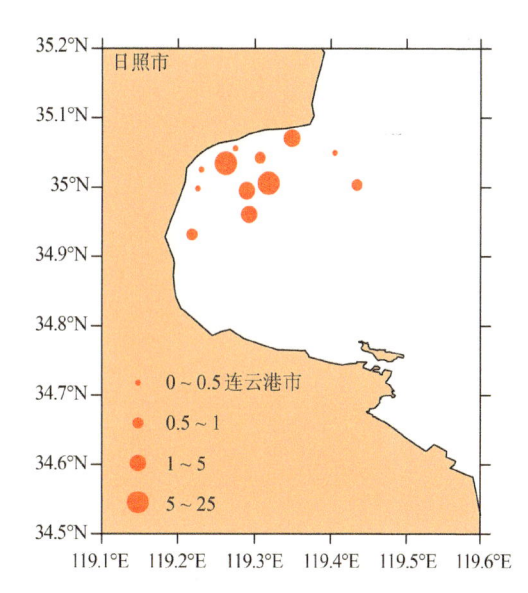

图 4-41 调查海域浮游植物网样细胞丰度
（单位：10^6 个/m^3）

图 4-42 调查海域浮游植物水样细胞丰度
（单位：10^5 个/L）

②个体数量分布生物量

调查海域浮游植物网样细胞丰度为 $0.22\times10^6 \sim 13.39\times10^6$ 个/m^3，平均值为 4.15×10^6 个/m^3（图 4-41）。浮游植物水样细胞丰度为 $0.19\times10^5 \sim 21.82\times10^5$ 个/L，平均值为 2.97×10^5 个/L（图 4-42）。

③多样性、均匀度和丰富度

调查海域浮游植物网样群落的多样性指数均值为 3.13，均匀度均值为 0.70，丰富度均值为 1.05。浮游植物瓶采水样的多样性指数均值为 2.91，均匀度均值为 0.82，丰富度均值为 0.67（表 4-49）。

表 4-49　调查海域浮游植物网样群落多样性

站位	多样性指数(H')	均匀度(J)	丰富度(D)
1	2.42	0.52	1.01
2	2.94	0.65	0.99
3	4.02	0.83	1.31
4	2.69	0.56	1.28
5	2.90	0.81	0.57
6	2.30	0.62	0.59
8	1.91	0.42	1.01
11	2.79	0.59	1.06
13	3.54	0.87	0.90
15	4.57	0.88	1.69
18	3.86	0.85	1.18
19	3.67	0.82	0.99
平均值	3.13	0.70	1.05

表 4-50　调查海域浮游植物水样群落多样性

站位	多样性指数(H')	均匀度(J)	丰富度(D)
1	2.67	0.70	0.78
2	3.05	0.92	0.58
3	2.87	0.91	0.52
4	2.44	0.77	0.49
5	2.56	0.71	0.68
6	3.02	0.74	0.83
8	2.92	0.69	0.85
11	2.55	0.91	0.42
13	3.77	0.92	0.94
15	2.74	0.91	0.47
18	2.93	0.82	0.65
19	3.44	0.88	0.85
平均值	2.91	0.82	0.67

④优势种和优势度

调查海域网采浮游植物优势种共4种，分别为薄壁几内亚藻（$Y=0.07$）、笔尖形根管藻（$Y=0.42$）、柔弱根管藻（$Y=0.09$）和微小原甲藻（$Y=0.03$）。

调查海域水采浮游植物优势种共5种，分别为薄壁几内亚藻（$Y=0.03$）、刚毛根管藻（$Y=0.02$）、菱形藻（$Y=0.06$）、柔弱根管藻（$Y=0.17$）和中肋骨条藻（$Y=0.04$）。

第 4 章
渔港经济区海域环境质量状况及分析

(3) 浮游动物

①种类组成

调查期间调查海域共鉴定大型浮游动物 6 大类 16 种,其中桡足类 5 种,毛颚类 1 种,浮游幼体 6 种,被囊类 1 种,腔肠类 2 种,端足类 1 种。

调查期间调查海域共鉴定中小型浮游动物 7 大类 24 种,其中桡足类 11 种,毛颚类 1 种,浮游幼体 6 种,被囊类 2 种,腔肠类 2 种,十足类 1 种,枝角类 1 种。

调查期间调查海域共鉴定浮游动物 8 大类 32 种,其中桡足类 12 种,毛颚类 1 种,浮游幼体 11 种,被囊类 2 种,腔肠类 3 种,十足类 1 种,枝角类 1 种,端足类 1 种(图 4-43)。

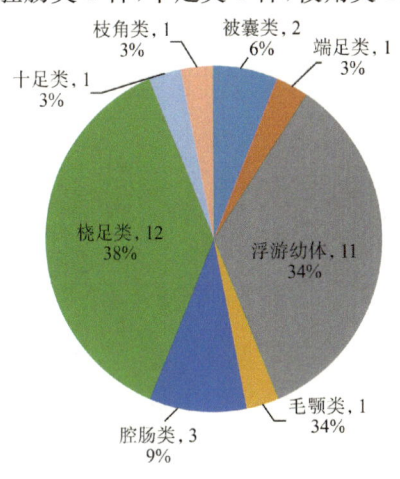

图 4-43 调查海域浮游动物种类

②个体数量分布生物量

调查海域大型浮游动物密度范围为 1.6～32.5 个/m³,平均值为 17.2 个/m³;中小型浮游动物密度范围为 48.0～1 321.0 个/m³,平均值为 419.0 个/m³。

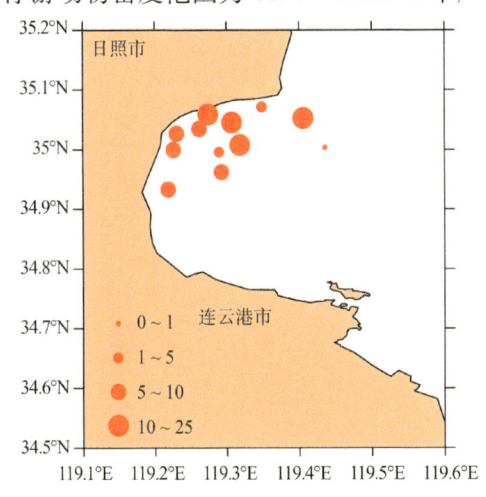

图 4-44 调查海域浮游动物密度分布(大型)
(单位:个/m³)

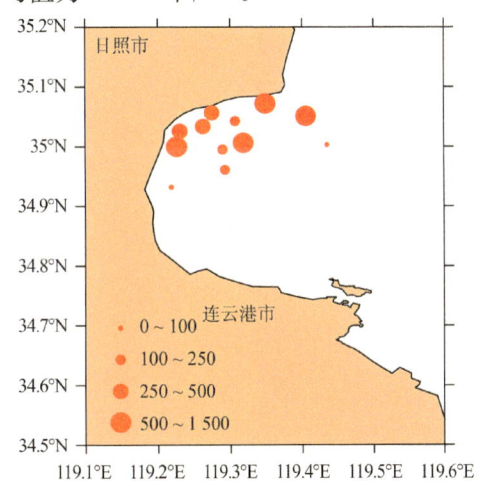

图 4-45 调查海域浮游动物密度分布(中小型)
(单位:个/m³)

大型浮游动物生物量范围为 2.7～55.9 mg/m³,平均值为 16.2 mg/m³。

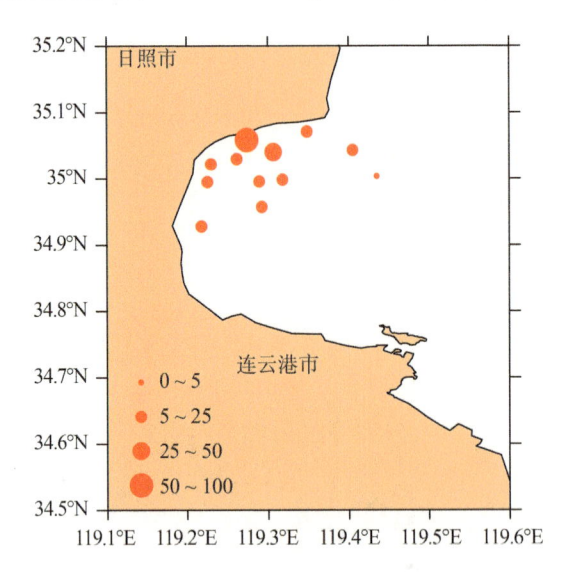

图 4-46　调查海域大型浮游动物生物量分布(单位:mg/m³)

③物种多样性、均匀度和丰富度

整个调查海域的大型浮游动物多样性指数、均匀度和丰富度指数平均值分别为 1.80、0.76 和 1.37;中小型浮游动物多样性指数、均匀度和丰富度指数平均值分别为 2.28、0.69 和 1.07。

表 4-51　调查海域大型浮游动物多样性统计表

站位	多样性指数(H')	均匀度(J)	丰富度(D)
1	2.45	0.95	1.89
2	0.89	0.35	1.05
3	1.94	0.75	1.06
4	2.21	0.70	1.59
5	1.37	0.87	3.11
6	2.25	0.87	1.18
8	1.92	0.64	1.49
11	1.75	0.87	0.79
13	1.49	0.75	1.22
15	1.69	0.65	1.11
18	1.87	0.81	1.01
19	1.76	0.88	0.90
平均值	1.80	0.76	1.37

表 4-52　调查海域中小型浮游动物多样性统计表

站位	多样性指数(H')	均匀度(J)	丰富度(D)
1	2.02	0.56	1.06
2	2.86	0.80	1.18
3	1.78	0.69	0.58
4	3.06	0.85	1.44
5	1.31	0.44	0.97
6	2.97	0.90	1.12
8	1.94	0.54	1.18
11	2.97	0.80	1.48
13	2.33	0.74	1.03
15	2.35	0.63	1.26
18	1.77	0.63	0.85
19	1.97	0.76	0.76
平均值	2.28	0.69	1.07

④优势种和优势度

调查海域大型浮游动物优势种共 2 种，分别为太平洋纺锤水蚤($Y=0.49$)、强壮箭虫($Y=0.17$)；中小型浮游动物优势种共 6 种，分别为纺锤水蚤($Y=0.08$)、近缘大眼剑水蚤($Y=0.09$)、拟长腹剑水蚤($Y=0.04$)、强壮箭虫($Y=0.03$)、太平洋纺锤水蚤($Y=0.05$)、小拟哲水蚤($Y=0.42$)。

（4）底栖生物

①种类组成

调查海域共鉴定大型底栖生物 23 种，其中节肢动物 9 种，脊索动物 4 种，软体动物 6 种，棘皮动物 2 种，纽形动物 1 种，环节动物 1 种。

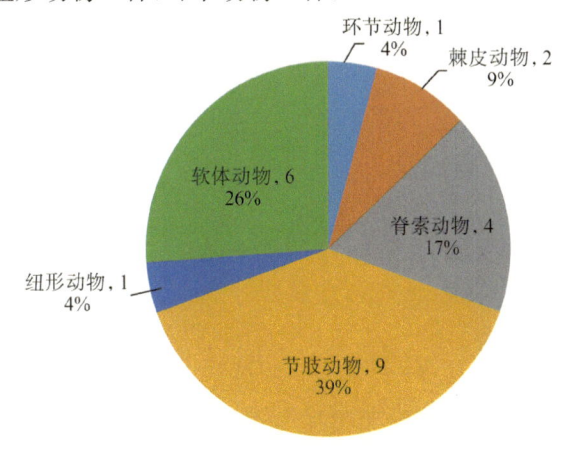

图 4-47　调查海域底栖生物种类分布

②生物量及栖息密度

调查海域大型底栖生物栖息密度范围为 0～60 个/m², 平均值为 16.7 个/m²。生物量范围为 0.00～124.43 g/m², 平均值为 17.69 g/m²。

③优势种和优势度

该调查海域优势度≥0.02 的种类共有 1 种，即绒毛细足蟹。

④多样性指数、均匀度和丰富度

调查海域的底栖生物多样性指数平均值为 0.37, 丰富度平均值为 0.09, 均匀度平均值为 0.37。

表 4-53　调查海域底栖生物多样性统计表

站位	多样性指数(H')	均匀度(J)	丰富度(D)
1	0.00	0.00	0.00
2	0.92	0.92	0.20
3	0.00	0.00	0.00
4	1.00	1.00	0.23
5	0.65	0.65	0.17
6	0.92	0.92	0.20
8	0.00	0.00	0.00
11	0.00	0.00	0.00
13	1.00	1.00	0.23
15	0.00	0.00	0.00
18	0.00	0.00	0.00
19	0.00	0.00	0.00
平均值	0.37	0.37	0.09

(5) 潮间带生物

①种类组成

调查海域 3 个断面共鉴定潮间带生物 27 种，其中软体动物 13 种，环节动物 5 种，节肢动物 8 种，纽形动物 1 种(图 4-48)。

②栖息密度与生物量

调查海域潮间带生物栖息密度范围为 10.7～208.0 个/m², 平均值为 72.6 个/m², 最大值出现在 A 站位高潮带；生物量范围为 3.1～436.6 g/m², 平均值为 83.6 g/m², 最大值出现在 A 站位高潮带。

③优势种和优势度

该调查海域优势度≥0.02 的种类共有 2 种，为白脊藤壶($Y=0.038$)、短滨螺($Y=0.283$)。

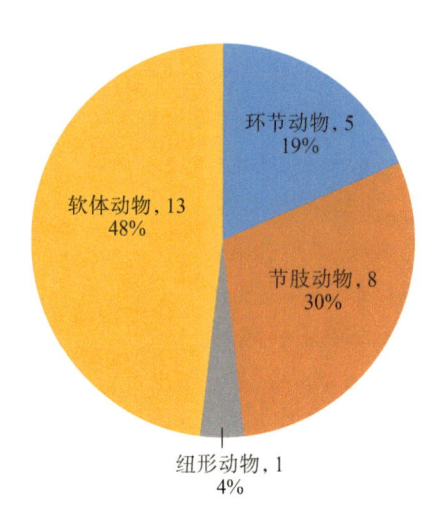

第 4 章
渔港经济区海域环境质量状况及分析

图 4-48 调查海域潮间带生物种类分布

④多样性指数、均匀度和丰富度

调查海域的潮间带多样性指数平均值为 1.29，丰富度平均值为 0.34，均匀度平均值为 0.88。

表 4-54 潮间带生物多样性统计表

站位	多样性指数(H')	均匀度(J)	丰富度(D)
A-低潮定量	0.72	0.72	0.19
A-高潮定量	1.31	0.83	0.26
A-中潮定量	1.92	0.96	0.63
B-低潮定量	1.27	0.80	0.29
B-高潮定量	1.59	1.00	0.44
B-中潮定量	1.46	0.92	0.32
C-低潮定量	1.00	1.00	0.25
C-高潮定量	1.37	0.69	0.43
C-中潮定量	1.00	1.00	0.29
平均值	1.29	0.88	0.34

分析海洋生物、生态趋势，得到以下主要结论：

生物体贝类全部监测站位中，铜、锌、铅、镉、铬、汞和石油烃含量均符合《海洋生物质量》(GB 18421—2001)中的第一类海洋贝类生物质量标准。砷的含量均超过《海洋生物质量》(GB 18421—2001)中的第一类海洋贝类生物质量标准，均符合第二类海洋贝类生物质量标准。生物体鱼类铜、锌、铅、镉、汞和石油类均符合《全国海岸带和海涂资源综合调查简明规程》和《第二次全国海洋污染基线调查技术规程》中海洋生物质量评价标准值。生物体甲壳类铜、锌、铅、镉、汞和石油类均符合《全国海岸带和海涂资源综合调查简明规程》和《第二次全国海洋污染基线调查技术规程》中海洋生物质量评价标准值。

春季调查海域浮游植物种类及数量丰富,其中表底层水样浮游植物主要优势种优势度较大,分布均匀度较低,多样性处于一般水平,群落结构相对稳定;浮游植物网样优势种较多,分布较为均匀,多样性处于较丰富水平,群落结构较为稳定。浮游动物种类及数量较丰富,主要优势种优势度较大,种类分布均匀度较低,多样性处于一般水平,群落结构相对稳定。底栖动物种类及数量较丰富,主要优势种优势度较大,种类分布均匀度较低,多样性处于一般水平,群落结构相对稳定。潮间带生物种类及数量较丰富,优势种优势度较大,种类分布较为均匀,多样性处于较丰富水平,群落结构较稳定。

秋季调查海域鉴定出浮游植物种类丰富,密度较高,主要优势种优势度较大,种类分布较为均匀,多样性指数均值大于3,多样性处于丰富水平,群落结构稳定。浮游动物种类丰富,密度、生物量一般,种类分布较为均匀;大型和中小型浮游动物多样性指数均值分别为1.80和2.28,多样性处于一般水平和较丰富水平,群落结构比较稳定;底栖动物种类丰富,密度和生物量一般,种类分布相对均匀,多样性指数均值为0.37,多样性处于贫乏水平。潮间带生物种类丰富,密度较高,主要优势种优势度较大,多样性指数均值大于1,处于一般水平状态。

此外,2023年春季、秋季航次调查结果与2022年同期相比,存在一定差异,其中浮游动物、底栖动物和潮间带生物群落参数差异相对较大,浮游植物差异较小,但均在正常波动范围内(表4-55)。

相较2022年同期,2023年春季浮游植物种类数有所增加,密度和多样性指数有所降低。浮游动物种类数、多样性指数和中小型浮游动物密度均有所下降,大型浮游动物密度和生物量均值有所上升。底栖生物密度、生物量和多样性指数均有所上升,多样性级别由"贫乏"提升至"一般"水平。潮间带生物多样性指数均值明显升高,多样性级别由"一般"提升至"较丰富"水平。海洋生物种类数有所波动,但群落结构总体稳定。

表4-55 生物生态结果比对

	项目	2023年春季	2022年春季
浮游植物	种类数	88	77
	密度(个/m^3)	4.69×10^5	1.24×10^6
	主要优势种($Y \geq 0.05$)	中肋骨条藻($Y=0.381$)、新月菱形藻($Y=0.145$)、斯氏根管藻($Y=0.072$)	琼氏圆筛藻($Y=0.063$)、星脐圆筛藻($Y=0.067$)
	多样性指数	2.82	3.36

续表

项目		2023 年春季	2022 年春季
浮游动物	种类数	25	42
	大型浮游动物密度(个/m³)	157.3	124.8
	中小型浮游动物密度(个/m³)	1 472.7	21 249.1
	生物量(mg/m³)	227.4	86.6
	大型浮游动物主要优势种($Y \geqslant 0.05$)	夜光虫($Y=0.901$)	太平洋纺锤水蚤($Y=0.17$)、强壮箭虫($Y=0.25$)
	中小型浮游动物主要优势种($Y \geqslant 0.05$)	夜光虫($Y=0.747$)、小拟哲水蚤($Y=0.090$)、克氏纺锤水蚤($Y=0.088$)	小拟哲水蚤($Y=0.59$)、纺锤水蚤
	大型浮游动物多样性指数	0.87	2.86
	中小型浮游动物多样性指数	1.04	1.94
底栖动物	种类数	38	48
	密度(个/m²)	49	20.67
	生物量(g/m²)	22.95	15.39
	优势种	纵肋织纹螺($Y=0.311$)、红带织纹螺($Y=0.254$)和光滑河蓝蛤($Y=0.051$)	红带织纹螺($Y=0.034$)和长吻沙蚕($Y=0.060$)
	多样性指数	1.65	0.42
潮间带生物	种类数	21	28
	密度(个/m²)	35.0	64.0
	生物量(g/m²)	230.08	111.07
	主要优势种($Y \geqslant 0.05$)	四角蛤蜊($Y=0.447$)、秀丽织纹螺($Y=0.070$)	双齿围沙蚕($Y=0.051$)
	多样性指数	2.18	1.39

2.5 海州湾湾北渔港经济区海洋渔业资源监测

2.5.1 样品采集与分析

共设 12 个监测站位。监测站位图见图 4-49。调查时间为 2023 年 4 月 16 日—19 日和 2023 年 9 月 26 日—28 日。调查频次为春季、秋季各调查一次。调查期间天气晴,风力一般(2~3 级),能见度良好。

调查项目为渔业资源监测调查。调查内容包括鱼卵、仔稚鱼和游泳动物种类组成及数量分布,渔获物种类组成、渔获物生物学特征、优势种分布、渔获量分布和资源密度(生物量资源密度单位为 kg/km²,丰度资源密度单位为 ind./km²)以及鱼类浮游生物种类组成。

鱼卵、仔稚鱼调查方法按《海洋调查规范》(GB/T 12763—2007)进行,采用浅水Ⅰ型浮游动物网,每站自底层到表层垂直拖网 1 次,经 5%福尔马林溶液固定,带回实验室后

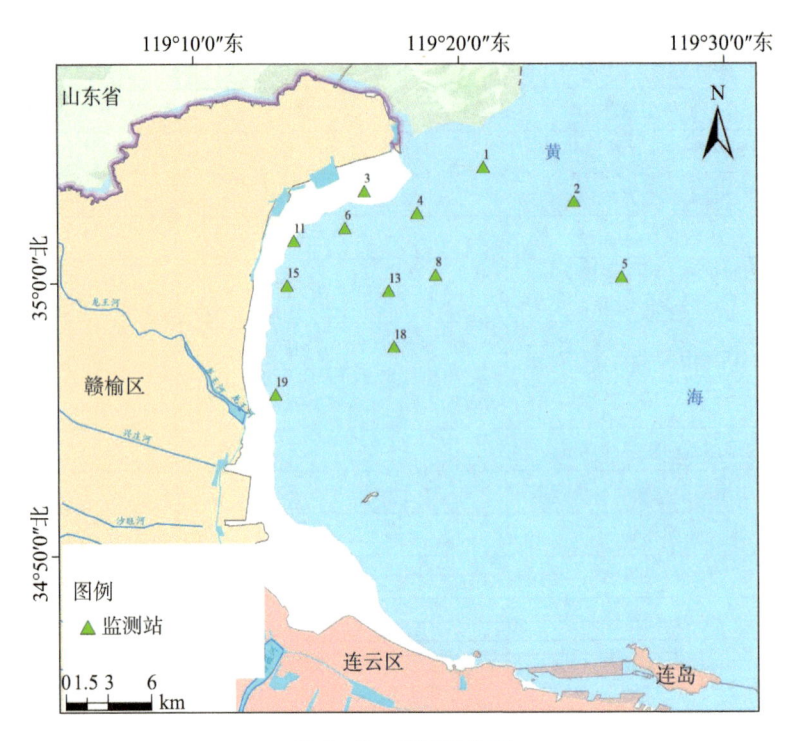

图4-49 监测站位图

进行分类、鉴定和计数。水平拖网每站拖曳10 min,样品经5%福尔马林溶液固定,带回实验室后进行分类、鉴定和计数。渔业资源拖网调查和分析方法按《海洋监测规范 第7部分:近海污染生态调查和生物监测》(GB 17378.7—2007)及《海洋调查规范 第6部分:海洋生物调查》(GB/T 12763.6—2007)有关要求进行。每网调查的渔获物进行分物种渔获质量和尾数统计,记录网产量,并进行主要物种生物学测定。

现场采样按照《海洋调查规范 第6部分:海洋生物调查》(GB/T 12763.6—2007)的有关要求进行。鱼卵、仔稚鱼采用浅水Ⅰ型浮游动物网。垂直拖网每站自底层到表层垂直拖网1次(定量),水平拖网每站拖曳10 min(定性)。样品经5%福尔马林溶液固定,带回实验室后进行分类、鉴定和计数。游泳动物拖网调查使用适合当地的单拖渔船,单拖网囊网目应取选择性低的网目(网囊部2a小于20 mm),每站拖曳1 h左右,拖网速度控制在3 n mil/h。每网调查的渔获物进行分物种渔获质量和尾数统计。记录网产量,进行主要物种生物学测定。渔业资源密度计算采用面积法,按《建设项目对海洋生物资源影响评价技术规程》(SC/T 9110—2007)执行,各调查站资源密度(质量和尾数)的计算公式为

$$D = C/(q \cdot a)$$

式中:D 为渔业资源密度,单位为 ind./km² 或 kg/km²;C 为平均每小时拖网渔获量,单位为 ind./(网·h)或 kg/(网·h);q 为网具捕获率,其中,低层鱼类、虾蟹类、头足类 q 取0.5,近低层鱼类取0.4,中上层鱼类取0.3。a 为每小时网具取样面积,单位为 km²/(网·h)。

①优势度

$$Y = n_i/N \cdot f_i$$

式中：n_i 为群落中第 i 个种在空间中的个体数量；N 为群落中所有种的个体数总和；f_i 为第 i 个种在各样方中出现频率。

②种类丰富度（D）、均匀度（J）

种类丰富度（D）和均匀度（J）计算公式如下：

$$D = (S-1)/\log_2 N$$

$$J = \frac{H'}{H'_{Max}} = \frac{H'}{\log_2 S}$$

式中：S 为种类数；N 为总丰度；H' 为实测 Shannon-Wiener（香农-威纳）多样性指数，$H'_{Max} = \log_2 S$。

③多样性指数

采用 Shannon-Wiener 生物多样性指数法（H'）：

$$H' = -\sum_{i=1}^{S} P_i \log_2 P_i$$

式中：H' 为 Shannon-Wiener 多样性指数；S 为样品中的种类总数；P_i 为群落第 i 种的数量或质量占样品总量的比值。

数量可以采用个体数、密度表示；质量可用湿重或干重表示。

表 4-56 渔业资源要素分析方法

序号	分析项目	检测设备	检测方法	引用标准
1	游泳动物	电子天平、体视显微镜	目检法、计数法、重量法	GB/T 12763—2007
2	鱼卵、仔稚鱼	体视显微镜	目检法、计数法	GB/T 12763—2007

严格按照 CMA 计量认证的要求以及《海洋调查规范》（GB/T 12763—2007）等相关技术规范的要求进行采样、检测和分析，确保分析数据准确可信。选用适合当地情况的捕鱼船进行采样。对于鱼卵、仔稚鱼的采样，定性和定量分别使用不同的网进行浅水Ⅰ型浮游动物网采样。垂直拖网每站自底层到表层垂直拖网 1 次（定量），落网速度为 0.5 m/s，起网速度为 0.5~0.8 m/s；水平拖网每站拖曳 10 min（定性），拖网速度为 1.00 n mil/h。对于渔业资源，选用符合规格的底拖网进行采样，每站拖曳 40~60 min，拖网速度控制在 2.6~3 n mil/h。

鱼卵、仔稚鱼样品采集后装入标本瓶（500 ml），加入福尔马林溶液（加入量为样品容量的 5%），带回实验室鉴定分析。渔业资源样品采集后用塑料袋装起来，保存在泡沫箱中并放到含有碎冰的冷藏库保存。进港之后尽快将样品运至实验室检测。渔业资源样品采用含有碎冰的泡沫箱封存运输,并配有专人负责对样品进行看护监督。

实验室实施质量控制。分析过程中均使用经过校准的仪器,并严格按照站位编号分样,每一个站位单独进行检测,避免在分样过程中出现混淆。

2.5.2 渔业资源监测

(1) 鱼卵

①鱼卵种类

2023年春季调查海域共发现鱼卵8种,隶属于4目7科,其中鲱形目3种,鲻形目1种,鲈形目3种,鲽形目1种。各种类组成见表4-57。

表4-57　2023年春季调查海域周边鱼卵种类组成

目	科	种	拉丁文名称
鲱形目	鲱科	斑鲦	*Konosirus punctatus*
鲱形目	鳀科	日本鳀	*Engraulis japonicus*
鲱形目	鳀科	凤鲚	*Coilia mystus*
鲽形目	舌鳎科	舌鳎 sp.	*Soleidae* sp.
鲈形目	鲔科	鲔属 sp.	*Callionymus* sp.
鲈形目	石首鱼科	石首鱼科 sp.	*Sciaenidae* sp.
鲈形目	鲭科	蓝点马鲛	*Scomberomorus niphonius*
鲻形目	鲻科	鲅	*Liza haematocheila*

2023年秋季鱼卵调查共发现1目1科。各种类组成见表4-58。

表4-58　2023年秋季调查海域周边鱼卵种类组成

目	科	种	拉丁文名称
鲱形目	鳀科	康氏侧带小公鱼	*Stolephorus commersonnii*

②鱼卵生物密度

2023年春季定量样品中,除2、11、19站位未发现鱼卵,其他站位均发现鱼卵。平均生物密度为5.15 ind./m^3,范围为0.0～36.8 ind./m^3。各站位鱼卵生物密度见表4-59。

表4-59　2023年春季调查海域周边鱼卵生物密度

站位	生物密度(ind./m^3)
1	20.0
2	0.0
3	0.8

续表

站位	生物密度(ind./m^3)
4	0.5
5	0.7
6	0.7
8	0.5
11	0.0
13	1.0
15	0.8
18	36.8
19	0.0
最小值	0.0
最大值	36.8
平均值	5.15

2023年秋季垂直网未发现鱼卵。

③鱼卵优势种

2023年春季定量样品中调查海域优势度≥0.02的种类有1种,即斑鰶。2023年秋季没有优势度≥0.02的种类。

④鱼卵水平拖网站位密度

2023年春季水平拖网样品中共发现鱼卵339粒,平均站位密度为28.25 ind./站·10 min,范围为0~91 ind./站·10 min;各站位鱼卵水平拖网站位密度见表4-60。

表4-60　2023年春季调查海域鱼卵水平拖网站位密度

站位	站位密度(ind./网·10 min)
1	14.0
2	0.0
3	63.0
4	11.0
5	12.0
6	53.0
8	69.0
11	12.0

续表

站位	站位密度(ind./网·10 min)
13	91.0
15	11.0
18	0.0
19	3.0
最小值	0.0
最大值	91.0
平均值	28.25

2023年秋季水平拖网样品中共发现鱼卵85粒。平均站位密度为7.08 ind./站·10 min，范围为0～43 ind./站·10 min；各站位鱼卵水平拖网站位密度见表4-61。

表4-61　2023年秋季调查海域鱼卵水平拖网站位密度

站位	站位密度(ind./网·10 min)
1	3.0
2	0.0
3	3.0
4	7.0
5	0.0
6	0.0
8	2.0
11	23.0
13	43.0
15	0.0
18	1.0
19	3.0
最小值	0.0
最大值	43.0
平均值	7.08

（2）仔稚鱼
①仔稚鱼种类
2023年春季调查海域共发现仔稚鱼1种，隶属于刺鱼目，见表4-62。

表4-62　2023年春季调查海域仔稚鱼种类组成

目	科	种	拉丁文
刺鱼目	海龙鱼科	尖海龙	*Syngnathus acus*

2023年秋季调查海域共发现仔稚鱼2种，分别为鲱形目和鲑形目，均采集于水平网样品中；各种类组成见表4-63。

表4-63　2023年秋季调查海域仔稚鱼种类组成

目	科	种	拉丁名
鲱形目	鳀科	康氏侧带小公鱼	*Stolephorus commersonnii*
鲑形目	银鱼科	大银鱼	*Protosalanx hyalocranius*

②仔稚鱼生物密度
2023年春季定量样品中，未检出仔稚鱼。2023年秋季定量样品中，未检出仔稚鱼。
③仔稚鱼水平拖网站位密度
2023年春季水平拖网样品中共发现仔稚鱼3尾，平均站位密度为0.2 ind./站·10 min，范围为0~3 ind./站·10 min；各站位仔稚鱼水平拖网站位密度见表4-64。

表4-64　2023年春季调查海域仔稚鱼水平拖网站位密度

站位	站位密度(ind./网·10 min)
1	0
2	0
3	0
4	0
5	0
6	0
8	3
9	0
11	0
13	0
15	0
18	0

续表

站位	站位密度(ind./网·10 min)
19	0
最小值	0
最大值	3
平均值	0.2

2023年秋季水平拖网样品中共发现仔稚鱼19尾。平均站位密度为1.5 ind./站·10 min,范围为0~6 ind./站·10 min;各站位仔稚鱼水平拖网站位密度见表4-65。

表4-65　2023年秋季调查海域仔稚鱼水平拖网站位密度

站位	站位密度(ind./网·10 min)
1	0
2	0
3	0
4	0
5	0
6	0
8	1
9	4
11	6
13	5
15	0
18	2
19	1
最小值	0
最大值	6
平均值	1.5

(3) 游泳动物

①种类及其组成

2023年春季调查海域共出现渔业资源41种,其中鱼类19种,占46.34%;虾类9种,占21.95%;蟹类4种,占9.76%;头足类3种,占7.32%;其他类6种,占14.63%。见图4-50。

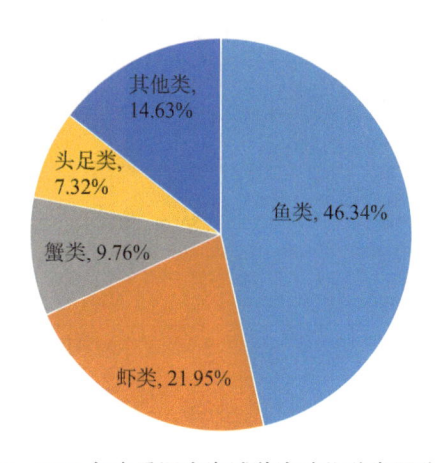

第 4 章
渔港经济区海域环境质量状况及分析

图 4-50 2023 年春季调查海域游泳动物种类百分比组成

各站位出现的渔业资源种类数、各类群百分比组成及渔业资源名录表分别见表 4-66、表 4-67、表 4-68。

表 4-66 2023 年春季调查海域各站位游泳动物各类群种类数

类群	站位											
	1	2	3	4	5	6	8	11	13	15	18	19
鱼类	6	6	7	5	5	7	5	5	5	4	4	4
虾类	2	2	1	2	3	3	3	3	4	3	2	1
蟹类	0	1	2	1	1	2	1	1	1	1	1	1
头足类	2	1	1	1	0	0	1	0	1	0	1	0
其他类	1	2	1	0	0	1	2	2	3	0	0	1
总计	11	12	12	9	9	13	12	11	14	8	8	7

表 4-67 2023 年春季调查海域各站位游泳动物各类群百分比组成

类群	站位											
	1	2	3	4	5	6	8	11	13	15	18	19
鱼类	54.55%	66.67%	70.59%	69.23%	69.23%	68.42%	63.16%	64.71%	60.87%	66.67%	66.67%	70.00%
虾类	18.18%	11.11%	5.88%	15.38%	23.08%	15.79%	15.79%	17.65%	17.39%	25.00%	16.67%	10.00%
蟹类	0.00%	5.56%	11.76%	7.69%	7.69%	10.53%	5.26%	5.88%	4.35%	8.33%	8.33%	10.00%
头足类	18.18%	5.56%	5.88%	7.69%	0.00%	0.00%	5.26%	0.00%	4.35%	0.00%	8.33%	0.00%
其他类	9.09%	11.11%	5.88%	0.00%	0.00%	5.26%	10.53%	11.76%	13.04%	0.00%	0.00%	10.00%
总计	100.00%	100.00%	100.00%	100.00%	100.00%	100.00%	100.00%	100.00%	100.00%	100.00%	100.00%	100.00%

表 4-68 2023 年春季各站位渔业资源名录

序号	分类	中文名称	拉丁文名称	1	2	3	4	5	6	8	11	13	15	18	19
1	鱼类	斑鰶	*Konosirus punctatus*								+				
2	鱼类	赤鼻棱鳀	*Thryssa kammalensis*			+									
3	鱼类	方氏锦鳚	*Pholis fangi*	+	+	+	+				+				
4	鱼类	黑鳃梅童鱼	*Collichthys niveatus*								+				
5	鱼类	黄鲫	*Setipinna tenuifilis*	+			+				+				+
6	鱼类	棘头梅童鱼	*Collichthys lucidus*						+						
7	鱼类	尖海龙	*Syngnathus acus*	+	+	+		+		+			+		
8	鱼类	焦氏舌鳎	*Cynoglossus joyneri*	+	+	+	+	+			+	+	+	+	+
9	鱼类	拉氏狼牙虾虎鱼	*Odontamblyopus lacepedii*	+				+			+				
10	鱼类	六丝钝尾虾虎鱼	*Amblychaeturichthys hexanema*			+	+		+		+		+		
11	鱼类	纹缟虾虎鱼	*Tridentiger trigonocephalus*						+						
12	鱼类	细纹狮子鱼	*Liparis tanakae*		+										+
13	鱼类	小黄鱼	*Pseudosciaena polyactis*						+						
14	鱼类	小头栉孔虾虎鱼	*Ctenotrypauchen microcephalus*									+	+		
15	鱼类	星康吉鳗	*Conger myriaster*			+	+				+	+			
16	鱼类	银鲳	*Pampus argenteus*						+						
17	鱼类	鲬	*Platycephalus indicus*		+	+				+	+	+			+
18	鱼类	髭缟虾虎鱼	*Tridentiger barbatus*	+			+	+				+			
19	鱼类	日本鳀	*Engraulis japonicus*					+							
20	蟹类	变态蟳	*Charybdis variegata*			+					+				
21	蟹类	日本蟳	*Charybdis japonica*		+		+		+						+
22	蟹类	绒螯近方蟹	*Hemigrapsus penicillatus*										+		
23	蟹类	三疣梭子蟹	*Portunus trituberculatus*			+	+	+					+		
24	虾类	葛氏长臂虾	*Palaemon gravieri*	+							+				
25	虾类	脊尾白虾	*Exopalaemon carinicauda*										+	+	
26	虾类	巨指长臂虾	*Palaemon macrodactylus*								+		+		
27	虾类	口虾蛄	*Oratosquilla oratoria*	+	+	+	+	+			+	+	+		+
28	虾类	日本鼓虾	*Alpheus japonicus*		+						+	+			

续表

序号	分类	中文名称	拉丁文名称	1	2	3	4	5	6	8	11	13	15	18	19
29	虾类	鲜明鼓虾	*Alpheus distinguendus*				+	+	+	+	+		+		
30	虾类	鹰爪虾	*Trachypenaeus curvirostris*					+							
31	虾类	周氏新对虾	*Metapenaeus joyneri*							+					
32	虾类	哈氏仿对虾	*Parapenaeopsis hardwickii*									+			
33	头足类	短蛸	*Octopus ocellatus*	+											
34	头足类	日本枪乌贼	*Loligo japonica*	+	+			+		+		+	+		
35	头足类	长蛸	*Octopus variabilis*			+									
36	其他类	扁玉螺	*Glossaulax didyma*	+	+	+				+	+	+			
37	其他类	脉红螺	*Rapana venosa*			+									
38	其他类	牡蛎	*Ostrea gigas tnunb*						+						
39	其他类	秀丽织纹螺	*Nassarius festivus*								+				
40	其他类	哈氏刻肋海胆	*Temnopleurus hardwickii*											+	
41	其他类	罗氏海盘车	*Asierias rollestoni* Bell								+	+			

"+"表示该类群在该站位中出现

2023年春季总渔获质量中,鱼类占18.72%,虾类占73.36%,蟹类占1.65%,头足类占1.45%,其他类占4.82%;总渔获尾数中,鱼类占18.35%,虾类占76.25%,蟹类占2.53%,头足类占1.07%,其他类占1.80%。见表4-69。

表4-69　2023年春季调查海域总渔获物分类别百分比组成

类别	质量百分比	数量百分比
鱼类	18.72%	18.35%
虾类	73.36%	76.25%
蟹类	1.65%	2.53%
头足类	1.45%	1.07%
其他类	4.82%	1.80%

2023年秋季调查海域共出现渔业资源32种,其中鱼类17种,占53.13%;虾类4种,占12.50%;蟹类3种,占9.38%;头足类3种,占9.38%;其他类5种,占15.63%。见图4-51。

各站位出现的渔业资源种类数、各类群百分比组成及渔业资源名录分别见表4-70、表4-71、表4-72。

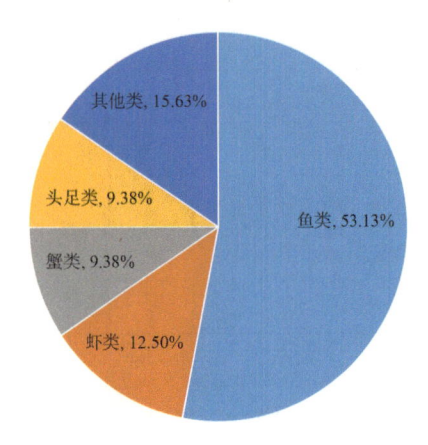

图 4-51　2023 年秋季调查海域渔业资源种类百分比组成

表 4-70　2023 年秋季调查海域各站位渔业资源种类数

类群	站位											
	1	2	3	4	5	6	8	11	13	15	18	19
鱼类	4	6	3	5	3	2	10	7	9	4	3	3
虾类	1	1	1	1	2	2	3	2	4	2	1	1
蟹类	2	2	2	2	3	2	2	2	3	3	3	3
头足类	0	1	1	0	1	0	1	0	3	0	2	1
其他类	0	0	3	1	0	2	0	3	4	1	1	2
总计	7	10	10	9	9	8	16	14	23	10	10	10

表 4-71　2023 年秋季调查海域各站位渔业资源各类群百分比组成（%）

类群	站位											
	1	2	3	4	5	6	8	11	13	15	18	19
鱼类	57.14%	60.00%	30.00%	55.56%	33.33%	25.00%	62.50%	50.00%	39.13%	40.00%	30.00%	30.00%
虾类	14.29%	10.00%	10.00%	11.11%	22.22%	25.00%	18.75%	14.29%	17.39%	20.00%	10.00%	10.00%
蟹类	28.57%	20.00%	20.00%	22.22%	33.33%	25.00%	12.50%	14.29%	13.04%	30.00%	30.00%	30.00%
头足类	0.00%	10.00%	10.00%	0.00%	11.11%	0.00%	6.25%	0.00%	13.04%	0.00%	20.00%	10.00%
其他类	0.00%	0.00%	30.00%	11.11%	0.00%	25.00%	0.00%	21.43%	17.39%	10.00%	10.00%	20.00%
总计	100.00%	100.00%	100.00%	100.00%	100.00%	100.00%	100.00%	100.00%	100.00%	100.00%	100.00%	100.00%

表 4-72　2023 年秋季各站位渔业资源名录

序号	分类	中文名称	拉丁文种名	1	2	3	4	5	6	8	11	13	15	18	19
1	鱼类	斑鰶	*Konosirus punctatus*		+	+		+			+	+			
2	鱼类	带鱼	*Trichiurus lepturus*								+	+	+		

续表

序号	分类	中文名称	拉丁文种名	1	2	3	4	5	6	8	11	13	15	18	19
3	鱼类	黑鳃梅童鱼	*Collichthys niveatus*								+	+			
4	鱼类	黄姑鱼	*Nibea albiflora*							+	+	+			
5	鱼类	黄鲫	*Setipinna tenuifilis*		+			+		+					
6	鱼类	棘头梅童鱼	*Collichthys lucidus*							+			+		
7	鱼类	焦氏舌鳎	*Cynoglossus joyneri*	+		+	+				+	+	+		
8	鱼类	中国花鲈	*Lateolabrax maculatus*								+			+	+
9	鱼类	细纹狮子鱼	*Liparis tanakae*			+		+							
10	鱼类	尖海龙	*Syngnathus acus*			+						+			
11	鱼类	拉氏狼牙虾虎鱼	*Odontamblyopus lacepedii*	+			+		+						
12	鱼类	六丝钝尾虾虎鱼	*Amblychaeturichthys hexanema*	+			+						+		+
13	鱼类	矛尾复虾虎鱼	*Synechogobius hasta*							+	+	+			
14	鱼类	大黄鱼	*Pseudosciaena crocea*			+					+	+			
15	鱼类	小头栉孔虾虎鱼	*Ctenotrypauchen microcephalus*				+		+		+				
16	鱼类	星康吉鳗	*Conger myriaster*					+		+	+		+		
17	鱼类	髭缟虾虎鱼	*Tridentiger barbatus*	+	+					+					
18	蟹类	日本关公蟹	*Dorippe japonica* von Siebold						+			+	+	+	+
19	蟹类	日本蟳	*Charybdis japonica*	+	+	+						+			
20	蟹类	三疣梭子蟹	*Portunus trituberculatus*	+		+						+			
21	虾类	周氏新对虾	*Metapenaeus joyneri*					+	+			+			
22	虾类	脊尾白虾	*Exopalaemon carinicauda*							+		+			
23	虾类	口虾蛄	*Oratosquilla oratoria*	+	+	+					+				
24	虾类	中国明对虾	*Fenneropenaeus chinensis*							+		+	+		
25	头足类	短蛸	*Octopus ocellatus*				+				+		+		
26	头足类	日本枪乌贼	*Loligo japonica*		+			+							+
27	头足类	乌贼	*Sepia* sp.							+		+			
28	其他类	脉红螺	*Rapana venosa*						+		+	+	+		+
29	其他类	毛蚶	*Scapharca subcrenata*				+					+			
30	其他类	文蛤	*Meretrix meretrix*				+					+		+	
31	其他类	秀丽织纹螺	*Nassarius festivus*				+		+		+				
32	其他类	紫贻贝	*Mytilus galloprovincidis*				+					+	+		+

"+"表示该类群在该站位中出现。

2023年秋季总渔获质量中,鱼类占9.88%,虾类占57.03%,蟹类占30.60%,头足类占0.38%,其他类占2.11%;总渔获尾数中,鱼类占6.22%,虾类占70.82%,蟹类占21.18%,头足类占0.52%,其他类占1.25%。见表4-73。

表4-73　2023年秋季调查海域总渔获物分类别百分比组成

类别	质量百分比	数量百分比
鱼类	9.88%	6.22%
虾类	57.03%	70.82%
蟹类	30.60%	21.18%
头足类	0.38%	0.52%
其他类	2.11%	1.25%

②质量密度、数量密度

2023年春季调查海域渔业资源平均质量密度为11.517 kg/h,范围为2.749～21.995 kg/h,其中8号站质量密度最高,18号站质量密度最低。

调查海域渔业资源平均数量密度为1 330 ind./h,范围为249～2961 ind./h,其中5号站位数量密度最高,18号站位数量密度最低。见表4-74、图4-52、图4-53。

表4-74　2023年春季调查海域质量密度、数量密度

站位	质量密度(kg/h)	数量密度(ind./h)
1	13.143	1 499
2	10.658	1 488
3	21.659	1 213
4	12.598	2 474
5	14.392	2 961
6	6.574	518
8	21.995	2 299
11	8.870	792
13	14.426	1 540
15	7.504	576
18	2.749	249
19	3.633	349
最小值	2.749	249
最大值	21.995	2 961
平均值	11.517	1 330

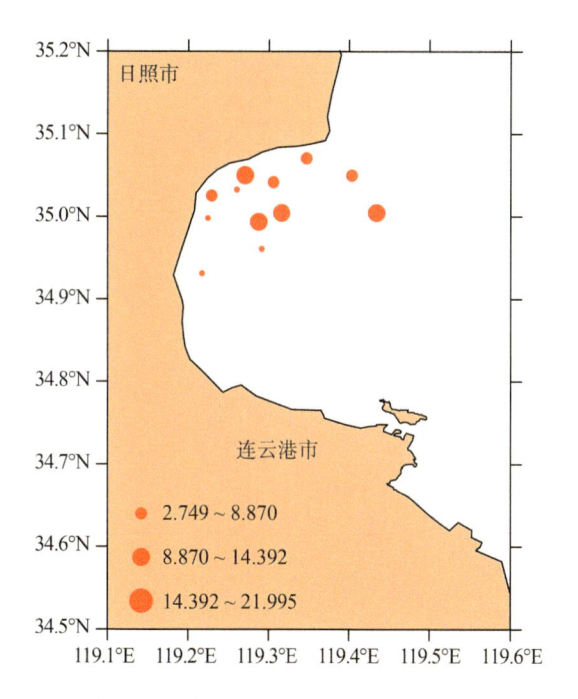

图 4-52　春季调查海域渔业资源质量密度分布(单位:kg/h)

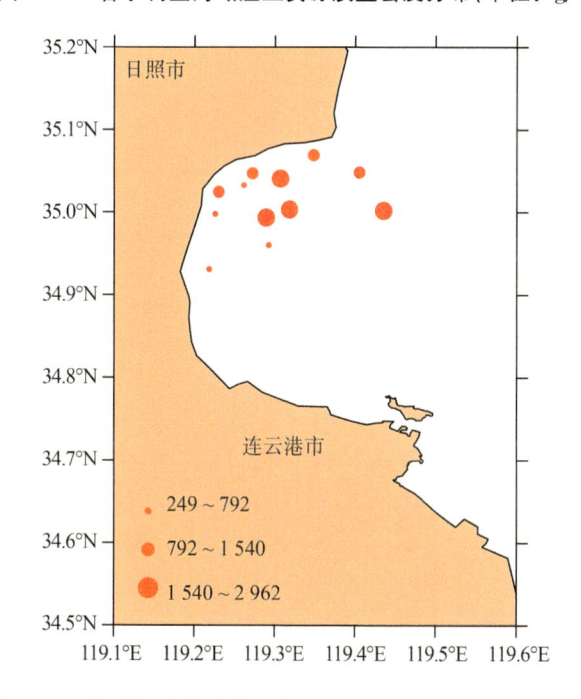

图 4-53　春季调查海域渔业资源数量密度分布(单位:ind./h)

2023 年春季各类群的质量密度中,鱼类为 2.156 kg/h;虾类为 8.449 kg/h;蟹类为 0.190 kg/h;头足类为 0.167 kg/h;其他类为 0.556 kg/h。数量密度中,鱼类为 244 ind./h;虾类为 1 015 ind./h;蟹类为 34 ind./h;头足类为 14 ind./h;其他类为 24 ind./h。

见表 4-75。

表 4-75　2023 年春季调查海域各类群质量密度、数量密度

类群	质量密度(kg/h)	数量密度(ind./h)
鱼类	2.156	244
虾类	8.449	1 015
蟹类	0.190	34
头足类	0.167	14
其他类	0.556	24
总计	11.517	1 330

2023 年春季调查海域各站位渔业资源各类群质量密度见表 4-76。

表 4-76　2023 年春季调查海域各站位渔业资源各类群质量密度　（单位：kg/h）

站位	鱼类	虾类	蟹类	头足类	其他类	总计
1	0.741	11.724	0.000	0.217	0.461	13.143
2	1.399	6.949	1.454	0.551	0.305	10.658
3	4.468	16.764	0.051	0.247	0.129	21.659
4	2.544	9.786	0.217	0.051	0.000	12.598
5	2.175	12.02	0.197	0.000	0.000	14.392
6	3.418	2.928	0.138	0.000	0.090	6.574
8	0.727	20.456	0.039	0.061	0.712	21.995
11	1.522	5.065	0.080	0.000	2.203	8.870
13	1.753	9.77	0.036	0.119	2.748	14.426
15	6.009	1.466	0.029	0.000	0.000	7.504
18	0.573	1.408	0.008	0.760	0.000	2.749
19	0.540	3.046	0.028	0.000	0.019	3.633
最小值	0.540	1.408	0.000	0.000	0.000	2.749
最大值	6.009	20.456	1.454	0.760	2.748	21.995
平均值	2.156	8.449	0.190	0.167	0.556	11.517

2023 年春季调查海域各站位渔业资源各类群数量密度见表 4-77。

表 4-77　2023 年春季调查海域各站位渔业资源各类群数量密度　（单位：ind./h）

站位	鱼类	虾类	蟹类	头足类	其他类	总计
1	225	1 264	0	9	1	1 499

续表

站位	鱼类	虾类	蟹类	头足类	其他类	总计
2	229	871	296	71	21	1 488
3	386	816	8	1	2	1 213
4	258	2 196	13	7	0	2 474
5	191	2 721	49	0	0	2 961
6	236	271	10	0	1	518
8	296	1 933	5	8	57	2 299
11	222	450	9	0	111	792
13	257	1 164	4	23	92	1 540
15	468	103	5	0	0	576
18	118	78	1	52	0	249
19	38	307	3	0	1	349
最小值	468	2 721	296	71	111	2 961
最大值	38	78	0	0	0	249
平均值	244	1 015	34	14	24	1 330

2023 年秋季调查海域渔业资源平均质量密度为 11.540 kg/h，范围为 2.913～29.761 kg/h，其中 8 号站质量密度最高，5 号站质量密度最低。

调查海域渔业资源平均数量密度为 528 ind./h，范围为 152～1 354 ind./h，其中 8 号站位数量密度最高，5 号站位数量密度最低。见表 4-78、图 4-54、图 4-55。

表 4-78　2023 年秋季调查海域质量密度、数量密度

站位	质量密度(kg/h)	数量密度(ind./h)
1	4.631	209
2	6.346	276
3	5.246	245
4	9.593	466
5	2.913	152
6	6.390	343
8	29.761	1 354
11	7.477	280
13	25.642	1 242
15	18.472	964

续表

站位	质量密度(kg/h)	数量密度(ind./h)
18	9.068	392
19	12.937	407
最小值	2.913	152
最大值	29.761	1 354
平均值	11.540	528

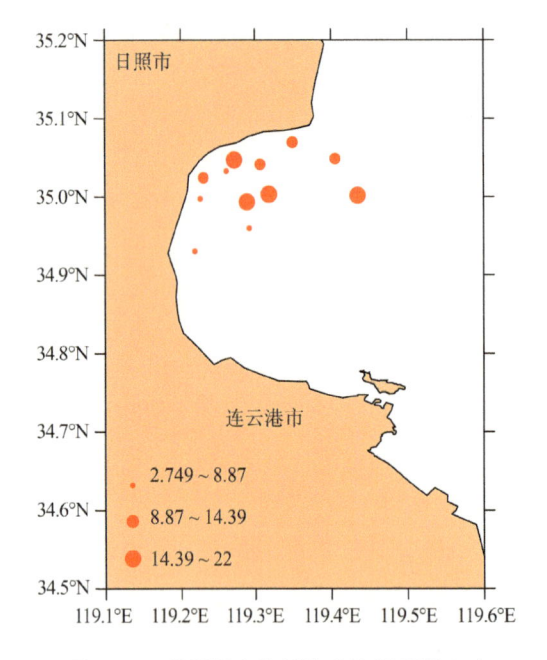

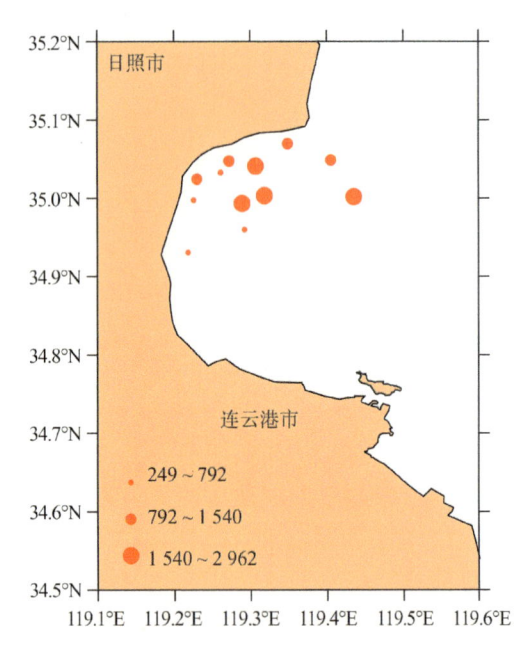

图 4-54　秋季调查海域渔业资源质量密度分布(单位:kg/h)

图 4-55　秋季调查海域渔业资源数量密度分布(单位:ind./h)

2023 年秋季各类群的质量密度中,鱼类为 1.140 kg/h;虾类为 6.581 kg/h;蟹类为 3.531 kg/h;头足类为 0.044 kg/h;其他类为 0.244 kg/h。数量密度中,鱼类为 33 ind./h;虾类为 374 ind./h;蟹类为 112 ind./h;头足类为 3 ind./h;其他类为 7 ind./h。见表 4-79。

表 4-79　2023 年秋季调查海域各类群质量密度、数量密度

类群	质量密度(kg/h)	数量密度(ind./h)
鱼类	1.140	33
虾类	6.581	374
蟹类	3.531	112

续表

类群	质量密度(kg/h)	数量密度(ind./h)
头足类	0.044	3
其他类	0.244	7
总计	11.540	528

2023年秋季调查海域各站位游泳动物各类群质量密度见表4-80。

表4-80　2023年秋季调查海域各站位游泳动物各类群质量密度　（单位：kg/h）

站位	鱼类	虾类	蟹类	头足类	其他类	总计
1	0.112	2.34	2.179	0.000	0.000	4.631
2	0.182	2.758	3.369	0.037	0.000	6.346
3	0.108	2.679	2.257	0.048	0.154	5.246
4	0.42	5.437	3.621	0.000	0.115	9.593
5	0.117	1.685	1.088	0.023	0.000	2.913
6	0.059	4.065	1.645	0.000	0.621	6.390
8	4.183	21.227	4.294	0.057	0.000	29.761
11	2.152	2.055	2.689	0.000	0.581	7.477
13	2.635	17.965	4.356	0.190	0.496	25.642
15	0.414	12.812	4.914	0.000	0.332	18.472
18	1.233	4.362	3.306	0.148	0.019	9.068
19	2.066	1.589	8.652	0.024	0.606	12.937
最小值	0.059	1.589	1.088	0.000	0.000	2.913
最大值	4.183	21.227	8.652	0.190	0.621	29.761
平均值	1.140	6.581	3.531	0.044	0.244	11.540

2023年秋季调查海域各站位渔业资源各类群数量密度见表4-81。

表4-81　2023年秋季调查海域各站位渔业资源各类群数量密度　（单位：ind./h）

站位	鱼类	虾类	蟹类	头足类	其他类	总计
1	13	129	67	0	0	209
2	21	152	97	6	0	276
3	16	151	58	1	19	245
4	60	302	102	0	2	466
5	15	99	34	4	0	152

续表

站位	鱼类	虾类	蟹类	头足类	其他类	总计
6	2	283	49	0	9	343
8	64	1 160	128	2	0	1 354
11	34	146	81	0	19	280
13	81	1 012	131	11	7	1 242
15	42	698	220	0	4	964
18	21	263	102	5	1	392
19	25	88	272	4	18	407
最小值	2	88	34	0	0	152
最大值	81	1 160	272	11	19	1 354
平均值	33	374	112	3	7	528

③优势种

2023年春季调查海域渔业资源质量优势种为焦氏舌鳎、六丝钝尾虾虎鱼和口虾蛄。焦氏舌鳎质量密度为0.503 kg/h;六丝钝尾虾虎鱼质量密度为0.782 kg/h;口虾蛄质量密度为7.745 kg/h。见表4-82。

表4-82 2023年春季调查海域渔业资源质量优势种

类群	种名	出现次数	出现频率	质量密度(kg/h)	质量密度百分比	质量优势度
鱼类	焦氏舌鳎	11	92%	0.503	4.37%	0.040
鱼类	六丝钝尾虾虎鱼	7	58%	0.782	6.79%	0.039
虾类	口虾蛄	12	100%	7.745	67.25%	0.672

2023年春季调查海域渔业资源数量优势种为尖海龙、焦氏舌鳎、六丝钝尾虾虎鱼、口虾蛄、鲜明鼓虾。尖海龙数量密度为54 ind./h;焦氏舌鳎数量密度为36 ind./h;六丝钝尾虾虎鱼数量密度为96 ind./h;口虾蛄数量密度为703 ind./h;鲜明鼓虾数量密度为99 ind./h。见表4-83。

表4-83 2023年春季调查海域渔业资源数量优势种

类群	种名	出现次数	出现频率	数量密度(ind./h)	数量密度百分比	数量优势度
鱼类	尖海龙	6	50%	54	4.07%	0.020
鱼类	焦氏舌鳎	11	92%	36	2.71%	0.025
鱼类	六丝钝尾虾虎鱼	7	58%	96	7.23%	0.042
虾类	口虾蛄	12	100%	703	52.94%	0.529
虾类	鲜明鼓虾	6	50%	99	7.45%	0.037

2023年秋季调查海域渔业资源质量优势种为日本蟳、三疣梭子蟹和口虾蛄。日本蟳质量密度为0.816 kg/h；三疣梭子蟹质量密度为2.672 kg/h；口虾蛄质量密度为6.505 kg/h。见表4-84。

表4-84　2023年秋季调查海域渔业资源质量优势种

类群	种名	出现次数	出现频率	质量密度(kg/h)	质量密度百分比	质量优势度
蟹类	日本蟳	12	100%	0.816	7.07%	0.071
蟹类	三疣梭子蟹	12	100%	2.672	23.15%	0.232
虾类	口虾蛄	12	100%	6.505	56.37%	0.564

2023年秋季调查海域渔业资源数量优势种为日本蟳、三疣梭子蟹和口虾蛄。日本蟳数量密度为25 ind./h；三疣梭子蟹数量密度为78 ind./h；口虾蛄数量密度为364 ind./h。见表4-85。

表4-85　2023年秋季调查海域渔业资源数量优势种

类群	种名	出现次数	出现频率	数量密度(ind./h)	数量密度百分比	数量优势度
蟹类	日本蟳	12	100%	25	4.73%	0.047
蟹类	三疣梭子蟹	12	100%	78	14.77%	0.148
虾类	口虾蛄	12	100%	364	68.94%	0.689

④资源量、资源密度

2023年春季根据所有调查站位的扫海面积，分别根据各个品种的捕捞系数、渔获量和渔获尾数确定各个品种的资源量和资源密度。经计算调查海域渔业资源平均资源量为224.463 kg/km^2，范围为53.012~413.381 kg/km^2。平均资源密度为26 118 ind./km^2，范围为4 801~61 507 ind./km^2。见表4-86。

表4-86　2023年春季调查海域各站位渔业资源量和资源密度

站位	资源量(kg/km^2)	资源密度(ind./km^2)
1	239.292	27 136
2	213.143	29 759
3	390.288	21 857
4	252.207	48 950
5	299.04	61 507
6	141.466	10 941
8	413.381	42 889
11	171.835	15 337

续表

站位	资源量(kg/km²)	资源密度(ind./km²)
13	299.593	31 982
15	150.069	11 519
18	53.012	4 801
19	70.227	6 742
最小值	53.012	4 801
最大值	413.381	61 507
平均值	224.463	26 118

2023年春季调查海域渔业资源各类群资源量总计为 224.463 kg/km²，其中鱼类为 43.587 kg/km²，虾类为 162.876 kg/km²，蟹类为 3.799 kg/km²，头足类为 3.221 kg/km²，其他类为 10.980 kg/km²。资源密度总计为 26 118 ind./km²，其中鱼类为 4 804 ind./km²，虾类为 19 891 ind./km²，蟹类为 673 ind./km²，头足类为 281 ind./km²，其他类为 469 ind./km²。见表 4-87。

表 4-87　2023 年春季调查海域各类群渔业资源量和资源密度

类群	资源量(kg/km²)	资源密度(ind./km²)
鱼类	43.587	4 804
虾类	162.876	19 891
蟹类	3.799	673
头足类	3.221	281
其他类	10.980	469
总计	224.463	26 118

2023年秋季根据所有调查站位的扫海面积，分别根据各个品种的捕捞系数、渔获量和渔获尾数确定各个品种的资源量和资源密度。经计算调查海域渔业资源平均资源量为 230.131 kg/km²，范围为 54.984～621.789 kg/km²。平均资源密度为 10 544 ind./km²，范围为 2 852～28 473 ind./km²。见表 4-88。

表 4-88　2023 年秋季调查海域各站位渔业资源量和资源密度

站位	资源量(kg/km²)	资源密度(ind./km²)
1	96.08	4 335
2	127.32	5 560
3	108.837	5 083

续表

站位	资源量(kg/km²)	资源密度(ind./km²)
4	172.535	8 383
5	54.984	2 852
6	127.8	6 860
8	621.789	28 473
11	142.206	5 313
13	516.355	24 980
15	369.675	19 300
18	174.721	7 551
19	249.269	7 843
最小值	54.984	2 852
最大值	621.789	28 473
平均值	230.131	10 544

2023 年秋季调查海域渔业资源各类群资源量总计为 230.131 kg/km²，其中鱼类为 23.520 kg/km²，虾类为 131.464 kg/km²，蟹类为 69.514 kg/km²，头足类为 0.874 kg/km²，其他类为 4.759 kg/km²。资源密度总计为 10 544 ind./km²，其中鱼类为 703 ind./km²，虾类为 7 456 ind./km²，蟹类为 2 201 ind./km²，头足类为 55 ind./km²，其他类为 129 ind./km²。见表 4-89。

表 4-89　2023 年秋季调查海域渔业资源各类群资源量和资源密度

类群	资源量(kg/km²)	资源密度(ind./km²)
鱼类	23.520	703
虾类	131.464	7 456
蟹类	69.514	2 201
头足类	0.874	55
其他类	4.759	129
总计	230.131	10 544

（4）生物多样性

2023 年春季调查海域渔业资源群落质量多样性指数平均值为 1.607，范围为 0.766～2.790。均匀度平均值为 0.474，范围为 0.196～0.733。丰富度平均值为 0.737，范围为 0.507～1.025。见表 4-90、图 4-56。

表 4-90　2023 年春季调查海域渔业资源群落质量多样性

站号	多样性指数(H')	均匀度(J)	丰富度(D)
1	1.158	0.335	0.731
2	1.860	0.519	0.822
3	1.166	0.325	0.764
4	1.622	0.512	0.587
5	1.565	0.494	0.579
6	2.790	0.733	1.025
8	0.766	0.196	0.971
11	2.043	0.591	0.763
13	1.978	0.520	0.941
15	1.533	0.511	0.544
18	1.903	0.634	0.613
19	0.903	0.322	0.507
最小值	0.766	0.196	0.507
最大值	2.790	0.733	1.025
平均值	1.607	0.474	0.737

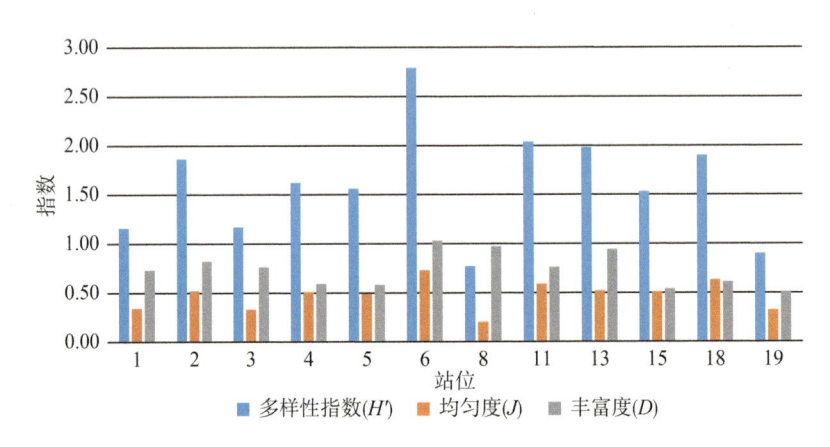

图 4-56　2023 年春季调查海域渔业资源群落质量多样性

2023 年春季调查海域渔业资源群落数量多样性指数平均值为 1.715,范围为 0.724～2.743。均匀度平均值为 0.502,范围为 0.258～0.720。丰富度平均值为 0.982,范围为 0.694～1.442。见表 4-91、图 4-57。

第 4 章
渔港经济区海域环境质量状况及分析

表 4-91　2023 年春季调查海域渔业资源群落数量多样性

站位	多样性指数(H')	均匀度(J)	丰富度(D)
1	1.063	0.307	0.948
2	2.015	0.562	1.044
3	1.410	0.393	1.074
4	1.432	0.452	0.711
5	1.412	0.445	0.694
6	2.743	0.720	1.442
8	1.580	0.404	1.254
11	2.477	0.716	1.038
13	2.022	0.531	1.228
15	1.661	0.554	0.763
18	2.041	0.680	0.879
19	0.724	0.258	0.710
最小值	0.724	0.258	0.694
最大值	2.743	0.720	1.442
平均值	1.715	0.502	0.982

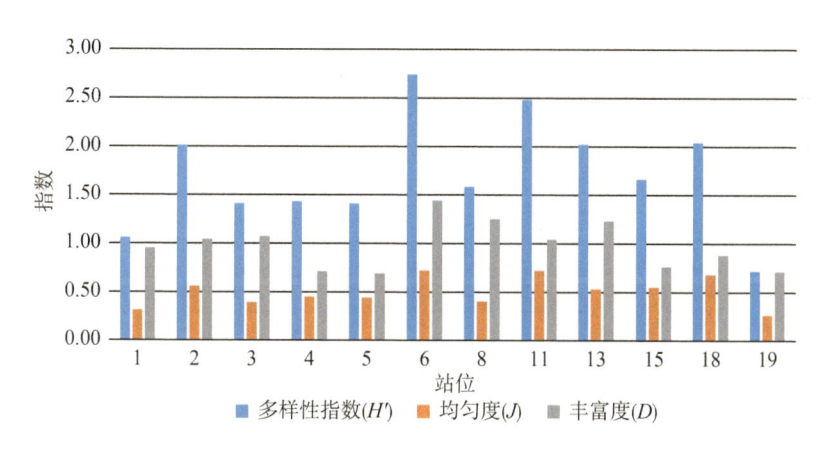

图 4-57　2023 年春季调查海域渔业资源群落数量多样性

2023 年秋季调查海域渔业资源群落质量多样性指数平均值为 1.83，范围为 1.50～3.00。均匀度平均值为 0.54，范围为 0.39～0.79。丰富度平均值为 0.78，范围为 0.44～1.59。见表 4-92，图 4-58。

表 4-92 2023 年秋季调查海域渔业资源群落质量多样性

站号	多样性指数(H')	均匀度(J)	丰富度(D)
1	1.58	0.56	0.44
2	1.62	0.49	0.67
3	1.83	0.55	0.63
4	1.71	0.54	0.59
5	1.73	0.55	0.58
6	1.61	0.54	0.55
8	1.59	0.40	1.04
11	3.00	0.79	0.99
13	1.77	0.39	1.59
15	1.50	0.45	0.70
18	2.03	0.61	0.79
19	1.94	0.58	0.76
最小值	1.50	0.39	0.44
最大值	3.00	0.79	1.59
平均值	1.83	0.54	0.78

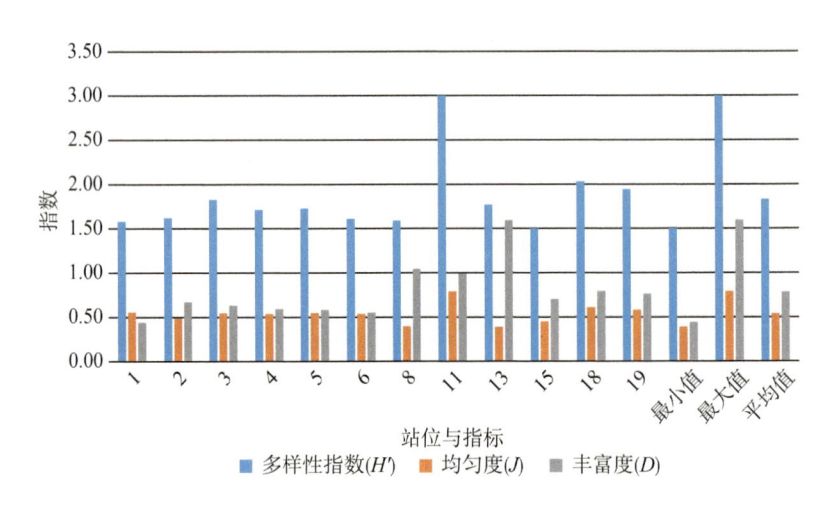

图 4-58 2023 年秋季调查海域渔业资源群落质量多样性指数

2023 年秋季调查海域数量多样性指数平均值为 1.71,范围为 1.09～2.76。均匀度平均值为 0.51,范围为 0.28～0.80。丰富度平均值为 0.98,范围为 0.69～1.44。见表 4-93,图 4-59。

第 4 章
渔港经济区海域环境质量状况及分析

表 4-93　2023 年秋季调查海域渔业资源群落数量多样性

站位	多样性指数（H'）	均匀度（J）	丰富度（D）
1	1.60	0.46	0.95
2	1.84	0.51	1.04
3	1.89	0.53	1.07
4	1.75	0.55	0.71
5	1.89	0.60	0.69
6	1.15	0.30	1.44
8	1.09	0.28	1.25
11	2.76	0.80	1.04
13	1.41	0.37	1.23
15	1.51	0.51	0.76
18	1.60	0.53	0.88
19	1.98	0.71	0.71
最小值	1.09	0.28	0.69
最大值	2.76	0.80	1.44
平均值	1.71	0.51	0.98

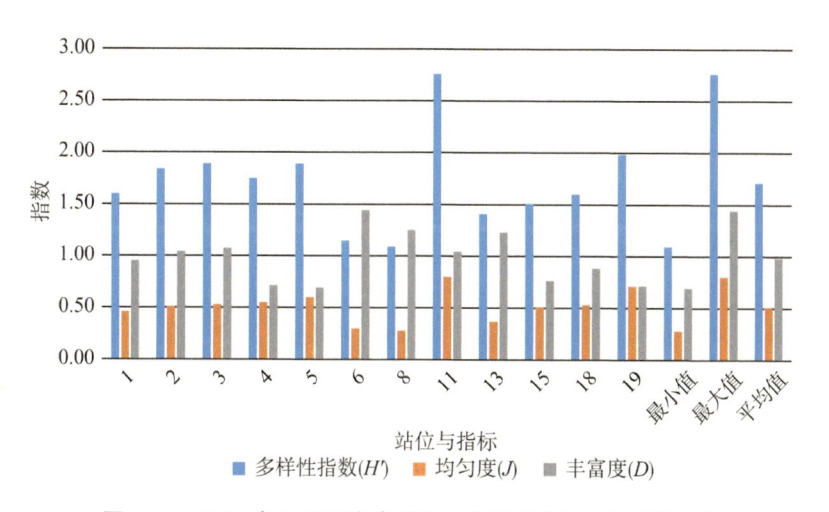

图 4-59　2023 年秋季调查海域渔业资源群落数量多样性指数

（4）小结

分析渔业资源监测结果，可得出以下主要结论。

① 春季监测结果

2023年春季调查海域共发现鱼卵8种，隶属于4目7科，其中鲱形目3种，鲻形目1种，鲈形目3种，鲽形目1种；定量样品中，除2、11、19站位未发现鱼卵，其他站位均发现鱼卵，平均生物密度为4.9 ind./m^3，范围为0.0~36.8 ind./m^3；水平拖网样品中共发现鱼卵402粒，平均站位密度为30.9 ind./站·10 min，范围为0.0~91.0 ind./站·10 min；鱼卵优势种有1种，即斑鰶（表4-94）。

表4-94 鱼卵监测结果

指标	特征	春季	秋季
鱼卵种类	总数	4目7科8种	1目1科1种
生物密度(ind./m^3)	均值	4.9	无
	范围	0.0~36.8	无
优势种	物种	斑鰶	无
水平拖网站位密度(ind./站·10 min)	均值	30.9	7.4
	范围	0.0~91.0	0.00~43.00

调查海域发现仔稚鱼1种，隶属于1目1科，为刺鱼目；定量样品中，未发现仔稚鱼；水平拖网样品中共发现仔稚鱼3尾，平均站位密度为0.2 ind./站·10 min，范围为0~3 ind./站·10 min（表4-95）。

表4-95 仔稚鱼监测结果

指标	特征	春季	秋季
仔稚鱼种类	总数	1目1科	1目2科2种
生物密度(ind./m^3)	均值	无	无
	范围	无	无
优势种	物种	无	无
水平拖网站位密度(ind./站·10 min)	均值	0.2	1.5
	范围	0~3	0.0~6.0

2023年春季调查海域共出现渔业资源41种，其中鱼类19种，占46.34%；虾类9种，占21.95%；蟹类4种，占9.76%；头足类3种，占7.32%；其他类6种，占14.63%。

调查海域渔业资源平均质量密度为11.517 kg/h，范围为2.749~21.995 kg/h，其中8号站质量密度最高，18号站质量密度最低。

调查海域渔业资源平均数量密度为1 330 ind./h，范围为249~2 961 ind./h，其中5号站位数量密度最高，18号站位数量密度最低。

调查海域春季渔业资源各类群资源量总计为224.463 kg/km^2，其中鱼类为43.587 kg/km^2，虾类为162.876 kg/km^2，蟹类为3.799 kg/km^2，头足类为3.221 kg/km^2，其他类为

10.289 kg/km²。资源密度总计为 26 118 ind./km²,其中鱼类为 4 804 ind./km²,虾类为 19 891 ind./km²,蟹类为 673 ind./km²,头足类为 281 ind./km²,其他类为 469 ind./km²。

调查海域渔业资源质量优势种为焦氏舌鳎、六丝钝尾虾虎鱼和口虾蛄,数量优势种为尖海龙、焦氏舌鳎、六丝钝尾虾虎鱼、口虾蛄、鲜明鼓虾。焦氏舌鳎质量密度为 0.503 kg/h;六丝钝尾虾虎鱼质量密度为 0.782 kg/h;口虾蛄重量密度为 7.745 kg/h。尖海龙数量密度为 54 ind./h;焦氏舌鳎数量密度为 36 ind./h;六丝钝尾虾虎鱼数量密度为 96 ind./h;口虾蛄数量密度为 703 ind./h;鲜明鼓虾数量密度为 99 ind./h。

调查海域春季质量多样性指数平均值为 1.607,范围为 0.766~2.790。均匀度平均值为 0.474,范围为 0.196~0.733。丰富度平均值为 0.737,范围为 0.507~1.025。调查海域春季数量多样性指数平均值为 1.715,范围为 0.724~2.743。均匀度平均值为 0.502,范围为 0.258~0.720。丰富度平均值为 0.982,范围为 0.694~1.442。

②秋季监测结果

2023 年秋季调查海域共发现鱼卵 1 目 1 科。其中,水平网发现 1 种鱼卵,垂直网未发现;水平拖网样品中共发现鱼卵 96 粒。平均站位密度为 7.4 ind./站·10 min,范围为 0~43 ind./站·10 min(表 4-94)。

调查海域秋季共发现仔稚鱼 2 种,分别为鲈形目和鲑形目,均采集于水平网样品中,垂直网样品中未发现仔稚鱼;水平拖网样品中共发现仔稚鱼 18 尾。平均站位密度为 1.5 ind./站·10 min,范围为 0~6 ind./站·10 min(表 4-95)。

2023 年秋季调查海域共出现渔业资源 32 种,其中鱼类 17 种,占 53.125%;虾类 4 种,占 12.50%;蟹类 3 种,占 9.38%;头足类 3 种,占 9.38%;其他类 5 种,占 15.63%。

调查海域渔业资源平均质量密度为 11.540 kg/h,范围为 2.913~29.761 kg/h,其中,8 号站质量密度最高,5 号站质量密度最低。

调查海域秋季渔业资源平均数量密度为 528 ind./h,范围为 152~1 354 ind./h,中 8 号站位数量密度最高,5 号站位数量密度最低。

调查海域秋季渔业资源各类群资源量总计为 230.131 kg/km²,其中鱼类为 23.520 kg/km²,虾类为 131.464 kg/km²,蟹类为 69.514 kg/km²,头足类为 0.874 kg/km²,其他类为 4.759 kg/km²。秋季渔业资源密度总计为 10 544 ind./km²,其中鱼类为 703 ind./km²,虾类为 7 456 ind./km²,蟹类为 2 201 ind./km²,头足类为 55 ind./km²,其他类为 129 ind./km²。

调查海域秋季渔业资源质量优势种和数量优势种均为日本蟳、三疣梭子蟹和口虾蛄。日本蟳质量密度为 0.816 kg/h;三疣梭子蟹质量密度为 2.672 kg/h;口虾蛄质量密度为 6.505 kg/h。日本蟳数量密度为 25 ind./h;三疣梭子蟹数量密度为 78 ind./h;口虾蛄数量密度为 364 ind./h。

调查海域秋季渔业资源质量多样性指数平均值为 1.83,范围为 1.50~3.00。均匀度平均值为 0.54,范围为 0.39~0.79。丰富度平均值为 0.78,范围为 0.44~1.59。调查海域秋季渔业资源数量多样性指数平均值为 1.71,范围为 1.09~2.76。均匀度平均值为 0.51,范围为 0.28~0.80。丰富度平均值为 0.98,范围为 0.69~1.44(表 4-96)。

表 4-96　渔业资源监测结果

指标	特征		春季	秋季
种类及其组成	种类		41 种	32 种
	总渔获质量		鱼类:18.72%; 虾类:73.36%; 蟹类:1.65%; 头足类:1.45%; 其他类:4.82%	鱼类:9.88%; 虾类:57.03%; 蟹类:30.60%; 头足类:0.38%; 其他类:2.11%
	总渔获尾数		鱼类:18.35%; 虾类:76.25%; 蟹类:2.53%; 头足类:1.07%; 其他类:1.80%	鱼类:6.22%; 虾类:70.82%; 蟹类:21.18%; 头足类:0.52%; 其他类:1.25%
质量密度(kg/h)	各站位	平均值	11.517 kg/h	11.540 kg/h
		范围	2.749~21.995 kg/h	2.913~29.761 kg/h
		小结	最高:8 号站位 最低:18 号站位	最高:8 号站位 最低:5 号站位
	各类群		鱼类:2.156 kg/h; 虾类:8.449 kg/h; 蟹类:0.190 kg/h; 头足类:0.167 kg/h; 其他类:0.556 kg/h	鱼类:1.140 kg/h; 虾类:6.581 kg/h; 蟹类:3.531 kg/h; 头足类:0.044 kg/h; 其他类:0.244 kg/h
数量密度(ind./h)	各站位	平均值	1 330 ind./h	528 ind./h
		范围	249~2 961 ind./h	152~1 354 ind./h
		小结	最高:5 号站位 最低:18 号站位	最高:8 号站位 最低:5 号站位
	各类群		鱼类:244 ind./h; 虾类:1 015 ind./h; 蟹类:34 ind./h; 头足类:14 ind./h; 其他类:24 ind./h	鱼类:33 ind./h; 虾类:374 ind./h; 蟹类:112 ind./h; 头足类:3 ind./h; 其他类:7 ind./h
优势种	质量		焦氏舌鳎、六丝钝尾虾虎鱼和口虾蛄	日本蟳、三疣梭子蟹和口虾蛄
	数量		尖海龙、焦氏舌鳎、六丝钝尾虾虎鱼、口虾蛄、鲜明鼓虾	日本蟳、三疣梭子蟹和口虾蛄
资源量(kg/km²)	站位	平均值	224.463 kg/km²	230.131 kg/km²
		范围	53.012~413.381 kg/km²	54.984~621.789 kg/km²
	各类群		鱼类:43.587 kg/km²; 虾类:162.876 kg/km²; 蟹类:3.799 kg/km²; 头足类:3.221 kg/km²; 其他类:10.289 kg/km²	鱼类:23.520 kg/km²; 虾类:131.464 kg/km²; 蟹类:69.514 kg/km²; 头足类:0.874 kg/km²; 其他类:4.759 kg/km²

续表

指标	特征		春季		秋季	
资源密度(ind./km²)	站位	平均值	26 118 ind./km²		10 544 ind./km²	
		范围	4 801～61 507 ind./km²		2 852～28 473 ind./km²	
	各类群		鱼类:4 804 ind./km²; 虾类:19 891 ind./km²; 蟹类:673 ind./km²; 头足类:281 ind./km²; 其他类:469 ind./km²		鱼类:703 ind./km²; 虾类:7 456 ind./km²; 蟹类:2 201 ind./km²; 头足类:55 ind./km²; 其他类:129 ind./km²	
生物多样性			质量	数量	质量	数量
	多样性指数	平均值	0.737	1.715	1.83	1.71
		范围	0.507～1.025	0.724～2.743	1.50～3.00	1.09～2.76
	均匀度	平均值	0.474	0.502	0.54	0.51
		范围	0.196～0.733	0.258～0.720	0.39～0.79	0.28～0.80
	丰富度	平均值	1.607	0.982	0.78	0.98
		范围	0.766～2.790	0.694～1.442	0.44～1.59	0.69～1.44

第3节 苏中沿海渔港经济区海域环境质量

苏中沿海渔港经济区包括射阳渔港经济区、大丰渔港经济区、东台渔港经济区、如东渔港经济区等渔港经济区。其中,以如东洋口中心渔港为基础,推动形成以渔业生产、海水养殖、滨海旅游和休闲体验等为特色的渔港经济区。

3.1 周边海域环境概况

苏中沿海渔港经济区位于江苏省沿海中部,属温带和亚热带湿润气候区,又属于东亚季风区。本地区内具有南北过渡性气候及海洋、大陆性气候双重影响的气候特征。显著特点为:季风显著,四季分明,雨量集中,雨热同季,冬冷夏热,春温多变,秋高气爽。如东县地处江苏省东南部、南通市北部长江三角洲北翼,全境总面积2 000 km²(不包括海域),其中陆地面积为1 702 km²,水面面积为170 km²。如东是江苏的海洋大县,全县境内海岸线长86 km,所辖海域面积约4 758 km²,其中潮间带滩涂面积100多万亩。如东海岸气候温和,港口常年不冻;波浪较小,泊位条件较好;台风和海雾的影响也较小。如东海域渔业资源品种丰富,优势品种有文蛤、四角蛤蜊、青蛤、泥螺、西施舌、大竹蛏、缢蛏和双齿围沙蚕等。

3.2 苏中沿海渔港经济区海域海洋环境与渔业资源监测

3.2.1 样品采集与分析

共布设20个水质监测站位，12个沉积物监测站位，12个生态监测站位，3条潮间带断面。站位示意图见图4-60。于2022年4月18日—28日对海洋沉积物和生物质量进行采样，2022年5月26日—27日对海水水质进行涨落潮采样，采样后将相关样品送至实验室进行分析。渔业资源于2022年4月进行采样监测，生态及潮间带生物于2022年进行5月采样监测。

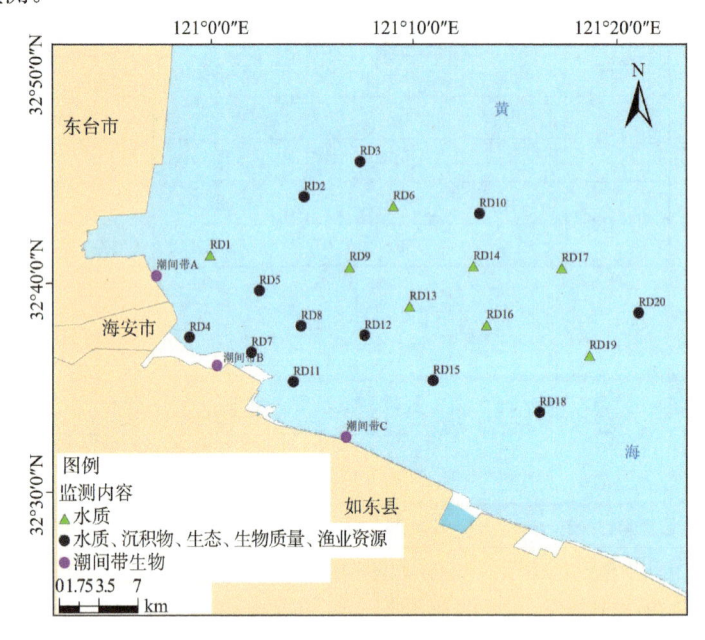

图4-60　监测站位图

水文监测项目包括：水深、水温、盐度。水质监测项目包括：pH、溶解氧（DO）、悬浮物、化学需氧量（COD_{Mn}）、亚硝酸盐氮、硝酸盐氮、氨氮、活性磷酸盐、石油类、硫化物、挥发酚、铜、锌、铅、镉、铬、汞、砷、六六六（666）、滴滴涕（DDT）、多环芳烃、多氯联苯。沉积物监测项目包括石油类、有机碳、硫化物、粒度、铜、锌、铅、镉、铬、汞、砷。生物质量监测项目包括石油类、铜、锌、铅、镉、铬、汞、砷、大肠菌群。海洋生态及渔业资源调查项目包括：叶绿素a、浮游动物、浮游植物、底栖生物、潮间带生物、鱼卵、仔稚鱼、渔业资源。

所有样品的采集、保存、运输和分析均按照《海洋调查规范》（GB/T 12763—2007）和《海洋监测规范》（GB 17378—2007）等标准的要求执行（表4-97、表4-98、表4-99和表4-100）。

表4-97　水文、水质监测分析方法

监测项目	依据标准方法
盐度	《海洋监测规范 第4部分：海水分析》（GB 17378.4—2007）29.1 盐度计法

续表

监测项目	依据标准方法
pH	《海洋监测规范 第4部分:海水分析》(GB 17378.4—2007)26 pH——pH计法
溶解氧	《海洋监测规范 第4部分:海水分析》(GB 17378.4—2007)31 溶解氧——碘量法
悬浮物	《海洋监测规范 第4部分:海水分析》(GB 17378.4—2007) 27 悬浮物——重量法
化学需氧量	《海洋监测规范 第4部分:海水分析》(GB 17378.4—2007) 32 化学需氧量——碱性高锰酸钾法
氨(氨氮)	《近岸海域环境监测技术规范 第三部分 近岸海域水质监测》(HJ 442.3—2020) 附录C 连续流动比色法测定河口与近岸海域海水中氨
硝酸盐氮	《近岸海域环境监测技术规范 第三部分 近岸海域水质监测》(HJ 442.3—2020) 附录D 连续流动比色法测定河口与近岸海域海水中硝酸盐氮和亚硝酸盐氮
亚硝酸盐氮	《近岸海域环境监测技术规范 第三部分 近岸海域水质监测》(HJ 442.3—2020) 附录D 连续流动比色法测定河口与近岸海域海水中硝酸盐氮和亚硝酸盐氮
活性磷酸盐	《近岸海域环境监测技术规范 第三部分 近岸海域水质监测》(HJ 442.3—2020) 附录E 连续流动比色法测定河口与近岸海域海水中活性磷酸盐
石油类	《水质 石油类的测定 紫外分光光度法(试行)》(HJ 970—2018)
挥发酚	《海洋监测规范 第4部分:海水分析》(GB 17378.4—2007) 19 挥发性酚——4-氨基安替比林分光光度法
硫化物	《水质 硫化物的测定 亚甲基蓝分光光度法》(HJ 1226—2021)
铜	《海洋监测技术规程 第1部分:海水》(HY/T 147.1—2013) 5 铜、铅、锌、镉、铬、铍、锰、钴、镍、砷、铊的同步测定——电感耦合等离子体质谱法
锌	《海洋监测技术规程 第1部分:海水》(HY/T 147.1—2013) 5 铜、铅、锌、镉、铬、铍、锰、钴、镍、砷、铊的同步测定——电感耦合等离子体质谱法
铅	《海洋监测技术规程 第1部分:海水》(HY/T 147.1—2013) 5 铜、铅、锌、镉、铬、铍、锰、钴、镍、砷、铊的同步测定——电感耦合等离子体质谱法
镉	《海洋监测技术规程 第1部分:海水》(HY/T 147.1—2013) 5 铜、铅、锌、镉、铬、铍、锰、钴、镍、砷、铊的同步测定——电感耦合等离子体质谱法
铬	《海洋监测技术规程 第1部分:海水》(HY/T 147.1—2013) 5 铜、铅、锌、镉、铬、铍、锰、钴、镍、砷、铊的同步测定——电感耦合等离子体质谱法
汞	《海洋监测规范 第4部分:海水分析》(GB 17378.4—2007) 5.1 原子荧光法
砷	《海洋监测技术规程 第1部分:海水》(HY/T 147.1—2013) 5 铜、铅、锌、镉、铬、铍、锰、钴、镍、砷、铊的同步测定——电感耦合等离子体质谱法
六六六	《海洋监测规范 第4部分:海水分析》(GB 17378.4—2007) 14 666、DDT——气相色谱法
滴滴涕	《海洋监测规范 第4部分:海水分析》(GB 17378.4—2007) 14 666、DDT——气相色谱法
多环芳烃	《水质 多环芳烃的测定 液液萃取和固相萃取高效液相色谱法》(HJ 478—2009)
多氯联苯	《海洋监测技术规程 第1部分:海水》(HY/T 147.1—2013) 19 多氯联苯的测定——气相色谱法

表 4-98 沉积物监测项目分析方法

监测项目	依据标准方法
有机碳	《土壤 有机碳的测定 重铬酸钾氧化-分光光度法》(HJ 615—2011)
粒度	《海洋调查规范 第 8 部分:海洋地质地球物理调查》(GB/T 12763.8—2007)6.3.2.3 激光法
硫化物	《海洋监测规范 第 5 部分:沉积物分析》(GB 17378.5—2007) 17.1 亚甲基蓝分光光度法
石油类	《海洋监测规范 第 5 部分:沉积物分析》(GB 17378.5—2007) 13.2 紫外分光光度法
铜	《海洋监测技术规程 第 2 部分:沉积物》(HY/T 147.2—2013) 6 铜、铅、锌、镉、铬、锂、钒、钴、镍、砷、铝、钛、铁、锰的同步测定——电感耦合等离子体质谱法
锌	《海洋监测技术规程 第 2 部分:沉积物》(HY/T 147.2—2013) 6 铜、铅、锌、镉、铬、锂、钒、钴、镍、砷、铝、钛、铁、锰的同步测定——电感耦合等离子体质谱法
铅	《海洋监测技术规程 第 2 部分:沉积物》(HY/T 147.2—2013) 6 铜、铅、锌、镉、铬、锂、钒、钴、镍、砷、铝、钛、铁、锰的同步测定——电感耦合等离子体质谱法
镉	《海洋监测技术规程 第 2 部分:沉积物》(HY/T 147.2—2013) 6 铜、铅、锌、镉、铬、锂、钒、钴、镍、砷、铝、钛、铁、锰的同步测定——电感耦合等离子体质谱法
铬	《海洋监测技术规程 第 2 部分:沉积物》(HY/T 147.2—2013) 6 铜、铅、锌、镉、铬、锂、钒、钴、镍、砷、铝、钛、铁、锰的同步测定——电感耦合等离子体质谱法
汞	《海洋监测规范 第 5 部分:沉积物分析》(GB 17378.5—2007) 5.1 原子荧光法
砷	《海洋监测技术规程 第 2 部分:沉积物》(HY/T 147.2—2013) 6 铜、铅、锌、镉、铬、锂、钒、钴、镍、砷、铝、钛、铁、锰的同步测定——电感耦合等离子体质谱法

表 4-99 生物质量监测项目分析方法

监测项目	依据标准方法
石油烃(石油类)	《海洋监测规范 第 6 部分:生物体分析》(GB 17378.6—2007)13 石油烃——荧光分光光度法
铜	《海洋监测技术规程 第 3 部分:生物体》(HY/T 147.3—2013) 6 铜、铅、锌、镉、铬、锰、镍、砷、铝、铁的同步测定——电感耦合等离子体质谱法
锌	《海洋监测技术规程 第 3 部分:生物体》(HY/T 147.3—2013) 6 铜、铅、锌、镉、铬、锰、镍、砷、铝、铁的同步测定——电感耦合等离子体质谱法
铅	《海洋监测技术规程 第 3 部分:生物体》(HY/T 147.3—2013) 6 铜、铅、锌、镉、铬、锰、镍、砷、铝、铁的同步测定——电感耦合等离子体质谱法
镉	《海洋监测技术规程 第 3 部分:生物体》(HY/T 147.3—2013) 6 铜、铅、锌、镉、铬、锰、镍、砷、铝、铁的同步测定——电感耦合等离子体质谱法
铬	《海洋监测技术规程 第 3 部分:生物体》(HY/T 147.3—2013) 6 铜、铅、锌、镉、铬、锰、镍、砷、铝、铁的同步测定——电感耦合等离子体质谱法
汞	《海洋监测规范 第 6 部分:生物体分析》(GB 17378.6—2007) 5.1 原子荧光法
砷	《海洋监测技术规程 第 3 部分:生物体》(HY/T 147.3—2013) 6 铜、铅、锌、镉、铬、锰、镍、砷、铝、铁的同步测定——电感耦合等离子体质谱法

表4-100　海洋生态及渔业资源调查项目分析方法

监测项目	依据标准方法	仪器名称及型号
叶绿素a	《海洋监测规范 第7部分：近海污染生态调查和生物监测》(GB 17378.7—2007) 8.2 分光光度法	紫外可见分光光度计
浮游动物	《海洋监测规范 第7部分：近海污染生态调查和生物监测》(GB 17378.7—2007) 5 浮游生物生态调查	DM1000 生物显微镜
浮游植物	《海洋监测规范 第7部分：近海污染生态调查和生物监测》(GB 17378.7—2007) 5 浮游生物生态调查	DM1000 生物显微镜
底栖生物	《海洋调查规范 第6部分：海洋生物调查》(GB/T 12763.6—2007)	DM1000 生物显微镜(TJ－S－1126)、EZ4 W 体视显微镜、YP2001N 电子天平、AUY220 电子天平
潮间带生物	《海洋调查规范 第6部分：海洋生物调查》(GB/T 12763.6—2007)	DM1000 生物显微镜(TJ－S－1126)、EZ4 W 体式显微镜、YP2001N 电子天平、AUY220 电子天平
鱼卵与仔稚鱼	《海洋调查规范 第6部分：海洋生物调查》(GB/T 12763.6—2007)	DM1000 生物显微镜
渔业资源	《海洋调查规范 第6部分：海洋生物调查》(GB/T 12763.6—2007)	YP2001N 电子天平、AUY220 电子天平

海水质量评价标准采用《海水水质标准》(GB 3097—1997)。按照海域的不同使用功能和保护目标海水水质分为四类：

第一类适用于海洋渔业水域、海上自然保护区和珍稀濒危海洋生物保护区；

第二类适用于水产养殖区、海水浴场、人体直接接触海水的海上运动或娱乐区，以及人类食用直接有关的工业用水区；

第三类适用于一般工业用水区、滨海风景旅游区；

第四类适用于海洋港口水域、海洋开发作业区。

各类海水水质标准见表4-101。

表4-101　海水水质标准　　　　　　　　　　　　　　　　(单位：mg/L)

序号	项目	第一类	第二类	第三类	第四类
1	pH(无量纲)	7.8～8.5		6.8～8.8	
2	溶解氧＞	6	5	4	3
3	化学需氧量≤	2	3	4	5
4	无机氮≤(以 N 计)	0.20	0.30	0.40	0.50
5	活性磷酸盐≤(以 P 计)	0.015	0.030		0.045
6	石油类≤	0.05		0.30	0.50
7	铜≤	0.005	0.010	0.050	

续表

序号	项目	第一类	第二类	第三类	第四类
8	铅≤	0.001	0.005	0.010	0.050
9	锌≤	0.020	0.050	0.100	0.500
10	镉≤	0.001	0.005	0.010	
11	汞≤	0.00005	0.00020		0.00050
12	砷≤	0.020	0.030	0.050	
13	铬≤	0.05	0.10	0.20	0.50
14	硫化物≤(以S计)	0.02	0.05	0.10	0.25
15	挥发酚≤	0.005		0.010	0.050

采用单因子污染指数法进行污染指数计算。单因子污染指数法计算公式为

$$P = C_i / S_i$$

式中：C_i 为第 i 种污染物的实测浓度值；S_i 为第 i 种评价因子的评价标准值。

评价因子中 DO 的污染指数计算方法如下：

$$S_{DOj} = |DO_f - DO_j| / |DO_f - DO_s|，当 DO_j \geqslant DO_s 时；$$

$$S_{DOj} = 10 - 9DO_j / DO_s，当 DO_j < DO_s 时。$$

式中：S_{DOj} 为溶解氧在第 j 取样点的标准指数；DO_f 为饱和溶解氧浓度；$DO_f = 468/(31.6+T)$；DO_j 为 j 取样点水样溶解氧所有实测浓度的均值；DO_s 为溶解氧的评价标准。

评价因子中 pH 的污染指数计算方法如下：

$$S_{pH} = |pH - pH_{sm}| / DS$$

其中：$pH_{sm} = (pH_{su} + pH_{sd})/2$，$DS = (pH_{su} - pH_{sd})/2$。

式中：S_{pH} 为 pH 的污染指数；pH 为本次监测实测值；pH_{su} 为海水 pH 标准的上限值；pH_{sd} 为海水 pH 标准的下限值。

沉积物质量评价标准采用《海洋沉积物质量》(GB 18668—2002)。根据江苏省海洋功能区划，各站位所在海域沉积物执行的标准见表 4-102。

表 4-102 沉积物质量标准(干重) （单位：mg/kg）

序号	项目	第一类	第二类	第三类
1	汞≤	0.20	0.50	1.00
2	铅≤	60.0	130.0	250.0
3	镉≤	0.50	1.50	5.00

续表

序号	项目	第一类	第二类	第三类
4	锌≤	150.0	350.0	600.0
5	砷≤	20.0	65.0	93.0
6	铜≤	35.0	100.0	200.0
7	铬≤	80.0	150.0	270.0
8	石油类≤	500.0	1000.0	1500.0
9	硫化物≤	300.0	500.0	600.0
10	有机碳≤	2.0×10^4	3.0×10^4	4.0×10^4

采用单因子污染指数法进行沉积物污染指数计算。单因子污染指数法计算公式为

$$P = C_i / S_i$$

式中：C_i 为第 i 种污染物的实测浓度值；S_i 为第 i 种评价因子的评价标准值。

贝类（双壳类）生物体内污染物质含量评价标准采用《海洋生物质量》（GB 18421—2001）规定的第一类标准值。甲壳和鱼虾类体内重金属含量评价标准采用《全国海岸带和海涂资源综合调查简明规程》规定的生物质量标准，石油烃评价标准根据《第二次全国海洋污染基线调查技术规程》（第二分册）中的规定进行（表4-103、表4-104）。

表4-103　鱼类、甲壳类海洋生物质量标准(鲜重)　　　（单位：mg/kg）

生物类别	铜≤	铅≤	镉≤	锌≤	汞≤	石油类≤
鱼类	20	2.0	0.6	40	0.3	20
甲壳类	100	2.0	2.0	150	0.2	20

表4-104　海洋贝类生物质量标准(鲜重)　　　（单位：mg/kg）

序号	项目	第一类	第二类	第三类
1	铜≤	10	25	50(牡蛎100)
2	锌≤	20	50	100(牡蛎500)
3	铅≤	0.1	2.0	6.0
4	镉≤	0.2	2.0	5.0
5	铬≤	0.5	2.0	6.0
6	汞≤	0.05	0.10	0.30
7	砷≤	1.0	5.0	8.0
8	石油烃≤	15	50	80

优势种的概念有两个方面:一方面占有广泛的生态环境,可以利用丰富的资源,有着广泛的适应性,在空间分布上表现为空间出现频率(f_i)较高;另一方面,表现为个体数量(n_i)庞大,密度n_i/N较高。

设:f_i为第i种在各样方中出现频率,n_i为群落中第i种在空间中的个体数量,N为群落中所有种的个体数总和。

综合优势种概念的两个方面,得出优势种优势度(Y)的计算公式:

$$Y = n_i/N \cdot f_i$$

群落多样性的高低,除了受取样大小、数量分布的影响,主要取决于群落中种类数多少及个体分布是否均匀。丰富度(D)和均匀度指数(J)计算公式如下:

$$D = (S-1)/\log_2 N$$

$$J = \frac{H'}{H'_{Max}} = \frac{H'}{\log_2 S}$$

式中:S为种类数;n_i为第i种的丰度;N为总丰度;H'为实测Shannon-Wiener多样性指数,$H'_{Max} = \log_2 S$。

根据中国环境监测总站的《环境质量报告书(水质生物学评价部分)》的有关近海海域及河口水质生物群落评价要求,结合《近海污染生态监测和生物监测》(HY/T 003.9—91)中污染生态监测资料常用方法,本次监测的海洋生态生物学评价采用Shannon-Wiener多样性指数:

$$H' = -\sum P_i \cdot \log_2 P_i$$

式中:H'——Shannon-Winener多样性指数,P_i为第i种的个体数(或密度)占总个体数(或密度)的比例。

标准:$H' \geqslant 3.0$优良;$2.0 \leqslant H' < 3.0$一般;$1.0 \leqslant H' < 2.0$差;$H' < 1.0$极差。

严格按照CMA计量认证体系的管理要求,依据《海洋监测规范》(GB 17378—2007)等相关技术规范和江苏省海洋经济监测评估中心《质量手册》《程序文件》《作业指导书》等文件要求,从采样前准备、样品采集、保存运输、实验室分析、数据审核、报告编制等各个环节开展全过程质量控制工作,确保获得的监测数据准确可靠、评价结论科学合理。

现场采样实施质量控制。按照《海洋监测规范》(GB 17378—2007)、《海洋调查规范》(GB/T 12763—2007)等相关要求,采集并分装样品,防止采样船舶以及采样设备等污染影响。按照不同项目,选用合适材料的采样器、样品瓶,减少吸附和溶出影响,并按规范要求,对需要过滤、萃取的样品在现场即时完成,加入固定剂,低温保存。

对数据实行三级审核制度,对监测数据进行严格审核,以确保监测数据质量。本航次监测数据,各介质中平行样分析、质控样分析及加标回收分析结果合格率均达到100%,说明本航次监测分析过程控制良好,分析数据真实可信,分析过程质量受控。

3.2.2 苏中沿海渔港经济区水质环境质量

(1) 涨潮的水质监测结果

①水温

监测区域水温范围为 21.2~21.8℃,平均值为 21.5℃,最大值出现在 RD6、RD7 号站位表层,最小值出现在 RD8、RD10 号站位表层。

②盐度

监测区域盐度含量范围为 23.086~28.987,平均值为 27.775,最大值出现在 RD18 号站位表层,最小值出现在 RD2 号站位表层。

③pH

监测区域 pH 范围为 7.99~8.18,平均值为 8.11,最大值出现在 RD1 号站位表层,最小值出现在 RD7 号站位表层。

④溶解氧

监测区域溶解氧范围为 6.43~8.00 mg/L,平均值为 7.38 mg/L,最大值出现在 RD14 号站位表层,最小值出现在 RD1 站位表层。

⑤化学需氧量

监测区域化学需氧量含量范围为 0.67~2.0 mg/L,平均值为 1.3 mg/L,最大值出现在 RD15 号站位表层,最小值出现在 RD17 号站位表层。

⑥悬浮物

监测区域悬浮物含量范围为 5.7~29.2 mg/L,平均值为 8.8 mg/L,最大值出现在 RD2 号站位表层,最小值出现在 RD11 号站位表层。

⑦无机氮

监测区域无机氮含量范围为 0.022~0.635 mg/L,平均值为 0.195 mg/L,最大值出现在 RD16 号站位表层,最小值出现在 RD6 号站位表层。

⑧活性磷酸盐

监测区域活性磷酸盐含量范围为未检出~11 μg/L,平均值为 1.8 μg/L,最大值出现在 RD19 号站位表层。

⑨石油类

监测区域未检出石油类。

⑩挥发酚

监测区域未检出挥发酚。

⑪硫化物

监测区域未检出硫化物。

⑫铜

监测区域铜含量范围为 1.30~2.40 μg/L,平均值为 1.94 μg/L,最大值出现在 RD4 号站位表层,最小值出现在 RD2 号站位表层。

⑬锌

监测区域锌含量范围为 8.74～17.3 μg/L,平均值为 11.6 μg/L,最大值出现在 RD 号 20 站位底层,最小值出现在 RD2 号站位表层。

⑭铅

监测区域铅含量范围为 0.67～1.58 μg/L,平均值为 0.81 μg/L,最大值出现在 RD1 号站位表层,最小值出现在 RD17 号站位表层。

⑮镉

监测区域镉含量范围为未检出～0.09 μg/L,平均值为 0.05 μg/L,最大值出现在 RD1、RD6、RD8、RD10 号站位表层,最小值出现在 RD19 号站位表层。

⑯铬

监测区域铬含量范围为未检出～0.55 μg/L,平均值为 0.23 μg/L,最大值出现在 RD2 号站位表层,最小值出现在 RD6、RD8、RD12、RD13 号站位表层。

⑰汞

监测区域汞含量范围为未检出～0.038 μg/L,平均值为 0.013 μg/L,最大值出现在 RD5 号站位表层。

⑱砷

监测区域砷含量范围为 1.32～3.82 μg/L,平均值为 2.61 μg/L,最大值出现在 RD20 号站位表层,最小值出现在 RD1 号站位表层。

⑲六六六

监测区域未检出六六六。

⑳滴滴涕

监测区域未检出滴滴涕。

㉑多环芳烃

监测区域未检出多环芳烃(苯并[a]芘)。

㉒多氯联苯

监测区域未检出多氯联苯。

(2) 落潮的水质监测结果

①水温

监测区域水温范围为 21.2～22.2℃,平均值为 21.7℃,最大值出现在 RD1、RD8 号位表层,最小值出现在 RD14、RD19 号站位表层。

②盐度

监测区域盐度含量范围为 24.925～29.030,平均值为 27.335,最大值出现在 RD18 号站位表层,最小值出现在 RD20 号站位表层。

③pH

监测区域 pH 范围为 8.04～8.20,平均值为 8.11,最大值出现在 RD12 号站位表层,最小值出现在 RD7、RD13 号站位表层。

④溶解氧

监测区域溶解氧范围为 6.57～8.42 mg/L,平均值为 7.47 mg/L,最大值出现在 RD14 号站位表层,最小值出现在 RD2 站位表层。

⑤化学需氧量

监测区域化学需氧量含量范围为 1.0～2.6 mg/L,平均值为 1.5 mg/L,最大值出现在 RD19 号站位表层,最小值出现在 RD12、RD15 号站位表层。

⑥悬浮物

监测区域悬浮物含量范围为 4.3～12.5 mg/L,平均值为 6.9 mg/L,最大值出现在 RD2 号站位表层,最小值出现在 RD11 号站位表层。

⑦无机氮

监测区域无机氮含量范围为 0.015～0.353 mg/L,平均值为 0.171 mg/L,最大值出现在 RD1 号站位表层,最小值出现在 RD15 号站位表层。

⑧活性磷酸盐

监测区域活性磷酸盐含量范围为未检出～12 μg/L,平均值为 1.3 μg/L,最大值出现在 RD12 号站位表层。

⑨石油类

监测区域未检出石油类。

⑩挥发酚

监测区域未检出挥发酚。

⑪硫化物

监测区域未检出硫化物。

⑫铜

监测区域铜含量范围为 0.99～2.13 μg/L,平均值为 1.56 μg/L,最大值出现在 RD17 号站位表层,最小值出现在 RD4 号站位表层。

⑬锌

监测区域锌含量范围为 4.74～12.5 μg/L,平均值为 8.95 μg/L,最大值出现在 RD14 号站位表层,最小值出现在 RD4 号站位表层。

⑭铅

监测区域铅含量范围为未检出～0.82 μg/L,平均值为 0.33 μg/L,最大值出现在 RD1 号站位表层,最小值出现在 RD3、RD4 号站位表层。

⑮镉

监测区域镉含量范围为未检出～0.09 μg/L,平均值为 0.03 μg/L,最大值出现在 RD1 号站位表层。

⑯铬

监测区域铬含量范围为未检出～0.23 μg/L,平均值为 0.08 μg/L,最大值出现在 RD14 号站位表层。

⑰汞

监测区域汞含量范围为未检出～0.043 μg/L，平均值为 0.012 μg/L，最大值出现在 RD3 号站位表层。

⑱砷

监测区域砷含量范围为 1.00～3.10 μg/L，平均值为 2.22 μg/L，最大值出现在 RD8 号站位表层，最小值出现在 RD2 号站位表层。

⑲六六六

监测区域未检出六六六。

⑳滴滴涕

监测区域未检出滴滴涕。

㉑多环芳烃

监测区域未检出多环芳烃(苯并[a]芘)。

㉒多氯联苯

监测区域未检出多氯联苯。

（3）质量评价

依据《海水水质标准》(GB 3097—1997)，采用单因子污染指数法对涨潮时水质监测结果进行计算和评价：

①全部监测站位中 pH、石油类、挥发酚均符合第一类和第二类海水水质标准；DO、化学需氧量、活性磷酸盐、铜、锌、镉、铬、汞、砷、硫化物、六六六、滴滴涕、多环芳烃含量均符合第一类海水水质标准。

②全部监测站位中，65%的站位无机氮含量符合第一类海水水质标准，20%的站位无机氮含量符合第二类海水水质标准，10%的站位无机氮含量符合第三类海水水质标准，5%的站位无机氮含量为劣四类。

③全部监测站位中，95%的站位铅含量符合第一类海水水质标准，5%的站位铅含量符合第二类海水水质标准。

依据《海水水质标准》(GB 3097—1997)，采用单因子污染指数法对落潮期间水质监测结果进行计算和评价：

①全部监测站位中，pH、石油类、挥发酚均符合第一、二类海水水质标准；DO、活性磷酸盐、铜、锌、铅、镉、铬、汞、砷、硫化物、六六六、滴滴涕、多环芳烃含量均符合第一类海水水质标准。

②全部监测站位中，95%的站位化学需氧量含量符合第一类海水水质标准，5%的站位化学需养量符合第二类海水水质标准。

③全部监测站位中，60%的站位无机氮含量符合第一类海水水质标准，35%的站位无机氮含量符合第二类海水水质标准，5%的站位无机氮含量符合第三类海水水质标准。

3.2.3　苏中沿海渔港经济区沉积物环境质量

海洋沉积物监测结果表明：

(1) 沉积物有机碳含量范围 1 000~8 300 mg/kg,平均值为 4 100 mg/kg。最大值出现在 RD10 号站位,最小值出现在 RD3 号站位。

(2) 沉积物硫化物含量范围 0.3~0.4 mg/kg,平均值为 0.3 mg/kg。最大值出现在 RD4、RD15、RD20 号站位。

(3) 沉积物石油类含量范围 11.2~192 mg/kg,平均值为 74.9 mg/kg。最大值出现在 RD12 号站位,最小值出现在 RD2 号站位。

(4) 沉积物铜含量范围 8.55~10.5 mg/kg,平均值为 9.44 mg/kg。最大值出现在 RD12 号站位,最小值出现在 RD10 号站位。

(5) 沉积物锌含量范围 47.4~69.1 mg/kg,平均值为 57.4 mg/kg。最大值出现在 RD18 号站位,最小值出现在 RD3 号站位。

(6) 沉积物铅含量范围 12.6~17.3 mg/kg,平均值为 14.1 mg/kg。最大值出现在 RD18 号站位,最小值出现在 RD5 号站位。

(7) 沉积物镉含量范围 0.084~0.202 mg/kg,平均值为 0.122 mg/kg。最大值出现在 RD2 号站位,最小值出现在 RD20 号站位。

(8) 沉积物铬含量范围 18.4~23.1 mg/kg,平均值为 20.9 mg/kg。最大值出现在 RD20 号站位,最小值出现在 RD10 号站位。

(9) 沉积物汞含量范围 0.002~0.237 mg/kg,平均值为 0.067 mg/kg。最大值出现在 RD11 号站位,最小值出现在 RD10 和 RD15 号站位。

(10) 沉积物砷含量范围 12.4~18.7 mg/kg,平均值为 14.8 mg/kg。最大值出现在 RD18 号站位,最小值出现在 RD8 号站位。

各监测站位均采用《海洋沉积物质量》(GB 18668—2002)中的第一类沉积物质量标准评价。采用单因子污染指数法对沉积物监测结果进行计算和评价,详见表 4-105。

全部监测站位中,有机碳、硫化物、石油类、铜、锌、铅、镉、铬、砷含量全部符合《海洋沉积物质量》(GB 18668—2002)中的第一类沉积物质量标准。

全部监测站位中,汞含量 83% 的站位符合《海洋沉积物质量》(GB 18668—2002)中的第一类沉积物质量标准,17% 的站位符合《海洋沉积物质量》(GB 18668—2002)中的第二类沉积物质量标准。

表 4-105 沉积物质量各因子评价指数

站位号	有机碳	硫化物	石油类	铜	锌	铅	镉	铬	汞		砷
	第一类	第一类	第一类	第一类	第一类	第一类	第一类	第一类	第一类	第二类	第一类
RD2	0.09	0.00	0.02	0.25	0.33	0.22	0.40	0.25	0.25	0.10	0.68
RD3	0.05	0.00	0.08	0.25	0.32	0.21	0.22	0.26	0.24	0.09	0.71
RD4	0.24	0.00	0.08	0.26	0.38	0.24	0.27	0.27	0.11	0.04	0.68
RD5	0.15	0.00	0.15	0.29	0.33	0.21	0.23	0.26	0.29	0.11	0.62

续表

站位号	有机碳 第一类	硫化物 第一类	石油类 第一类	铜 第一类	锌 第一类	铅 第一类	镉 第一类	铬 第一类	汞 第一类	汞 第二类	砷 第一类
RD7	0.29	0.00	0.22	0.28	0.39	0.25	0.19	0.26	0.05	0.02	0.82
RD8	0.19	0.00	0.23	0.27	0.40	0.23	0.25	0.27	0.06	0.02	0.62
RD10	0.42	0.00	0.11	0.24	0.36	0.21	0.23	0.23	ND	ND	0.74
RD11	0.09	0.00	0.10	0.25	0.43	0.27	0.27	0.24	1.19	0.47	0.80
RD12	0.23	0.00	0.38	0.30	0.38	0.24	0.18	0.27	0.15	0.06	0.78
RD15	0.34	0.00	0.26	0.27	0.41	0.23	0.20	0.28	ND	ND	0.82
RD18	0.27	0.00	0.05	0.28	0.46	0.29	0.29	0.27	1.17	0.47	0.94
RD20	0.13	0.00	0.12	0.30	0.41	0.22	0.17	0.29	0.55	0.22	0.69
站位达标率	100%	100%	100%	100%	100%	100%	100%	100%	83%	17%	100%

注:"ND"表示未检出。

3.2.4 苏中沿海渔港经济区生物质量状况

各监测站位均采用《海洋生物质量》(GB 18421—2001)中的第一类海洋贝类生物质量标准评价。监测结果表明:

(1) 生物体铜含量范围 0.12~1.06 mg/kg,平均值为 0.47 mg/kg。

(2) 生物体锌含量范围 4.06~16.4 mg/kg,平均值为 10.2 mg/kg。

(3) 生物体铅含量范围 0.04~0.24 mg/kg,平均值为 0.14 mg/kg。

(4) 生物体镉含量范围 0.04~0.48 mg/kg,平均值为 0.17 mg/kg。

(5) 生物体铬含量范围 0.11~0.25 mg/kg,平均值为 0.18 mg/kg。

(6) 生物体总汞含量范围未检出~0.011 mg/kg,平均值未检出。

(7) 生物体砷含量范围 1.37~9.78 mg/kg,平均值为 3.90 mg/kg。

(8) 生物体石油烃含量范围 3.35~13.8 mg/kg,平均值为 9.53 mg/kg。

表 4-106 春季海洋生物质量监测结果

站位号	样品种类		铜(mg/kg)	锌(mg/kg)	铅(mg/kg)	镉(mg/kg)	铬(mg/kg)	汞(mg/kg)	砷(mg/kg)	石油烃(mg/kg)
RD2	半滑舌鳎	鱼类	0.17	4.24	0.04	0.16	0.16	0.007	9.78	5.98
RD3	四角蛤蜊	贝类	0.49	13.3	0.23	0.13	0.23	ND	1.51	12.8
RD4	三疣梭子蟹	甲壳类	1.06	16.4	0.18	0.48	0.19	0.002	6.55	9.56
RD5	四角蛤蜊	贝类	0.52	12.1	0.20	0.12	0.19	ND	1.47	13.2
RD7	半滑舌鳎	鱼类	0.16	4.14	0.04	0.14	0.16	0.011	9.15	6.60

续表

站位号	样品种类		铜(mg/kg)	锌(mg/kg)	铅(mg/kg)	镉(mg/kg)	铬(mg/kg)	汞(mg/kg)	砷(mg/kg)	石油烃(mg/kg)
RD8	四角蛤蜊	贝类	0.45	11.1	0.19	0.10	0.17	ND	1.38	11.8
RD10	三疣梭子蟹	甲壳类	1.04	16.3	0.04	0.47	0.14	0.002	6.30	8.03
RD11	四角蛤蜊	贝类	0.53	12.6	0.21	0.12	0.22	ND	1.61	11.8
RD12	鲅鱼	鱼类	0.14	4.10	0.04	0.05	0.12	ND	3.18	3.35
RD15	四角蛤蜊	贝类	0.47	11.6	0.22	0.11	0.25	ND	1.37	13.8
RD18	四角蛤蜊	贝类	0.50	12.3	0.24	0.11	0.22	ND	1.44	13.2
RD20	鲅鱼	鱼类	0.12	4.06	0.04	0.04	0.11	ND	3.04	4.10

各监测站位均依据《海洋生物质量》（GB 18421—2001）中的第一类海洋贝类生物质量标准评价。采用单因子污染指数法对各监测站位的双壳贝类进行计算和评价；依据《全国海岸带和海涂资源综合调查简明规程》和《第二次全国海洋污染基线调查技术规程》中海洋生物质量评价标准对贝类、鱼类、甲壳类进行计算和评价，详见表4-107、表4-108和表4-109。

其中，贝类全部监测站位中铜、锌、镉、铬、汞和石油烃含量均符合《海洋生物质量》中的第一类海洋贝类生物质量标准。全部监测站位中铅和砷的含量均超过《海洋生物质量》中的第一类海洋贝类生物质量标准，均符合第二类海洋贝类生物质量标准。

生物体鱼类铜、锌、铅、镉、汞和石油类均符合《全国海岸带和海涂资源综合调查简明规程》和《第二次全国海洋污染基线调查技术规程》中海洋生物质量评价标准值。

生物体甲壳类铜、锌、铅、镉、汞和石油类均符合《全国海岸带和海涂资源综合调查简明规程》和《第二次全国海洋污染基线调查技术规程》中海洋生物质量评价标准值。

表4-107 海洋生物贝类评价结果

站位	样品种类	铜 第一类	锌 第一类	铅 第一类	铅 第二类	镉 第一类	铬 第一类	汞 第一类	砷 第一类	砷 第二类	石油烃 第一类
RD3	四角蛤蜊	0.05	0.66	2.29	0.11	0.67	0.46	ND	1.51	0.30	0.85
RD5	四角蛤蜊	0.05	0.60	2.04	0.10	0.58	0.38	ND	1.47	0.29	0.88
RD8	四角蛤蜊	0.04	0.56	1.93	0.10	0.51	0.34	ND	1.38	0.28	0.79
RD11	四角蛤蜊	0.05	0.63	2.09	0.10	0.59	0.43	ND	1.61	0.32	0.79
RD15	四角蛤蜊	0.05	0.58	2.21	0.11	0.55	0.51	ND	1.37	0.27	0.92
RD18	四角蛤蜊	0.05	0.62	2.42	0.12	0.56	0.44	ND	1.44	0.29	0.88
站位达标率		100%	100%	0%	100%	100%	100%	100%	0%	100%	100%

表 4-108　海洋生物鱼类评价结果

站位	样品种类	铜	锌	铅	镉	汞	石油类
RD2	半滑舌鳎	0.01	0.11	0.02	0.26	0.022	0.30
RD7	半滑舌鳎	0.01	0.10	0.02	0.23	0.037	0.33
RD12	鮸鱼	0.01	0.10	0.02	0.08	ND	0.17
RD20	鮸鱼	0.01	0.10	0.02	0.07	ND	0.21
站位达标率		100%	100%	100%	100%	100%	100%

表 4-109　海洋生物甲壳类评价结果

站位	样品种类	铜	锌	铅	镉	汞	石油类
RD4	三疣梭子蟹	0.01	0.11	0.09	0.24	0.009	0.48
RD10	三疣梭子蟹	0.01	0.11	0.02	0.23	0.009	0.40
站位达标率		100%	100%	100%	100%	100%	100%

3.2.5　苏中沿海渔港经济区海洋生态状况

（1）叶绿素 a

涨潮期监测区域叶绿素 a 含量范围为 9.37～24.9μg/L，平均值为 20.8μg/L，最大值出现在 RD4 号站位表层，最小值出现在 RD3 号站位表层。

落潮期监测区域叶绿素 a 含量范围为 6.92～24.4μg/L，平均值为 19.4μg/L，最大值出现在 RD1 号站位表层，最小值出现在 RD3 号站位表层。

（2）浮游植物

①种类组成

调查海域共鉴定出浮游植物 4 门 39 属 74 种，其中，硅藻门 31 属 64 种，甲藻门 5 属 7 种，绿藻门 1 属 1 种，蓝藻门 2 属 2 种（图 4-61）。

共鉴定出浮游植物网样（网采水样）4 门 62 种，其中，硅藻门 54 种，甲藻门 5 种，绿藻门 1 种，蓝藻门 2 种。

共鉴定出浮游植物水样（瓶采水样）2 门 47 种，其中，硅藻门 40 种，甲藻门 7 种。

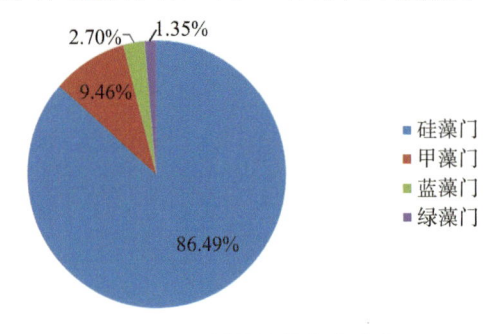

图 4-61　浮游植物种类分布

②个体数量分布生物量

调查海域浮游植物网样细胞丰度范围为 $5.71\times10^5\sim8.86\times10^6$ 个/m³,平均值为 2.92×10^6 个/m³(图4-62)。浮游植物水样细胞丰度范围为 $3.60\times10^4\sim8.02\times10^5$ 个/L,平均值为 2.75×10^5 个/L(图4-63)。

表 4-110　调查海域浮游植物网样细胞丰度　　　　　(单位:$\times10^6$ 个/m³)

类群	网样	
	丰度	丰度比例
硅藻	33.09	94.50%
甲藻	1.25	3.56%
蓝藻	0.52	1.48%
绿藻	0.16	0.46%
合计	35.02	100.00%

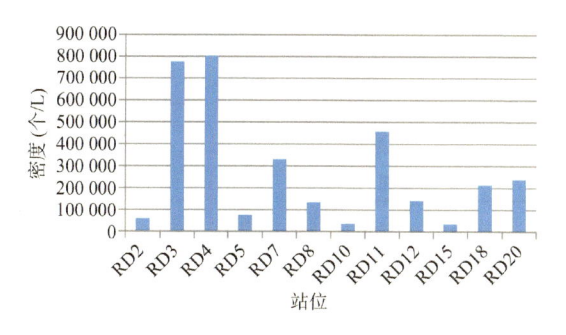

表 4-111　调查海域浮游植物水样细胞丰度　　　　　(单位:$\times10^5$ 个/L)

类群	水样	
	丰度	丰度比例
硅藻	32.81	99.28%
甲藻	0.24	0.72%
合计	33.05	100.00%

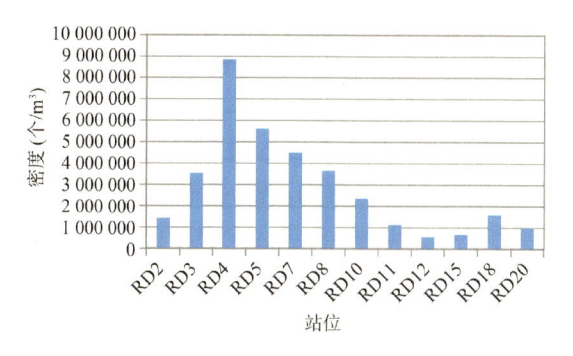

图 4-62　调查海域浮游植物网样细胞丰度

图 4-63　调查海域浮游植物水样细胞丰度

②个体数量分布生物量

调查海域大型浮游动物密度范围为 38.0～593.4 个/m³，均值为 168.8 个/m³（图 4-65）；中小型浮游动物密度范围为 1 281.1～54 372.0 个/m³，均值为 14 930.5 个/m³（图 4-66）。

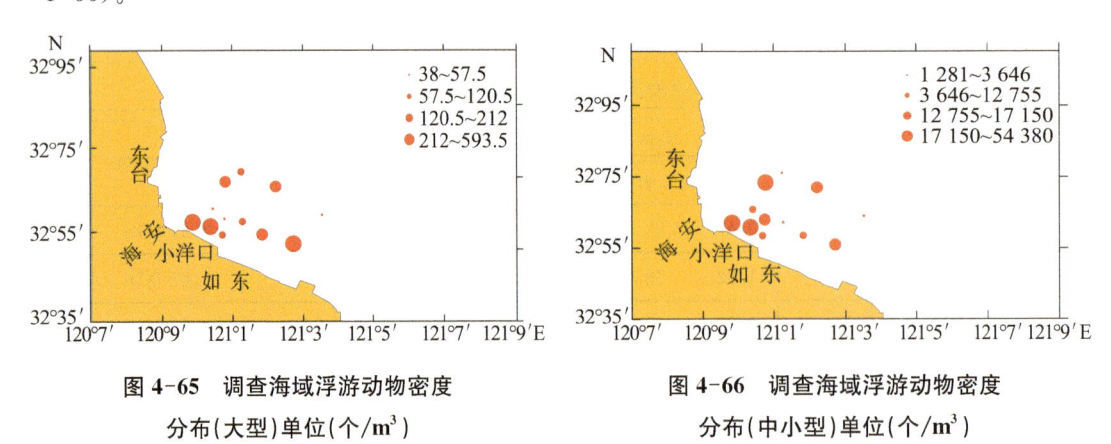

图 4-65　调查海域浮游动物密度分布（大型）单位（个/m³）

图 4-66　调查海域浮游动物密度分布（中小型）单位（个/m³）

大型浮游动物生物量范围为 46.2～534.5 mg/m³，平均值为 167.1 mg/m³（图 4-67）。

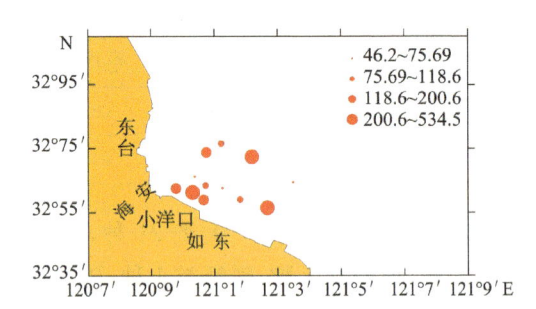

图 4-67　调查海域大型浮游动物生物量分布单位（单位：mg/m³）

③物种多样性、均匀度和丰富度

整个调查海域的大型浮游动物多样性指数、丰富度和均匀度指数平均值分别为 2.10、1.21 和 0.69（表 4-114）；中小型浮游动物多样性指数、丰富度和均匀度指数平均值分别为 1.25、0.77 和 0.36（表 4-115）。

表 4-114　调查海域大型浮游动物多样性统计表

站位	多样性指数（H'）	丰富度（D）	均匀度（J）
RD2	1.96	1.01	0.65
RD3	2.72	1.44	0.82
RD4	2.78	1.42	0.78
RD5	1.32	0.38	0.84
RD7	2.14	0.54	0.83

续表

站位	多样性指数(H')	丰富度(D)	均匀度(J)
RD8	2.60	1.29	0.87
RD10	2.08	1.11	0.65
RD11	1.61	1.54	0.48
RD12	1.45	1.29	0.46
RD15	1.75	1.58	0.49
RD18	1.98	0.89	0.62
RD20	2.82	2.07	0.79
平均值	2.10	1.21	0.69

表 4-115 调查海域中小型浮游动物多样性统计表

站位	多样性指数(H')	丰富度(D)	均匀度(J)
RD2	1.05	0.73	0.29
RD3	1.83	0.68	0.58
RD4	0.95	0.78	0.27
RD5	1.00	0.70	0.30
RD7	0.86	0.70	0.24
RD8	0.77	0.66	0.23
RD10	1.92	0.95	0.50
RD11	0.79	0.85	0.23
RD12	1.77	0.78	0.56
RD15	0.99	0.73	0.29
RD18	1.49	0.80	0.42
RD20	1.60	0.93	0.46
平均值	1.25	0.77	0.36

④优势种和优势度

调查海域大型浮游动物优势种共5种,分别为火腿许水蚤($Y=0.15$)、真刺唇角水蚤($Y=0.47$)、纺锤水蚤($Y=0.03$)、刺尾歪水蚤($Y=0.02$)和宽尾刺糠虾($Y=0.13$);中小型浮游动物优势种共3种,分别为纺锤水蚤($Y=0.81$)、小拟哲水蚤($Y=0.08$)和真刺唇角水蚤($Y=0.04$)。

(4) 底栖生物

①种类组成

春季通过对定量(采泥器采集)和定性的样本进行分析,共鉴定底栖生物13种,其中节肢动物 5 种、脊索动物 1 种、软体动物 6 种、纽形动物 1 种(图 4-68)。

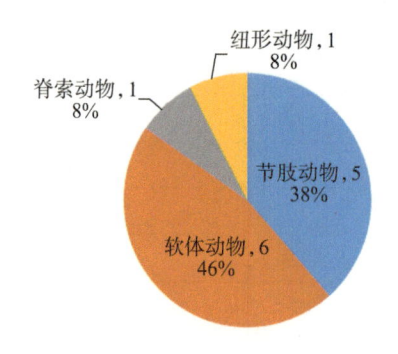

图 4-68 监测海域底栖生物种类分布

②生物量及栖息密度

调查海域底栖生物栖息密度范围为 0~20 个/m², 平均值为 4.17 个/m²。生物量范围为未采到~10.46 g/m², 平均值为 1.18 g/m²。

③优势种和优势度

该调查海域没有优势度≥0.02 的种类。

④物种多样性、均匀度和丰富度

调查海域的底栖生物多样性指数年均值为 0.08, 丰富度年均值为 0.02, 均匀度年均值为 0.08(表 4-116)。

表 4-116 调查海域底栖生物多样性统计表

站位	多样性指数(H')	丰富度(D)	均匀度(J)
RD2	0.00	0.00	0.00
RD3	0.00	0.00	0.00
RD4	0.00	0.00	0.00
RD5	0.00	0.00	0.00
RD7	0.00	0.00	0.00
RD8	0.00	0.00	0.00
RD10	0.00	0.00	0.00
RD11	0.00	0.00	0.00
RD12	0.00	0.00	0.00
RD15	1.00	0.23	1.00
RD18	0.00	0.00	0.00
RD20	0.00	0.00	0.00
平均值	0.08	0.02	0.08

(5)潮间带生物
①种类组成
春季潮间带生物定量和定性样品共鉴定生物 15 种,其中软体动物 7 种、环节动物 1 种、节肢动物 5 种、纽形动物 1 种、脊索动物 1 种(图 4-69)。

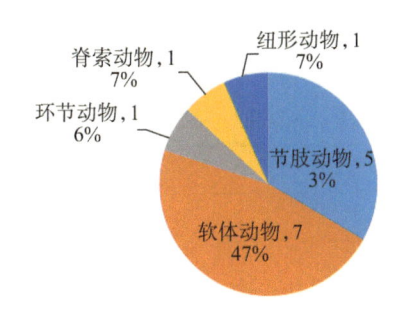

图 4-69 监测海域潮间带生物种类分布

②栖息密度与生物量
调查海域潮间带生物栖息密度范围为 8.0~88.0 个/m², 平均值为 29.6 个/m², 最大值出现在 B 站位高潮带;生物量范围为 3.0~77.4 g/m², 平均值为 28.7 g/m², 最大值出现在 C 站位高潮带。

③优势种和优势度
调查海域优势度≥0.02 的种类共 3 种,为双齿围沙蚕、沈氏厚蟹和中间似滨螺。

④物种多样性、均匀度和丰富度
潮间带多样性指数平均值为 0.82,丰富度平均值为 0.23,均匀度平均值为 0.61(表 4-117)。

表 4-117 潮间带生物多样性统计表

站位	多样性指数(H')	丰富度(D)	均匀度(J)
A-高潮定量	1.59	0.44	1.00
A-中潮定量	1.00	0.29	1.00
A-低潮定量	0.00	0.00	0.00
B-高潮定量	1.49	0.46	0.75
B-中潮定量	1.52	0.42	0.96
B-低潮定量	0.81	0.20	0.81
C-高潮定量	0.00	0.00	0.00
C-中潮定量	1.00	0.23	1.00
C-低潮定量	0.00	0.00	0.00
平均值	0.82	0.23	0.61

3.2.6 苏中沿海渔港经济区渔业资源

(1) 鱼卵

①种类组成

调查海域共发现鱼卵3种,隶属于3目3科,其中鲱形目1种,鲻形目1种,鲈形目1种(表4-118)。

表4-118 调查海域鱼卵种类组成

目	科	种	拉丁文名称
鲱形目	鲱科	斑鰶	*Konosirus punctatus*
鲈形目	鲭科	蓝点马鲛	*Scomberomorus niphonius*
鲻形目	鲻科	鮻	*Liza haematocheila*

②生物密度

定量样品中,除RD3、RD5、RD8、RD10、RD11、RD12、RD18站位未发现鱼卵,其他站位均发现鱼卵;平均生物密度为0.84 ind./m³,范围为0.0~4.0 ind./m³(表4-119)。

表4-119 调查海域周边鱼卵生物密度

站位	生物密度(ind./m³)	站位密度(ind./网)
RD2	1.1	1
RD3	0.0	0
RD4	4.0	1
RD5	0.0	0
RD7	3.9	3
RD8	0.0	0
RD10	0.0	0
RD11	0.0	0
RD12	0.0	0
RD15	0.6	1
RD18	0.0	0
RD20	0.5	1
平均值	0.84	0.58

③优势种

调查海域定量样品中优势度≥0.02的种类有1种,即鮻。

④水平拖网站位密度

水平拖网样品中共发现鱼卵281粒,平均站位密度为23.4 ind./站·10 min,范围为4～44 ind./站·10 min(表4-120)。

表4-120 调查海域鱼卵各站位水平网密度

站位	站位密度(ind./站·10 min)
RD2	4.0
RD3	24.0
RD4	21.0
RD5	42.0
RD7	8.0
RD8	30.0
RD10	15.0
RD11	18.0
RD12	16.0
RD15	20.0
RD18	39.0
RD20	44.0
平均值	23.4

(2)仔稚鱼

①种类组成

调查海域共发现仔稚鱼5种,隶属于4目5科,其中鲱形目1种,鲻形目1种,鲈形目2种,鲽形目1种(表4-121)。

表4-121 调查海域仔稚鱼种类组成

目	科	种	拉丁文名称
鲈形目	鰕虎鱼科	鰕虎鱼科未定种	*Gobiidae* sp.
鲱形目	鳀科	鳀科未定种	*Engraulidae*
鲽形目	舌鳎科	舌鳎属未定种	*Cynoglossus* sp.
鲻形目	鲻科	鮻	*Liza haematocheila*
鲈形目	锦鳚科	方氏锦鳚	*Enedrias fangi*

②生物密度

定量样品中,除RD8、RD11和RD18号站外,其余站位均未发现仔稚鱼,平均生物密度为1.6 ind./m^3,范围为0.0～16.7 ind./m^3(表4-122)。

表 4-122　调查海域仔稚鱼生物密度

站位	生物密度(ind./m³)	站位密度(ind./网)
RD2	0.0	0.0
RD3	0.0	0.0
RD4	0.0	0.0
RD5	0.0	0.0
RD7	0.0	0.0
RD8	1.1	1.0
RD10	0.0	0.0
RD11	1.0	2.0
RD12	0.0	0.0
RD15	0.0	0.0
RD18	16.7	16.0
RD20	0.0	0.0
平均值	1.6	1.6

③水平拖网站位密度

水平拖网样品中共发现仔稚鱼69尾,平均站位密度为5.8 ind./站·10 min,范围为0～21 ind./站·10 min(表4-123)。

表 4-123　调查海域各站位水平网密度

站位	站位密度(ind./站·10 min)
RD2	2.0
RD3	5.0
RD4	2.0
RD5	3.0
RD7	4.0
RD8	11.0
RD10	21.0
RD11	2.0
RD12	12.0
RD15	2.0
RD18	3.0

续表

站位	站位密度(ind./站·10 min)
RD20	2.0
平均值	5.8

(3) 游泳动物

①种类组成

调查海域 12 个站位中,共出现游泳动物 15 种,其中鱼类 9 种,占总种类数的 60.00%;虾类 2 种,占 13.33%;蟹类 4 种,占 26.67%(图 4-70、表 4-124)。

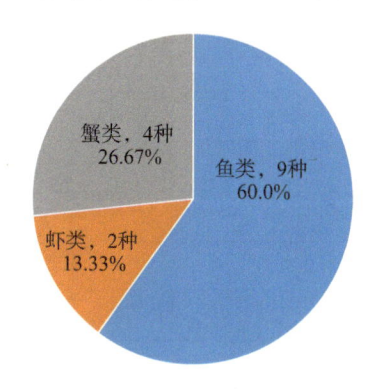

图 4-70　调查海域游泳动物种类百分比组成

表 4-124　调查海域各站位游泳动物各类群种类数

类群	站位											
	RD2	RD3	RD4	RD5	RD7	RD8	RD10	RD11	RD12	RD15	RD18	RD20
鱼类	2	5	1	3	6	2	2	2	1	5	2	3
虾类	1	1	2	0	1	2	0	0	1	1	0	0
蟹类	2	3	3	3	2	2	3	2	4	3	3	3
总计	5	9	6	6	9	6	5	4	6	9	5	6

总渔获质量中,鱼类占 68.37%,蟹类占 31.33%,虾类占 0.30%;总渔获尾数中,鱼类占 8.35%,蟹类占 88.66%,虾类占 2.99%(表 4-125)。

表 4-125　调查海域总渔获物分类别百分比组成

类别	质量百分比	数量百分比
鱼类	68.37%	8.35%
虾类	0.30%	2.99%
蟹类	31.33%	88.66%
总计	100.00%	100.00%

②渔业资源质量密度、数量密度

调查海域渔业资源平均质量密度为 2.540 kg/h,范围为 0.305~5.124 kg/h。各站位中 RD3 号站位质量密度最高为 5.124 kg/h,RD8 号站位质量密度最低为 0.305 kg/h。

调查海域渔业资源平均数量密度为 79 ind./h,范围为 26~263 ind./h。各站位中 RD4 号站位数量密度最高为 263 ind./h,RD2 号站数量密度最低为 26 ind./h。

见表 4-126、图 4-71、图 4-72。

表 4-126 调查海域质量密度、数量密度

站位	质量密度(kg/h)	数量密度(ind./h)
RD2	1.343	26
RD3	5.124	236
RD4	4.863	263
RD5	2.693	44
RD7	2.999	42
RD8	0.305	33
RD10	1.527	36
RD11	2.611	29
RD12	1.198	45
RD15	3.414	101
RD18	2.384	45
RD20	2.022	56
平均值	2.540	79

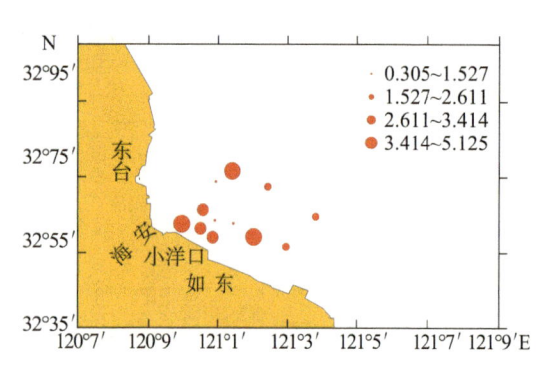

图 4-71 调查海域游泳动物重量密度分布单位(kg/h)

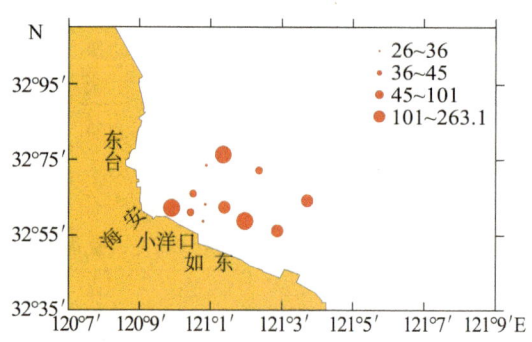

图 4-72 调查海域游泳动物数量密度分布单位(ind./h)

各类群的质量密度中,鱼类最高,为 1.737 kg/h,其次为蟹类,质量密度为 0.796 kg/h,虾类为 0.008 kg/h。数量密度中,蟹类最高,为 70 ind./h,鱼类为 7 ind./h,虾类为 2 ind./h。

第 4 章
渔港经济区海域环境质量状况及分析

表 4-127 调查海域各类群质量密度、数量密度

类群	质量密度(kg/h)	数量密度(ind./h)
鱼类	1.737	7
虾类	0.008	2
蟹类	0.796	70
总计	2.541	79

调查海域各站位渔业资源各类群质量密度列于表 4-128 中。

调查海域各站位渔业资源各类群数量密度列于表 4-129 中。

表 4-128 调查海域各站位渔业资源各类群质量密度　　　　　　（单位：kg/h）

站位	鱼类	虾类	蟹类	总计
RD2	1.171	0.011	0.162	1.344
RD3	2.772	0.018	2.333	5.123
RD4	1.835	0.032	2.996	4.863
RD5	2.305	0.000	0.388	2.693
RD7	2.656	0.011	0.333	3.000
RD8	0.067	0.006	0.233	0.306
RD10	1.149	0.000	0.378	1.527
RD11	2.255	0.000	0.356	2.611
RD12	0.645	0.004	0.549	1.198
RD15	2.506	0.011	0.897	3.414
RD18	1.954	0.000	0.430	2.384
RD20	1.527	0.000	0.496	2.023
平均值	1.737	0.008	0.796	2.541

表 4-129 调查海域各站位渔业资源各类群数量密度　　　　　　（单位：ind./h）

站位	鱼类	虾类	蟹类	总计
RD2	6.0	3.0	16.5	25.5
RD3	10.5	6.0	219.0	235.5
RD4	3.0	9.0	250.5	262.5
RD5	7.5	0.0	36.0	43.5
RD7	12.0	3.0	27.0	42.0
RD8	6.0	3.0	24.0	33.0

续表

站位	鱼类	虾类	蟹类	总计
RD10	6.0	0.0	30.0	36.0
RD11	4.5	0.0	24.0	28.5
RD12	1.5	1.5	42.0	45.0
RD15	10.5	3.0	87.0	100.5
RD18	7.5	0.0	37.5	45.0
RD20	4.5	0.0	51.0	55.5
平均值	7.0	2.0	70.0	79.0

③优势种

调查海域渔业资源优势度≥0.02 为优势种。

调查海域渔业资源质量优势种有鮸、鲻鱼、日本关公蟹和三疣梭子蟹（表 4-130）。

表 4-130　调查海域渔业资源质量优势种

类群	种名	出现次数	出现频率	质量密度(kg/h)	质量密度百分比	优势度
鱼类	鮸	6	50.00%	0.483	19.03%	0.095
鱼类	鲻鱼	9	75.00%	1.149	45.23%	0.339
蟹类	日本关公蟹	11	91.67%	0.104	4.08%	0.037
蟹类	三疣梭子蟹	12	100.00%	0.635	24.99%	0.250

调查海域渔业资源数量优势种有三疣梭子蟹、日本关公蟹和日本蟳（表 4-131）。

表 4-131　调查海域渔业资源尾数优势种

类群	种名	出现次数	出现频率	数量密度(ind./h)	数量密度百分比	优势度
蟹类	日本关公蟹	11	91.67%	9	11.81%	0.108
蟹类	日本蟳	8	66.67%	3	3.15%	0.021
蟹类	三疣梭子蟹	12	100.00%	58	72.91%	0.729

质量优势种和数量优势种的共同种类有 2 种，为三疣梭子蟹和日本关公蟹。三疣梭子蟹在 12 个站位点均有出现，出现频率为 100.00%，其质量密度和数量密度分别为 0.635 kg/h 和 58 ind./h。日本关公蟹在 11 个站位点有出现，出现频率为 91.67%，其质量密度和数量密度分别为 0.104 kg/h 和 9 ind./h。

鲻鱼和鮸仅为质量优势种。鲻鱼在 9 个站位点有出现，出现频率为 75.00%，其质量密度和数量密度分别为 1.149 kg/h 和 1 ind./h。鮸在 6 个站位点有出现，出现频率为 50.00%，其质量密度和数量密度分别为 0.483 kg/h 和 2 ind./h。

日本蟳仅为数量优势种。日本蟳在 8 个站位点有出现，出现频率为 66.67%，其质量密度和数量密度分别为 0.043 kg/h 和 3 ind./h。

④资源量、资源密度

根据所有调查站位的扫海面积,每种渔获物的捕获系数、渔获量、渔获尾数,确定各种渔获物质量资源量和资源尾数。

经计算调查海域游泳动物各站位平均资源量为 65.878 kg/km², 范围为 6.030～123.822 kg/km²。资源密度平均为 1 487 ind./km², 范围为 520～4 761 ind./km²(表 4-132)。

表 4-132 调查海域各站位游泳动物资源量和资源密度

站号	资源量(kg/km²)	资源密度(ind./km²)
RD2	37.689	520
RD3	123.822	4 313
RD4	109.547	4 761
RD5	75.617	850
RD7	83.212	826
RD8	6.030	655
RD10	41.275	720
RD11	73.631	556
RD12	29.312	828
RD15	89.953	1 888
RD18	66.344	900
RD20	54.097	1 030
平均值	65.878	1 487

按类群分,调查海域游泳动物各类群总计资源量为 65.878 kg/km², 鱼类最高为 51.415 kg/km²(其中石首科鱼类为 15.137 kg/km², 非石首科鱼类为 36.278 kg/km²), 蟹类为 14.325 kg/km², 虾类为 0.138 kg/km²。资源密度总计为 1 488 尾/km², 其中蟹类最高为 1 267 尾/km², 鱼类为 178 尾/km²(其中石首科鱼类为 63 尾/km², 非石首科鱼类为 115 尾/km²), 虾类为 43 尾/km²(表 4-133)。

表 4-133 调查海域各类群游泳动物资源量和资源密度

类群	资源量(kg/km²)	资源密度(ind./km²)
鱼类	51.415	178
石首科鱼类	15.137	63
非石首科鱼类	36.278	115
虾类	0.138	43
蟹类	14.325	1 267
合计	65.877	1 488

⑤生物多样性

整个调查海域渔业资源质量的多样性指数平均值为1.53,范围为0.83～2.02;均匀度平均值为0.58,范围为0.42～0.73;丰富度平均值为0.48,范围为0.26～0.69。其中多样性指数在RD3号站位最高,在RD11号站位最低(表4-134、图4-73)。

表4-134 调查海域渔业资源群落重量特征

站位	2022年春季		
	多样性指数(H')	均匀度(J)	丰富度(D)
RD2	0.99	0.42	0.38
RD3	2.02	0.64	0.65
RD4	1.50	0.58	0.41
RD5	1.71	0.66	0.44
RD7	1.95	0.62	0.69
RD8	1.88	0.73	0.61
RD10	1.12	0.48	0.38
RD11	0.83	0.42	0.26
RD12	1.77	0.69	0.49
RD15	2.01	0.63	0.68
RD18	1.28	0.55	0.36
RD20	1.32	0.51	0.46
最小值	0.83	0.42	0.26
最大值	2.02	0.73	0.69
平均值	1.53	0.58	0.48

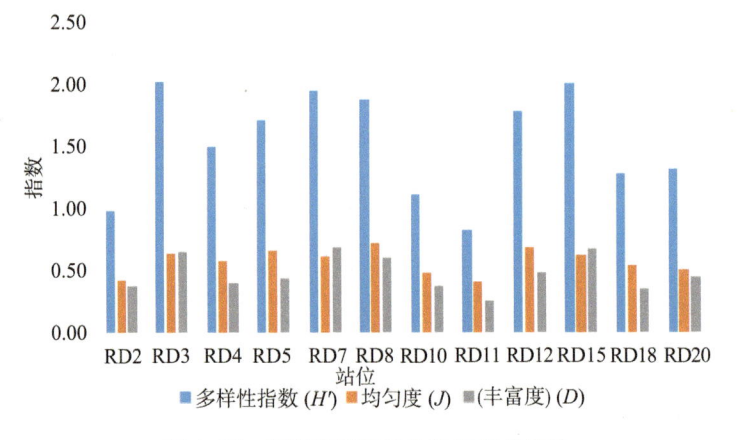

图4-73 调查海域游泳生物质量多样性

第 4 章
渔港经济区海域环境质量状况及分析

整个调查海域渔业资源数量的多样性指数均值为 1.62,范围为 0.91～2.50;均匀度均值为 0.63,范围为 0.29～0.86;丰富度均值为 0.92,范围为 0.62～1.48。其中多样性指数在 RD7 号站位最高,在 RD3 号站位最低(表 4-135、图 4-74)。

表 4-135 调查海域渔业资源群落数量特征

站位	2022 年春季		
	多样性指数(H')	均匀度(J)	丰富度(D)
RD2	2.00	0.86	0.86
RD3	0.91	0.29	1.02
RD4	0.95	0.37	0.62
RD5	1.91	0.74	0.92
RD7	2.50	0.79	1.48
RD8	2.03	0.78	0.99
RD10	1.41	0.61	0.77
RD11	1.58	0.79	0.62
RD12	1.79	0.69	0.91
RD15	1.40	0.44	1.20
RD18	1.62	0.70	0.73
RD20	1.38	0.53	0.86
最小值	0.91	0.29	0.62
最大值	2.50	0.86	1.48
平均值	1.62	0.63	0.92

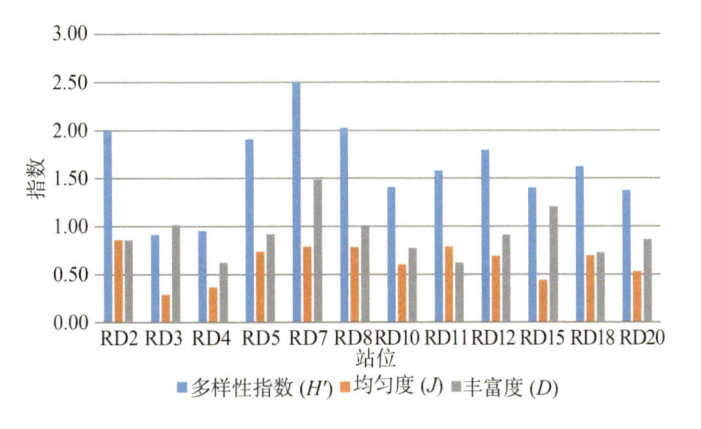

图 4-74 调查海域渔业资源数量多样性

⑥生物学特征

对优势种中的有关经济品种进行了生物学测定,春季测定品种有斑鰶、鮸、鲻鱼、棘头梅童鱼、日本蟳、三疣梭子蟹、葛氏长臂虾、焦氏舌鳎、凤鲚和脊尾白虾。

a. 鱼类生物学特征

在生物学测定中,鲻鱼平均体长为 30.8 cm,范围为 6.8~41.6 cm,平均体重 628.5 g,范围为 49.63~1 185.42 g;鮸平均体长为 27.3 cm,范围为 22.1~32.4 cm,平均体重 300.7 g,范围为 149.21~398.41 g;凤鲚平均体长为 9.5 cm,范围为 1.8~24.3 cm,平均体重 15.9 g,范围为 4.73~48.12 g;焦氏舌鳎平均体长为 18.5 cm,范围为 12.7~22.7 cm,平均体重 43.1 g,范围为 18.71~63.78 g;斑鰶平均体长为 12.4 cm,范围为 7.4~17.1 cm,平均体重 32.6 g,范围为 13.71~76.81 g;棘头梅童鱼平均体长为 13.0 cm,范围为 12.8~13.4 cm,平均体重 46.2 g,范围为 41.71~50.17 g(表 4-136)。

表 4-136　调查海域鱼类生物学特征

种名	体长(cm) 范围	体长(cm) 平均值	体重(g) 范围	体重(g) 平均值	千克重尾数
鲻鱼	6.8~41.6	30.8	49.63~1 185.42	628.5	1
鮸	22.1~32.4	27.3	149.21~398.41	300.7	3
凤鲚	1.8~24.3	9.5	4.73~48.12	15.9	89
焦氏舌鳎	12.7~22.7	18.5	18.71~63.78	43.1	38
斑鰶	7.4~17.1	12.4	13.71~76.18	32.6	33
棘头梅童鱼	12.8~13.4	13.0	41.71~50.17	46.2	23

b. 蟹类生物学特征

在生物学测定中,日本蟳头胸甲宽平均为 4.7 cm,范围为 1.8~14.2 cm,平均体重 17.6 g,范围为 3.37~57.86 g。三疣梭子蟹头胸甲宽平均为 6.0 cm,范围为 2.4~13.2 cm,平均体重 13.1 g,范围为 1.95~44.02 g(表 4-137)。

表 4-137　调查海域蟹类生物学特征

种名	头胸甲宽(cm) 范围	头胸甲宽(cm) 平均值	体重(g) 范围	体重(g) 平均值	千克重尾数
日本蟳	1.8~14.2	4.7	3.37~57.86	17.6	58
三疣梭子蟹	2.4~13.2	6.0	1.95~44.02	13.1	91

c. 虾类生物学特征

虾类经济种类葛氏长臂虾平均体长 5.80 cm,体长范围 3.2~7.6 cm,平均体重 3.3 g,范围 1.25~4.63 g;脊尾白虾平均体长 5.62 cm,体长范围 4.8~7.1 cm,平均体重 2.8 g,范围 1.85~3.86 g(表 4-138)。

表 4-138 调查海域虾类生物学特征

种名	体长（cm）范围	体长（cm）平均值	体重（g）范围	体重（g）平均值	千克重尾数
葛氏长臂虾	3.2～7.6	5.80	1.25～4.63	3.3	307
脊尾白虾	4.8～7.1	5.62	1.85～3.86	2.8	364

3.2.7 回顾性分析

将 2022 年监测结果与 2021 年春季的水质、沉积物、生物质量和海洋生态要素监测结果进行统计比较。

（1）海水水质

2021 年春季监测海域全部监测站位中 pH、溶解氧、化学需氧量、锌、镉、铬、汞、砷、硫化物、挥发酚、六六六、滴滴涕含量均符合第一类海水水质标准。主要超标污染物为无机氮和活性磷酸盐。全部监测站位中 90% 的站位磷酸盐含量符合第一类海水水质标准，95% 的站位符合第二类或第三类海水水质标准，5% 的站位磷酸盐含量符合第四类海水水质标准。20% 的站位无机氮含量符合第一类海水水质标准，75% 的站位无机氮含量符合第二类海水水质标准，90% 的站位无机氮含量符合第三类海水水质标准，5% 的站位无机氮含量符合第四类海水水质标准，5% 的站位无机氮含量为劣四类。95% 的站位石油类含量符合第一类或第二类海水水质标准，均符合第三类海水水质标准。95% 的站位铜和铅的含量符合第一类海水水质标准，均符合第二类海水水质标准。

2022 年春季监测海域全部监测站位中，海水水质涨落潮平均计算，pH、溶解氧、化学需氧量、活性磷酸盐、铜、锌、镉、铬、汞、砷、石油类、硫化物、挥发酚、六六六、滴滴涕、多环芳烃含量均符合第一类海水水质标准。主要超标污染物为无机氮。65% 的站位无机氮含量符合第一类海水水质标准，25% 的站位无机氮含量符合第二类海水水质标准，5% 的站位无机氮含量符合第三类海水水质标准，5% 的站位无机氮含量符合第四类海水水质标准。95% 的站位铅含量符合第一类海水水质标准，5% 的站位铅含量符合第二类海水水质标准。

对比统计结果显示，监测海域主要超标污染物仍为无机氮。2022 年海水水质状况总体比 2021 年明显好转，除化学需氧量稍有增加、汞没有明显变化外，其余指标含量均有不同程度的下降（表 4-139）。

表 4-139 海水水质要素结果对比

项目 指标	单位	2021 年春季 最小值	2021 年春季 最大值	2021 年春季 平均值	2022 年春季 最小值	2022 年春季 最大值	2022 年春季 平均值
pH	—	7.88	8.10	7.99	7.99	8.20	8.11
溶解氧	mg/L	6.85	7.05	6.98	6.43	8.42	7.43
化学需氧量	mg/L	0.44	1.64	1.04	0.67	2.60	1.40

续表

项目		2021年春季			2022年春季		
指标	单位	最小值	最大值	平均值	最小值	最大值	平均值
悬浮物	mg/L	65.00	311.00	178.00	4.30	29.20	7.87
无机氮	mg/L	0.118	0.524	0.260	0.067	0.422	0.185
活性磷酸盐	mg/L	0.000 72 L	0.034 00	0.010 00	0.001 00 L	0.012 00	0.005 00
石油类	μg/L	4.50	72.10	26.30	10.00 L	10.00 L	10.00 L
铜	μg/L	0.486	5.860	2.420	1.350	2.250	1.740
锌	μg/L	3.35	10.90	6.74	8.62	12.60	10.20
铅	μg/L	0.108	1.580	0.466	0.360	1.200	0.570
镉	μg/L	0.031	0.176	0.090	0.030 L	0.090	0.040
铬	μg/L	0.062	1.130	0.754	0.050 L	0.350	0.150
汞	μg/L	0.005	0.024	0.013	0.007 L	0.043	0.013
砷	μg/L	3.52	9.81	7.14	1.22	2.99	2.40
硫化物	μg/L	0.2 L	0.2 L	0.2 L	3.0 L	3.0 L	3.0 L
挥发酚	μg/L	1.10 L	1.98 L	1.10 L	1.10 L	1.10 L	1.10 L

注：L 为未检出。

(2) 海洋沉积物

2021年监测海域全部监测站位中有机碳、硫化物、石油类、铜、锌、铅、镉、铬、汞、砷含量全部符合《海洋沉积物质量》(GB 18668—2002)中的第一类沉积物质量标准。

2022年春季监测海域全部监测站位中有机碳、硫化物、石油类、铜、锌、铅、镉、铬、砷含量全部符合《海洋沉积物质量》(GB 18668—2002)中的第一类沉积物质量标准。汞含量83%的站位符合《海洋沉积物质量》(GB 18668—2002)中的第一类沉积物质量标准，17%的站位符合《海洋沉积物质量》(GB 18668—2002)中的第二类沉积物质量标准。

通过对比监测数据发现，监测海域2022年沉积物与2021年相比变化不大，汞、有机碳、砷和石油类含量略有上升，其余指标含量均有明显的下降趋势(表4-140)。

表4-140 沉积物要素结果对比

项目		2021年春季			2022年春季		
指标	单位	最小值	最大值	平均值	最小值	最大值	平均值
有机碳	×10⁴ mg/kg	0.05	0.20	0.09	0.10	0.83	0.41
硫化物	mg/kg	0.21	42.80	7.97	0.30 L	0.40	0.30
石油类	mg/kg	1.77	214.00	40.90	11.20	192.00	74.90
铜	mg/kg	14.10	16.90	15.70	8.55	10.50	9.44
锌	mg/kg	48.5	89.7	69.3	47.4	69.1	57.4

续表

项目		2021年春季			2022年春季		
指标	单位	最小值	最大值	平均值	最小值	最大值	平均值
铅	mg/kg	12.9	30.6	18.7	12.6	17.3	14.1
镉	mg/kg	0.096 3	0.234 0	0.144 0	0.084 0	0.202 0	0.122 0
铬	mg/kg	26.6	61.1	38.2	18.4	23.1	20.9
汞	mg/kg	0.003	0.011	0.005	0.002 L	0.237	0.067
砷	mg/kg	7.63	17.20	9.49	12.40	18.70	14.80

注：L为未检出。

(3) 海洋生物质量

①海洋贝类

2021年监测海域全部监测站位中，铜、锌、镉、铬、汞含量均符合《海洋生物质量》(GB 18421—2001)中的第一类海洋贝类生物质量标准。20%的站位铅含量符合《海洋生物质量》(GB 18421—2001)中的第一类海洋贝类生物质量标准，全部符合第二类海洋贝类生物质量标准。砷和石油烃含量均超过《海洋生物质量》(GB 18421—2001)中的第一类海洋贝类生物质量标准，但全部符合第二类海洋贝类生物质量标准。

2022年监测海域全部监测站位中，铜、锌、镉、铬、汞和石油烃含量均符合《海洋生物质量》(GB 18421—2001)中的第一类海洋贝类生物质量标准。铅和砷的含量均超过《海洋生物质量》(GB 18421—2001)中的第一类海洋贝类生物质量标准，但全部符合第二类海洋贝类生物质量标准。

通过监测数据对比，监测海域2022年海洋贝类石油烃含量明显好转，其余指标含量与2021年相比没有明显变化。

②生物体鱼类

2021年监测海域全部监测站位中，生物体鱼类铜、锌、铅、镉、汞均符合《全国海岸带和海涂资源综合调查简明规程》和《第二次全国海洋污染基线调查技术规程》中海洋生物质量评价标准值。石油类含量均超过《全国海岸带和海涂资源综合调查简明规程》和《第二次全国海洋污染基线调查技术规程》中海洋生物质量评价标准值。

2022年监测海域全部监测站位中，生物体鱼类铜、锌、铅、镉、汞和石油类均符合《全国海岸带和海涂资源综合调查简明规程》和《第二次全国海洋污染基线调查技术规程》中海洋生物质量评价标准值。

通过监测数据对比，监测海域2022年生物体鱼类石油类含量明显好转，其余指标含量与2021年相比没有明显变化。

③生物体甲壳类

2021年监测海域全部监测站位中，生物体甲壳类铜、锌、铅、镉、总汞均符合《全国海岸带和海涂资源综合调查简明规程》和《第二次全国海洋污染基线调查技术规程》中海洋生物质量评价标准值。石油类含量均超过《全国海岸带和海涂资源综合调查简明规程》和

《第二次全国海洋污染基线调查技术规程》中海洋生物质量评价标准值。

2022年监测海域全部监测站位中,生物体甲壳类铜、锌、铅、镉、汞和石油类均符合《全国海岸带和海涂资源综合调查简明规程》和《第二次全国海洋污染基线调查技术规程》中海洋生物质量评价标准值。

通过监测数据对比,监测海域2022年生物体甲壳类石油类含量明显好转,其余指标含量与2021年相比没有明显变化。

(4) 生物生态

①浮游植物

2021年春季调查海域共鉴定出浮游植物4门34属55种,其中,硅藻门28属49种,甲藻门4属4种,绿藻门1属1种,裸藻门1属1种。

2022年春季调查海域共鉴定出浮游植物4门39属74种,其中,硅藻门31属64种,甲藻门5属7种,绿藻门1属1种,蓝藻门2属2种(图4-75)。

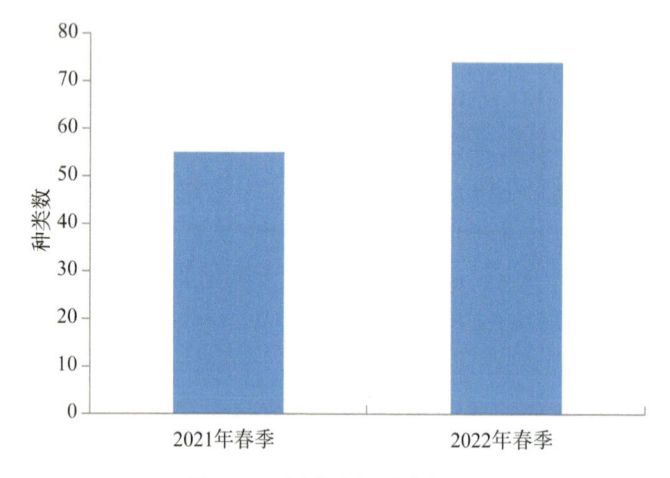

图 4-75 浮游植物种类数对比

2021年春季调查海域浮游植物网采水样的密度范围为 $1.5\times10^5\sim1.12\times10^8$ 个/m³,平均值为 1.07×10^7 个/m³。浮游植物瓶采水样的密度范围为 $2.4\times10^4\sim3.29\times10^5$ 个/L,平均值为 1.88×10^5 个/L。

2022年春季调查海域浮游植物网采水样的密度范围为 $5.71\times10^5\sim8.86\times10^6$ 个/m³,平均值为 2.92×10^6 个/m³。浮游植物瓶采水样的密度范围为 $3.60\times10^4\sim8.02\times10^5$ 个/L,平均值为 2.75×10^5 个/L(图4-76、图4-77)。

2021年春季整个调查海域浮游植物网采水样的多样性指数均值为1.96(0.62~3.05);均匀度均值为0.49(0.20~0.94);丰富度均值为1.04(0.61~1.68)。浮游植物瓶采水样的多样性指数均值为1.66(0.79~2.66),均匀度均值为0.55(0.28~0.84),丰富度均值为0.62(0.19~0.99)。

2022年春季整个调查海域浮游植物网采水样的多样性指数均值为3.59(3.03~4.18);均匀度均值为0.80(0.64~0.93);丰富度均值为1.03(0.78~1.19)。浮游植物瓶

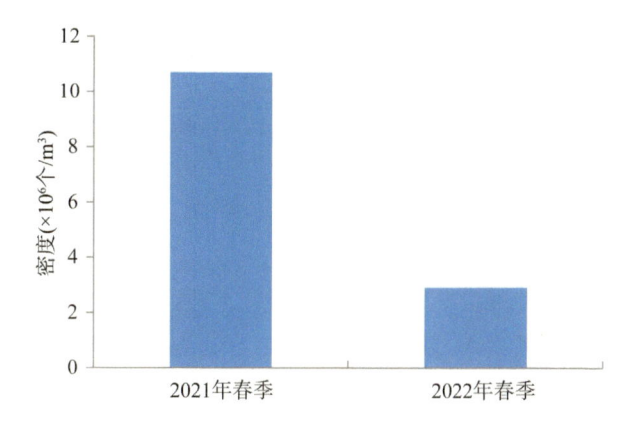

图 4-76　浮游植物生物密度平均值对比(网样)

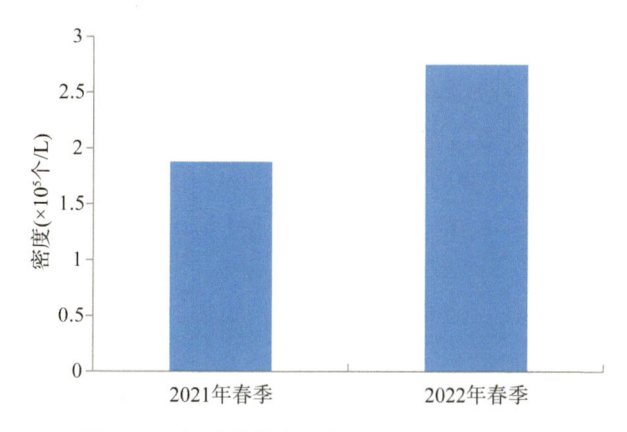

图 4-77　浮游植物生物密度平均值对比(水样)

采水样的多样性指数均值为 2.83(2.25~3.67),均匀度均值为 0.75(0.62~0.92),丰富度均值为 0.77(0.47~1.02)(图 4-78,图 4-79)。

2021 年春季整个调查海域网样浮游植物优势种共 4 种,为加氏星杆藻($Y=0.03$)、具槽直链藻($Y=0.04$)、琼氏圆筛藻($Y=0.02$)和中肋骨条藻($Y=0.67$)。水样浮游植物优势种共 5 种,为加氏星杆藻($Y=0.09$)、具槽直链藻($Y=0.03$)、海链藻($Y=0.03$)、中肋骨

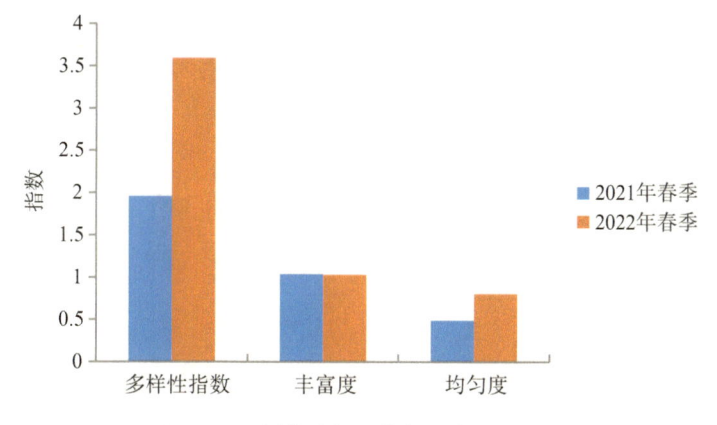

图 4-78　浮游植物群落参数变化(网样)

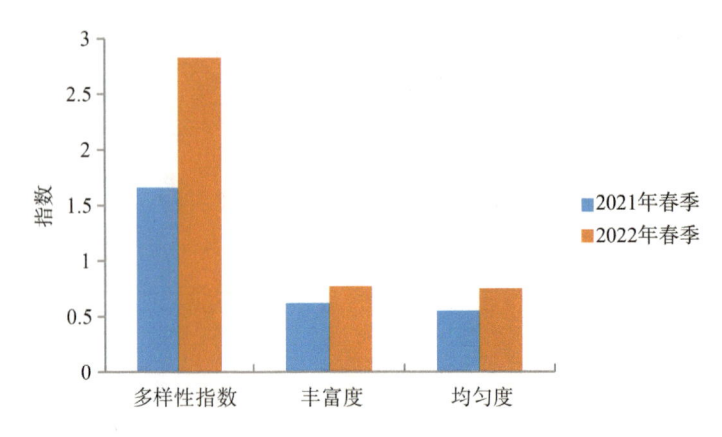

图 4-79　浮游植物群落参数变化(水样)

条藻($Y=0.57$)和菱形藻($Y=0.03$)。

2022年春季整个调查海域网样浮游植物优势种共6种,为海链藻($Y=0.03$)、布氏双尾藻($Y=0.04$)、具槽直链藻($Y=0.04$)、菱形藻($Y=0.15$)、扭链角毛藻($Y=0.03$)和中肋骨条藻($Y=0.28$)。水样浮游植物优势种共7种,为海链藻($Y=0.03$)、派格棍形藻($Y=0.20$)、布氏双尾藻($Y=0.04$)、柔弱根管藻($Y=0.05$)、菱形藻($Y=0.05$)、扭链角毛藻($Y=0.04$)和中肋骨条藻($Y=0.26$)。

综上所述,调查海域春季浮游植物种类数有所增加,生物密度变化不大,多样性指数有所升高。

②浮游动物

2021年春季调查期间调查海域共鉴定浮游动物9大类27种,其中,桡足类13种、毛颚类2种、磷虾1种、端足类1种、腔肠动物1种、糠虾类1种、涟虫类1种、十足类1种、浮游幼体6种。

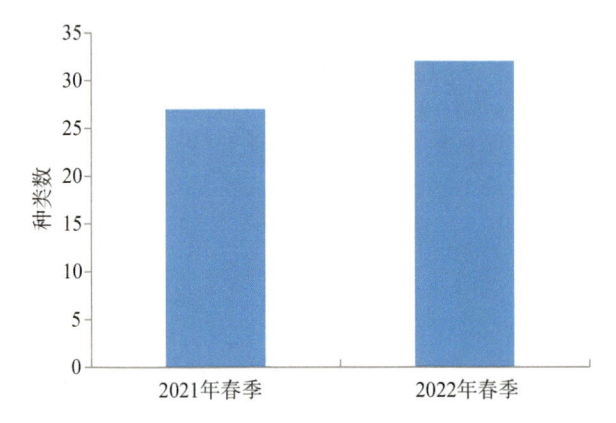

图 4-80　浮游植物种类数对比

2022年春季调查期间调查海域共鉴定浮游动物7大类30种,其中,桡足类14种、毛颚类2种、端足类2种、浮游幼体8种、糠虾类2种、磷虾类1种、涟虫类1种。

第 4 章
渔港经济区海域环境质量状况及分析

2021年春季调查海域大型浮游动物密度范围为 45.0～1 170.0 个/m³，平均值为 258.3 个/m³；中小型浮游动物密度范围为 705.0～89 204.0 个/m³，平均值为 15 759.7 个/m³。大型浮游动物生物量范围为 27.3～642.7 mg/m³，平均值为 170.6 mg/m³。

2022年春季调查海域大型浮游动物密度范围为 38.0～593.4 个/m³，平均值为 168.8 个/m³；中小型浮游动物密度范围为 1 281.1～54 372.0 个/m³，平均值为 14 930.5 个/m³。大型浮游动物生物量范围为 46.2～534.5 mg/m³，平均值为 167.1 mg/m³（图 4-81）。

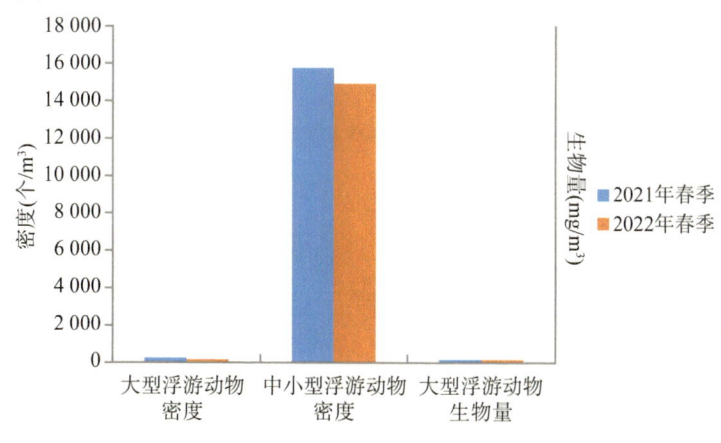

图 4-81　浮游动物密度、生物量变化对比

2021年春季整个调查海域的大型浮游动物多样性指数、丰富度和均匀度平均值分别为 1.80、1.54 和 0.60；中小型浮游动物多样性指数、丰富度和均匀度平均值分别为 1.69、0.86 和 0.55。

2022年春季整个调查海域的大型浮游动物多样性指数、丰富度和均匀度平均值分别为 2.10、1.21 和 0.69；中小型浮游动物多样性指数、丰富度和均匀度平均值分别为 1.25、0.77 和 0.36（图 4-82，图 4-83）。

2021年春季调查海域大型浮游动物优势种共 3 种，分别为小拟哲水蚤（$Y=0.07$）、真

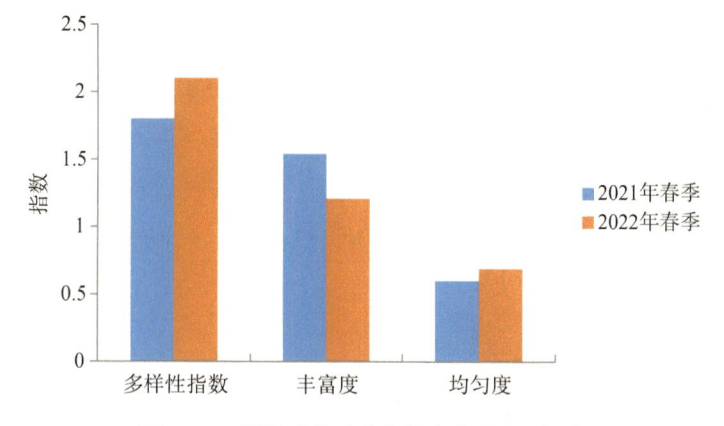

图 4-82　浮游动物群落参数变化对比（大型）

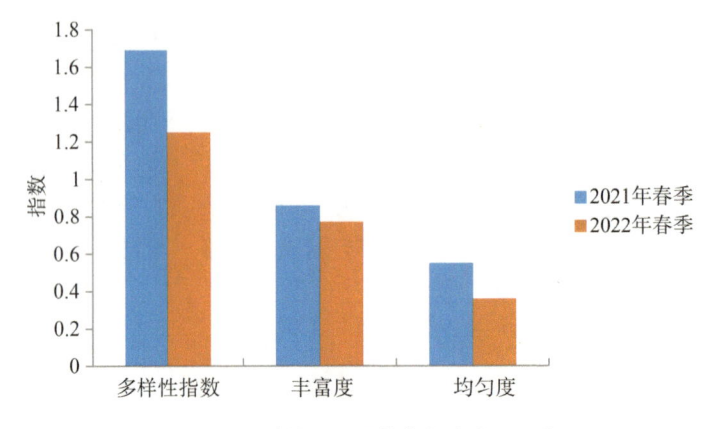

图 4-83　浮游动物群落参数变化（Ⅱ型）

刺唇角水蚤（$Y=0.19$）和中华哲水蚤（$Y=0.55$）；中小型浮游动物优势种共 3 种，分别为纺锤水蚤（$Y=0.28$）、拟长腹剑水蚤（$Y=0.11$）和小拟哲水蚤（$Y=0.55$）。

2022 年春季调查海域大型浮游动物优势种共 5 种，分别为火腿许水蚤（$Y=0.15$）、真刺唇角水蚤（$Y=0.47$）、纺锤水蚤（$Y=0.03$）、刺尾歪水蚤（$Y=0.02$）和宽尾刺糠虾（$Y=0.13$）；中小型浮游动物优势种共 3 种，分别为纺锤水蚤（$Y=0.81$）、小拟哲水蚤（$Y=0.08$）和真刺唇角水蚤（$Y=0.04$）。

综上所述，调查海域与 2021 年春季相比，浮游动物种类数、密度、多样性指数和优势种变化不大。

③底栖生物

2021 年春季与 2022 年春季底栖生物种类数、密度、生物量指数、多样性指数、均匀度、丰富度对比结果如表 4-141 所示。

表 4-141　春季底栖生物种类数、密度、生物量等的变化

时间	种类数	密度（个/m²）	生物量（mg/m²）	多样性指数	均匀度	丰富度
2021 年春季	19	9.00	5.94	0.21	0.05	0.16
2022 年春季	13	4.17	1.18	0.08	0.02	0.08

2021 年与 2022 年相比，春季底栖生物种类数、密度、生物量有所降低。

④潮间带生物

2021 年春季与 2022 年春季潮间带生物种类数、密度、生物量对比结果如表 4-142 所示。

表 4-142　春季潮间带生物种类数、密度、生物量的变化

时间	种类数	密度（个/m²）	生物量（g/m²）
2021 年春季	25	14.5	14.8
2022 年春季	15	29.6	28.7

2021 年与 2022 年相比，春季潮间带生物种类数大，密度、生物量有所升高。

（5）渔业资源

①鱼卵、仔稚鱼

2021年春季与2022年春季鱼卵、仔稚鱼种类数、密度对比结果如表4-143所示。

表4-143　春季鱼卵、仔稚鱼种类数、密度的变化

时间	类别	种类数	生物密度(ind./m³)
2021年春季	鱼卵	10	3.08
	仔稚鱼	11	7.29
2022年春季	鱼卵	3	0.84
	仔稚鱼	5	1.60

2021年春季与2022年春季相比，鱼卵生物密度、仔稚鱼生物密度有所降低。

②游泳动物

a. 种类组成

2021春季调查海域12个站位中，共出现游泳动物30种。其中鱼类15种，占总种类数的50.0%；虾类7种，占23.3%；蟹类6种，占20.0%；其他类2种，占6.7%。

2022年春季调查海域12个站位中，共出现游泳动物15种。其中鱼类9种，占总种类数的60.00%；虾类2种，占13.33%；蟹类4种，占26.67%（图4-84）。

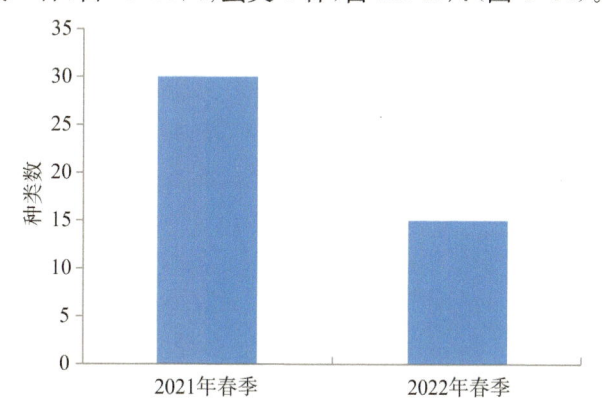

图4-84　春季游泳动物种类变化

b. 质量密度、数量密度

2021年春季调查海域渔业资源平均质量密度为5.252 kg/h，平均数量密度为799 ind./h。

2022年春季调查海域渔业资源平均质量密度为2.540 kg/h，平均数量密度为79 ind./h（图4-85）。

c. 生物多样性分析

2021年春季整个调查海域游泳动物质量的多样性指数均值为2.29，范围为1.63~3.00；均匀度均值为0.64，范围为0.49~0.79；丰富度均值为0.90，范围为0.67~1.49。数量的多样性指数均值为2.51，范围为1.68~3.29；均匀度均值为0.71，范围为0.47~0.86；丰富度均值为1.20，范围为0.91~1.89。

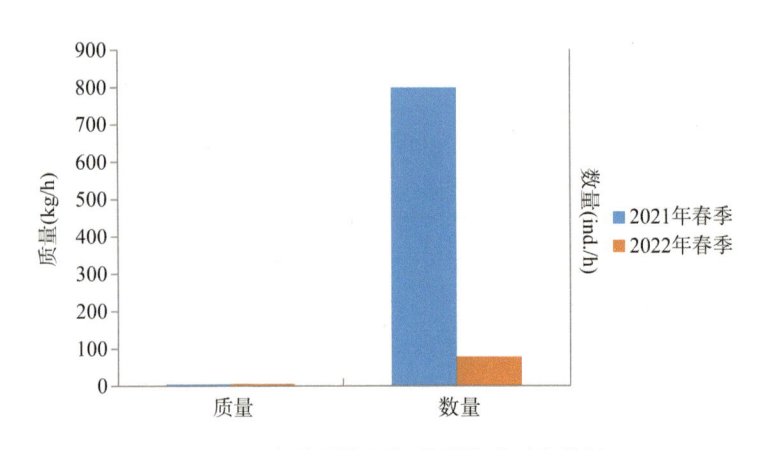

图 4-85　春季质量密度、数量密度对比分析

2022年春季整个调查海域游泳动物质量的多样性指数均值为1.53，范围为0.83～2.02；均匀度均值为0.58，范围为0.42～0.73；丰富度均值为0.48，范围为0.26～0.69。游泳动物数量的多样性指数均值为1.62，范围为0.91～2.50；均匀度均值为0.63，范围为0.29～0.86；丰富度均值为0.92，范围为0.62～1.48。

d. 优势种类

2021年春季调查海域游泳动物质量优势种有周氏新对虾、鹰爪虾、葛氏长臂虾、三疣梭子蟹、日本蟳、日本关公蟹、鲻鱼、鮸鱼和莱氏舌鳎。数量优势种有周氏新对虾、鹰爪虾、鲜明鼓虾、葛氏长臂虾、三疣梭子蟹、日本蟳、日本关公蟹和鮸鱼。

2022年春季调查海域游泳动物质量优势种有鮸鱼、鲻鱼、日本关公蟹和三疣梭子蟹。数量优势种有三疣梭子蟹、日本关公蟹和日本蟳。

（6）小结

通过对2022年苏中沿海渔港经济区海域海洋环境与渔业资源监测结果与2021年结果进行对比分析，可得出以下结论。

2022年春季监测海域全部监测站位中，①海水涨潮时：pH、石油类、挥发酚均符合第一类或第二类海水水质标准；DO、化学需氧量、活性磷酸盐、铜、锌、镉、铬、汞、砷、硫化物、六六六、滴滴涕、多环芳烃含量均符合第一类海水水质标准；65%的站位无机氮含量符合第一类海水水质标准，20%的站位无机氮含量符合第二类海水水质标准，10%的站位无机氮含量符合第三类海水水质标准，5%的站位无机氮含量为劣四类；95%的站位铅含量符合第一类海水水质标准，5%的站位铅含量符合第二类海水水质标准。②海水落潮时：pH、石油类、挥发酚均符合第一类或第二类海水水质标准；DO、活性磷酸盐、铜、锌、铅、镉、铬、汞、砷、硫化物、六六六、滴滴涕、多环芳烃含量均符合第一类海水水质标准；95%的站位化学需氧量含量符合第一类海水水质标准，5%的站位化学需氧量含量符合第二类海水水质标准；60%的站位无机氮含量符合第一类海水水质标准，35%的站位无机氮含量符合第二类海水水质标准，5%的站位无机氮含量符合第三类海水水质标准。

2022年春季监测海域全部监测站位中，海洋沉积物有机碳、硫化物、石油类、铜、锌、铅、镉、铬、砷含量全部符合《海洋沉积物质量》(GB 18668—2002)中的第一类沉积物质量标准。汞含量83%的站位符合《海洋沉积物质量》(GB 18668—2002)中的第一类沉积物质量标准,17%的站位符合《海洋沉积物质量》(GB 18668—2002)中的第二类沉积物质量标准,主要超标污染物为汞。

2022年春季海洋生物质量状况:海洋贝类生物质量铜、锌、镉、铬、总汞和石油烃含量均符合《海洋生物质量》(GB 18421—2001)中的第一类海洋贝类生物质量标准,铅和砷的含量均超过《海洋生物质量》(GB 18421—2001)中的第一类海洋贝类生物质量标准,但均符合第二类海洋贝类生物质量标准;生物体鱼类和甲壳类铜、锌、铅、镉、总汞和石油类均符合《全国海岸带和海涂资源综合调查简明规程》和《第二次全国海洋污染基线调查技术规程》中海洋生物质量评价标准值。

2022年春季调查海域生物生态情况:鉴定出浮游植物种类丰富,细胞密度较高;主要优势种优势度较大,种类分布较为均匀,多样性指数均值大于3,总体处于丰富水平,群落结构比较稳定;浮游动物种类丰富,密度较高,种类分布较为均匀,多样性指数均值大于1,总体处于较丰富水平,群落结构比较稳定;底栖生物种类较丰富,密度和生物量较低,种类分布均匀度较低,多样性指数小于1,处于贫乏水平,群落结构简单,稳定性较低;潮间带生物种类数处于一般水平,各断面密度和生物量的分布存在一定的波动,群落结构总体较简单。

2022年春季监测海域渔业资源中,共发现鱼卵3种,隶属于3目3科,其中鲱形目1种,鲻形目1种,鲈形目1种;共发现仔稚鱼5种,隶属于4目5科,其中鲱形目1种,鲻形目1种,鲈形目2种,鲽形目1种。

2022年春季调查海域12个站位中,共出现游泳动物15种。其中鱼类9种,占总种类数的60.00%;虾类2种,占13.33%;蟹类4种,占26.67%。总渔获质量中,鱼类占68.37%,蟹类占31.33%,虾类占0.30%;总渔获尾数中,鱼类占8.35%,蟹类占88.66%,虾类占2.99%。

调查海域游泳动物平均质量密度为2.540 kg/h,范围为0.306~5.123 kg/h。各站位中RD3号站位质量密度最高为5.123 kg/h,RD8号站位重量密度最低为0.306 kg/h。调查海域游泳动物平均数量密度为79 ind./h,范围为26~263 ind./h。各站位中RD4号站位数量密度最高为263 ind./h,RD2号站数量密度最低为26 ind./h。

海域游泳动物各站位平均资源量为65.878 kg/km^2,范围为6.030~123.822 kg/km^2。资源密度平均为1 487 ind./km^2,范围为520~4 761 ind./km^2。调查海域游泳动物各类群平均资源量为65.877 kg/km^2,鱼类最高为51.415 kg/km^2(其中石首科鱼类为15.137 kg/km^2,非石首科鱼类为36.278 kg/km^2),蟹类为14.325 kg/km^2,虾类为0.138 kg/km^2。资源密度总计为1 488 ind./km^2,其中蟹类最高为1 267 ind./km^2,鱼类为178 ind./km^2(其中石首科鱼类为63 ind./km^2,非石首科鱼类为115 ind./km^2),虾类为43 ind./km^2。

游泳动物质量优势种为日本关公蟹、三疣梭子蟹、鲻鱼和鮸,数量优势种为日本关公蟹、三疣梭子蟹和日本蟳。整个调查海域游泳动物质量的多样性指数均值为1.53,范围为0.83~2.02;均匀度均值为0.58,范围为0.42~0.73;丰富度均值为0.48,范围为

0.26～0.69。其中多样性指数在 RD3 号站位最高,在 RD11 号站位最低。整个调查海域游泳动物数量的多样性指数均值为 1.62,范围为 0.91～2.50;均匀度均值为 0.63,范围为 0.29～0.86;丰富度均值为 0.92,范围为 0.62～1.48。其中多样性指数在 RD7 号站位最高,在 RD3 号站位最低。

  与 2021 年同期相比,2022 年海水水质状况总体比 2021 年明显好转,主要超标污染物仍为无机氮,除化学需氧量含量稍有增加、汞没有明显变化外,其余指标含量均有不同程度的下降。2022 年海洋沉积物汞、有机碳、砷和石油类含量与 2021 年相比略有上升,其余指标含量均有明显的下降。2022 年海洋贝类石油烃含量明显好转,其余指标含量与 2021 年相比没有明显变化。与 2021 年同期相比,2022 年春季调查海域浮游植物种类数有所升高,生物密度大,多样性指数有所升高;浮游动物种类数、密度、生物量群落多样性指数和优势种不大;潮间带生物种类数大,栖息密度、生物量有所升高;游泳动物种类数、密度、群落多样性指数有所降低,优势种变化不大。

第5章

江苏渔业船舶污染物种类及产生数量

第1节 渔业船舶排放污染物种类确定及数量估算方法

1.1 调查基本原则

根据沿海渔港作业规律,休渔期沿海渔港及周边水域没有渔业船舶作业活动,通过渔业船舶排放的污染物很少,甚至可忽略;捕捞作业期渔业船舶作业活动频繁,通过渔业船舶排放的污染物增多。针对渔船生产作业规律,分别在休渔期和捕捞作业期进行含油污水、生活污水、船舶垃圾采样,查清渔业船舶污染物排放种类、数量及排放规律。在休渔期和捕捞作业期各开展一次,调查时间定在7—8月和9—10月,采样时需避开雨天等影响监测数据代表性的各类特殊情况,确保所采集样品的代表性。

1.2 渔业船舶排放污染物种类确定

开展实船调查,采集港口接收的及渔船排污口排放的含油污水、生活污水和船舶垃圾样品,依据《船舶水污染物排放控制标准》(GB 3552—2018)的规定项目和规定方法,通过样品测定分析确定渔业船舶排放污水主要污染物种类和垃圾种类。

开展实地调研,在捕捞作业期、休渔期走访渔民,了解渔民生产、生活资料的种类、数量,进入渔港,考察渔船实际配置生产资料、生活资料情况,走访渔政、渔港等相关责任管理部门了解渔业船舶污染物近海排放情况和港口接收情况。通过电话、座谈会等形式了解代表性渔业船舶含油污水、生活污水排放情况,生产生活垃圾类型,垃圾处置方式等。

1.3 渔业船舶污染物排放数量估算方法

通过分析江苏省渔业船舶污染排放调查数据,建立估算模型,利用样本数据确定模型参数,计算渔港渔业船舶污染物的排放通量,估算全省渔业船舶污染物排放总量。

(1) 通过分析港口接收的及渔船排污口排放的含油污水、生活污水和船舶垃圾样品,确定代表性渔业船舶排放污染物种类、数量的样本数据。

(2) 通过座谈会发动渔民填制渔船基本信息及污染物排放情况调研表,根据渔船基本信息及污染物排放情况调研统计获得的样本数据,建立渔业船舶污染物排放数量与渔业船舶类型、主机功率、人员、作业时间等估算模型,确定模型参数,估算渔业船舶污染物的排放总量。

(3) 从渔业船舶管理部门调取注册登记渔船数量、船龄、吨位、船员人数、发动机功率等海洋渔业船舶基本信息,建立渔业船舶污染物排放数量估算的面上数据。

（4）利用基于样本数据建立的渔业船舶污染物排放数量估算模型，结合面上数据，评估江苏渔业船舶污染物整体排放状况，提出江苏渔业船舶污染物排放种类、数量估算清单。

第2节 江苏海洋渔业船舶基本信息分类统计

2.1 江苏海洋渔业船舶类型与数量

根据2020年江苏省海洋船舶数据库资料，分类统计江苏海洋渔业船舶基本信息。全省沿海各类渔业船舶共5 767艘。其中捕捞船舶4 978艘、养殖船495艘、辅助船5艘、科研船4艘、运输船248艘、执法船37艘，占总量比例分别为86.3%、8.6%、0.09%、0.07%、4.3%、0.64%（图5-1，表5-1）。主要船舶材质，船身长度(L)12 m及以下渔业船舶中，钢质的为387艘，木质的为412艘，玻璃钢的为11艘；12 m<L≤20 m渔业船舶中，钢质的为788艘，木质的为370艘；20 m<L≤30 m渔业船舶中，钢质的为1 724艘，木质的为134艘，玻璃钢的为2艘，其他材质的为1艘；30 m<L≤40 m渔业船舶中，钢质的为1 808艘，其他材质的为1艘；40 m以上渔业船舶中，钢质的为129艘（表5-2）。按渔船作业类型，12 m以下的捕捞船舶以刺网、张网作业类型为主，占比分别为48.3%、38.1%；12 m至20 m以下的捕捞船舶刺网、张网和拖网作业类型占比分别为45.7%、29.9%、21.7%；20 m以上的捕捞船舶刺网作业类型占比都在60%以上，张网和拖网作业类型占比都不足20%（表5-3）。

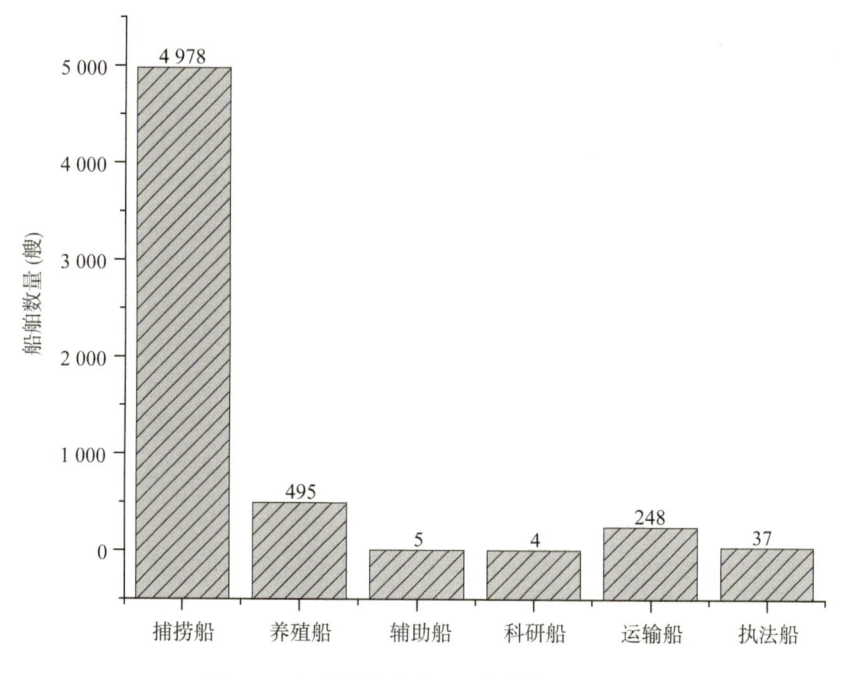

图5-1 江苏沿海渔业不同船舶类型的数量

表 5-1　江苏沿海渔业船舶类型与船舶材质统计表

船舶类型	船体材质				累计
	钢质	木质	玻璃钢	其他	
捕捞船	4 117	854	7	0	4 978
养殖船	446	48	0	1	495
辅助船	5	0	0	0	5
科研船	4	0	0	0	4
运输船	234	13	0	1	248
执法船	30	1	6	0	37

表 5-2　江苏沿海渔业捕捞船舶材质与船长统计表

船体材质	船体长度					累计
	$L \leqslant 12$ m	$12 < L \leqslant 20$ m	$20 < L \leqslant 30$ m	$30 < L \leqslant 40$ m	$L > 40$ m	
钢质	387	788	1 724	1 808	129	4 836
木质	412	370	134	0	0	916
玻璃钢	11	0	2	0	0	13
其他	0	0	1	1	0	2

表 5-3　江苏沿海渔业捕捞船舶作业类型与船舶材质统计表

船舶类型	船体材质				累计
	钢质	木质	玻璃钢	其他	
刺网	2 618	336	4	0	2 958
钓具	1	0	0	0	1
敷网	1	0	0	0	1
笼壶	3	1	0	0	4
拖网	535	275	3	0	813
围网	10	0	0	0	10
杂渔具	33	11	0	0	44
张网	917	230	0	0	1 147

2.2　渔业船舶调查分类参数的确定

对江苏海洋渔业船舶数据库有较大相关性的数据进行统计分析发现，船长与吨位相关性非常高（相关指数 $R^2 > 0.95$），船长与主机功率也有较大相关性（相关指数 $R^2 > 0.85$），确定船长作为渔业船舶基本分类参数；船体材质明显影响船舶用途及船长（图 5-2、

图 5-3),确定船体材质作为渔业船舶分类参数;船舶类型、作业类型也能影响船长分布(图 5-4),也作为渔业船舶分类参数。按照概率论和数理统计原理设计调查对象分类表,确定调查样本规模,确保调查样本分布的代表性,调查船舶分布与渔业船舶数据库中船舶分布的统一性,根据调查结果,利用调查样本统计规律推断渔业船舶数据库总体特征,估算江苏海洋渔业船舶污染排放总量。

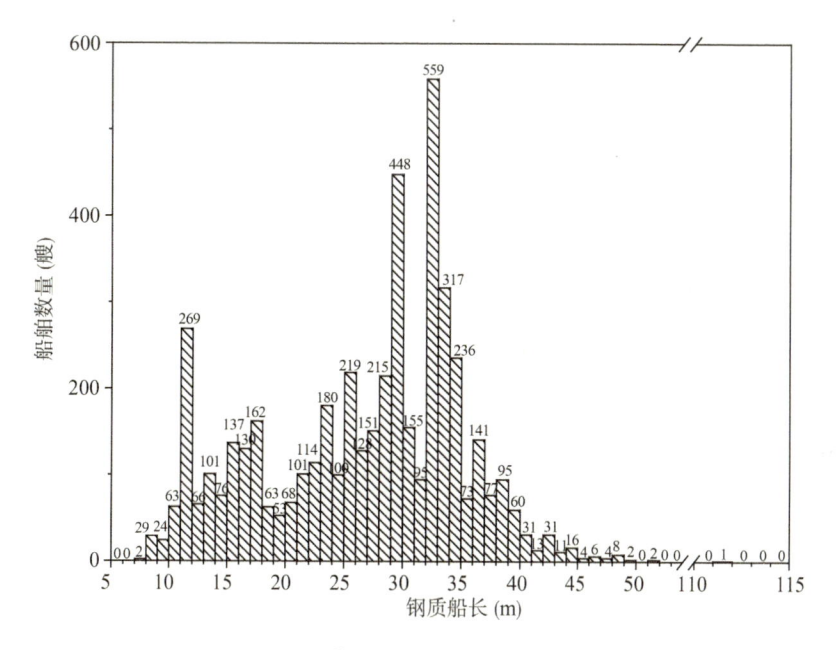

图 5-2 江苏沿海钢质渔业船舶船长分布图

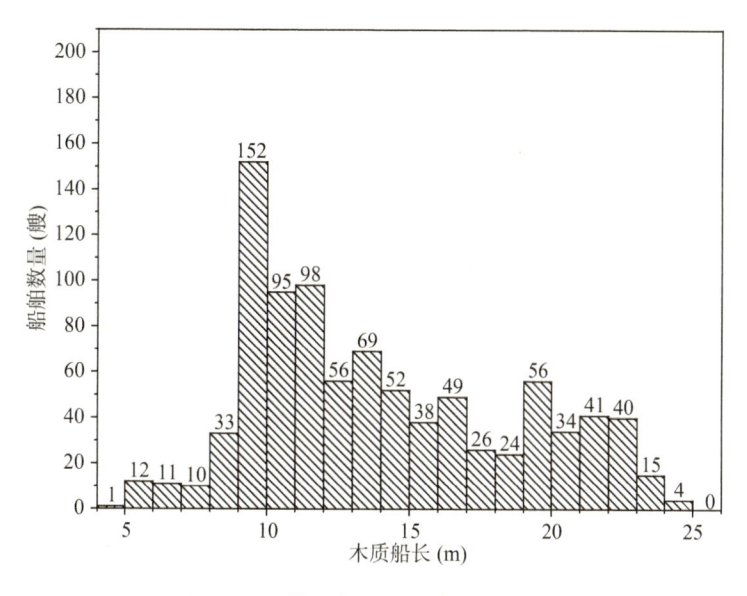

图 5-3 江苏沿海木质渔业船舶船长分布图

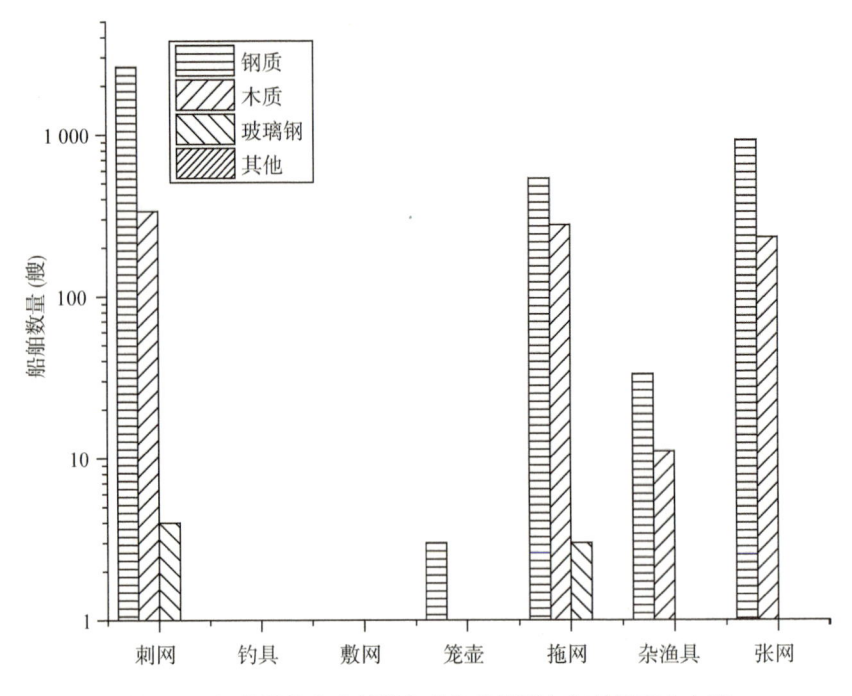

图 5-4　江苏沿海渔业捕捞船舶作业类型与船舶材质分布图

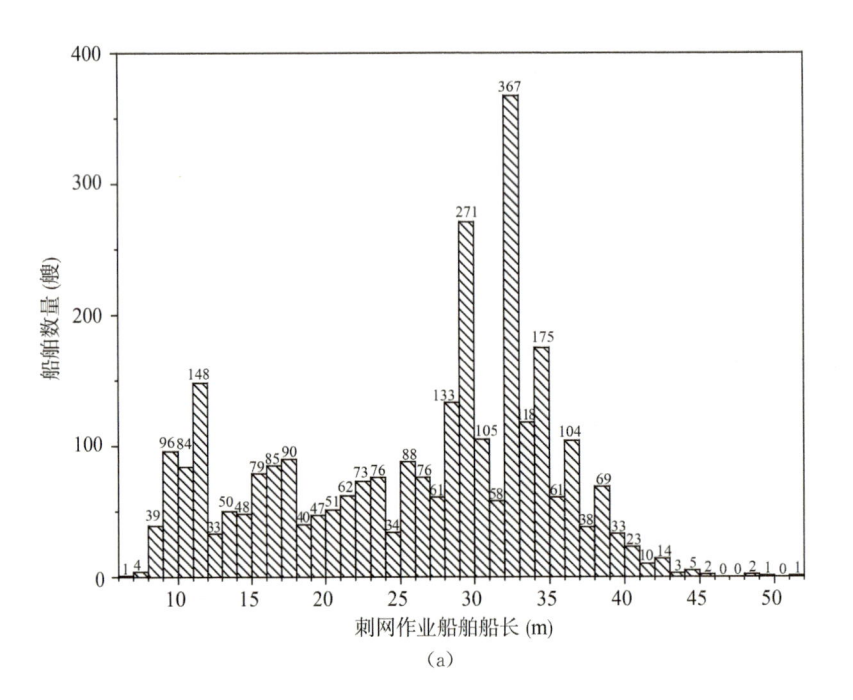

(a)

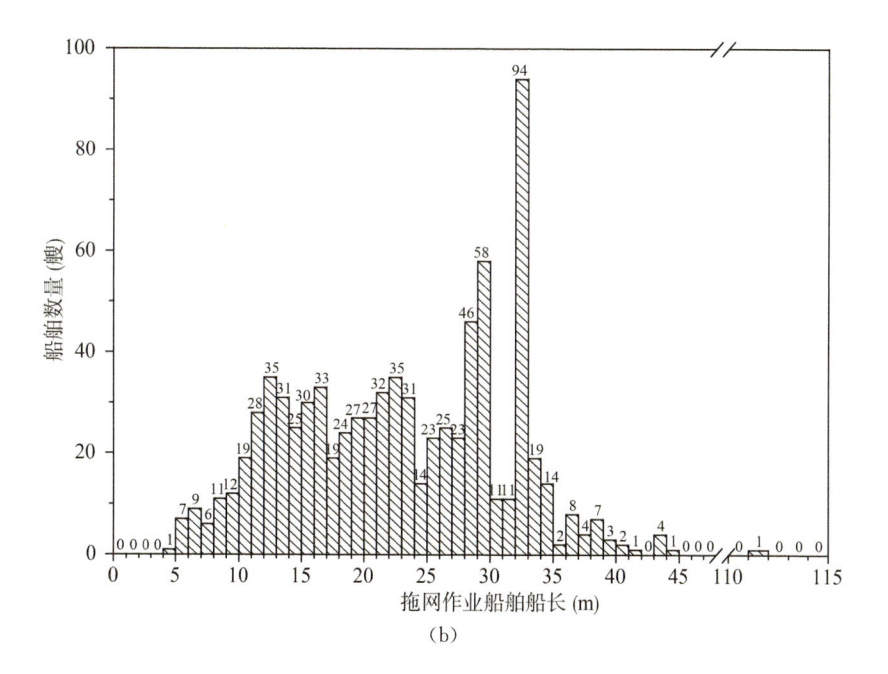

第 5 章
江苏渔业船舶污染物种类及产生数量

(b) 拖网作业船舶船长 (m)

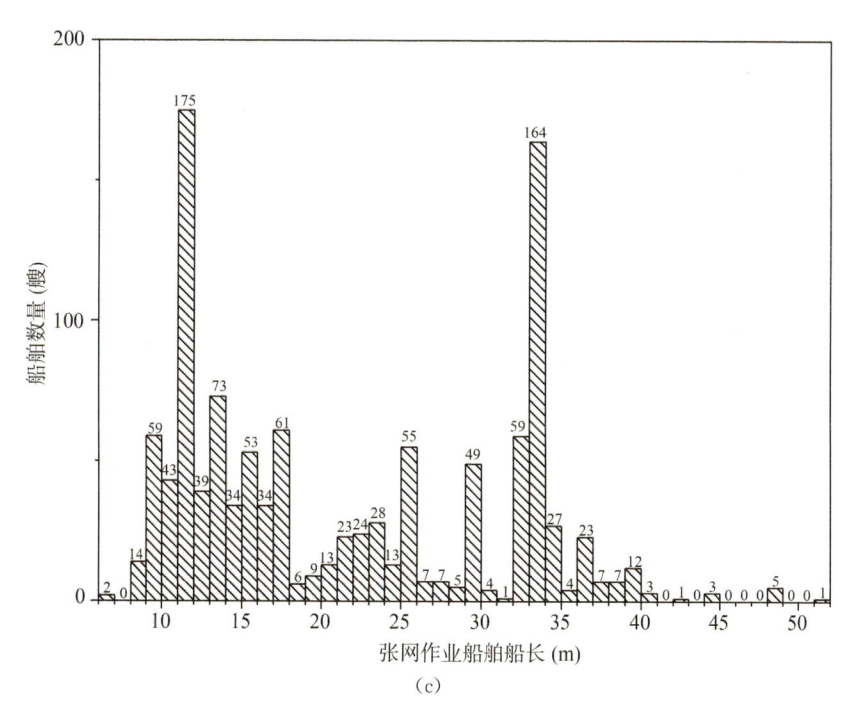

(c) 张网作业船舶船长 (m)

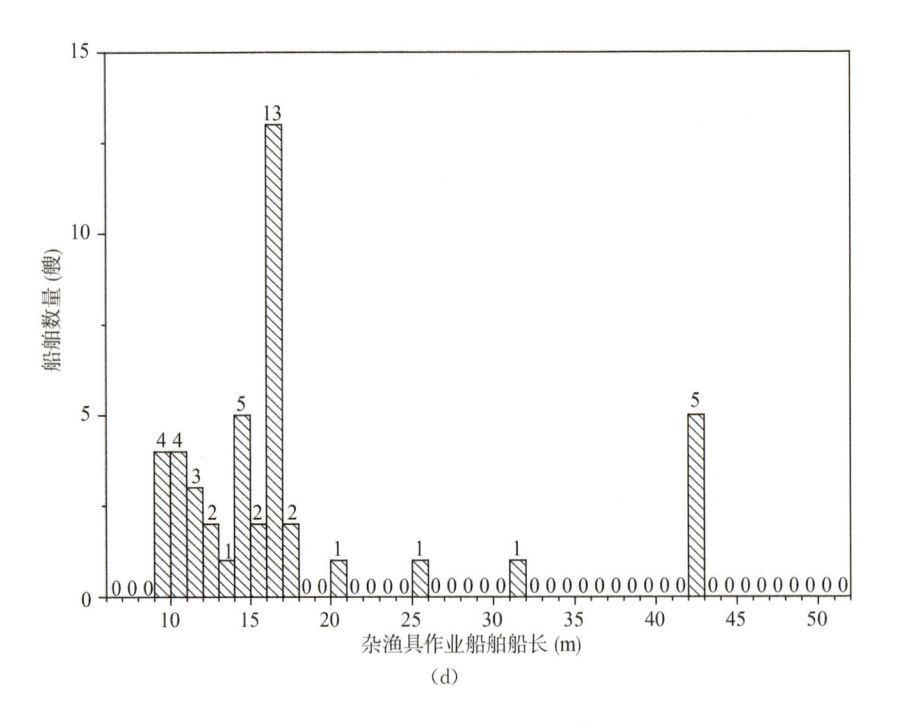

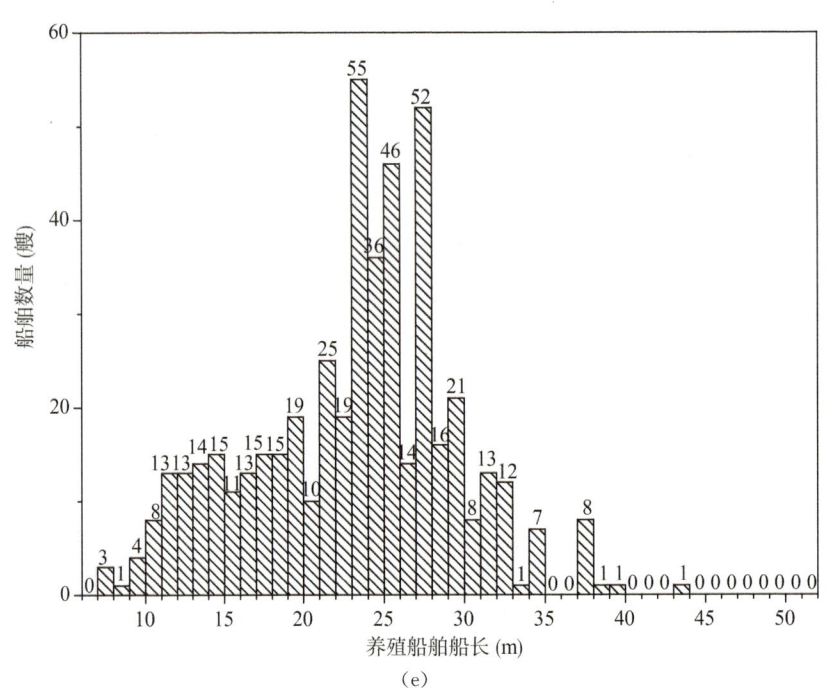

(d) 杂渔具作业船舶船长 (m)

(e) 养殖船舶船长 (m)

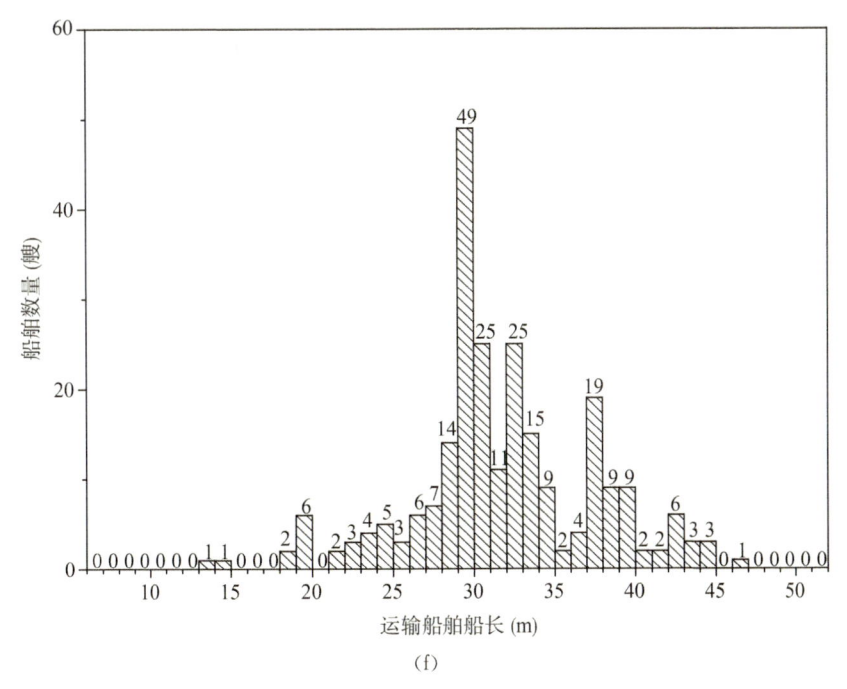

图 5-5　江苏沿海不同类型渔业捕捞船舶船长分布图

第 3 节　实船采样调查与实地调研

3.1　实船取样方法

根据《船舶机舱舱底水、生活污水采样方法》(JT/T 409—1999)的规定,机舱舱底水取样的主要方法有在油水分离装置排水管外采样、全层取样、乳化及分散油水样的采样等;生活污水采用混合水样采样、从污水泵和污水柜(桶)中取样口取样等。由于渔船油污水量少,往往直接储存在舱底,只能采用全层取样。根据全层取样的要求,应在机舱内均匀布设采样点,因渔船机舱小、设备多,难以均匀布点,而且船舶种类多,底舱形状不规则,且有倾斜龙骨等,难以准确测量油污水的体积。因此采用水泵将含油污水全部抽出,再进行全程取样,具体步骤如下:(1)准备规则的大型容器(如空油桶),测量其内径;(2)用水泵将含油污水全部抽到大型容器里,测量容器中含油污水高度,计算容器中含油污水体积;(3)用全层取样器取样,当量少时,可多次取样,并把样品灌入取样瓶里;(4)在取样瓶上贴上标签,并在容器中把剩余的含油污水排到含油污水收集设施里,进行下一步操作(黄一心 等,2018)。

3.2 样品保存以及分析方法

渔船排放的油污水和生活污水样品调查内容见表5-4,分析方法依据《船舶水污染物排放控制标准》(GB 3552—2018)规定的方法(表5-5)。采样后,在规定的时间内完成分析测定,样品采集与分析应按照各实验室运行的质控程序进行,每批次样品均须有一定比例的质控样或平行样,确保质控结果符合相关要求。

表 5-4 调查内容一览表

类别	项目
含油污水和生活污水样品	石油类、BOD_5、悬浮物、COD_{Cr}、耐热大肠菌群数、pH、总氯、总氮、氨氮、总磷

表 5-5 排放污染物测试方法

序号	污染物分析项目	分析方法	规范性引用标准	备注
1	化学需氧量(COD_{Cr})	重铬酸盐法	HJ 828—2017	实验室分析
2	五日生化需氧量(BOD_5)	稀释与接种法	HJ 505—2009	实验室分析
3	悬浮物(SS)	重量法	GB 11901—1989	实验室分析
4	耐热大肠杆菌群数	耐热大肠杆菌群数检验法	CB/T 3328.1—2013	实验室分析
5	pH	玻璃电极法	GB 6920—1986	实验室分析
6	石油类	水中油含量检验法	CB/T 3328.5—2013	实验室分析
7	总氯	N,N-二乙基-1,4-苯二胺分光光度法	HJ 586—2010	实验室分析
8	总氮	碱性过硫酸钾消解紫外分光光度法	淡水 HJ 636—2012 海水 GB 17378.4—2007	实验室分析
9	氨氮	连续流动-水杨酸分光光度法	HJ 665—2013	实验室分析
10	总磷	钼酸铵分光光度法	GB 11893—1989	实验室分析

3.3 实地调研方法

通过观察、电话交流、座谈会咨询等形式,了解代表性渔业船舶信息、油污水、生活污水排放情况、生产生活垃圾类型、垃圾处置方式等,分发渔船基本信息及污染物排放情况调研表200份,作为渔船污染物排放状况样本数据,渔业船舶调查分类及数量按照掌握的统计资料设计,期望分布见表5-6。

根据船长(吨位)、作业方式、船龄信息等选取代表性渔船,采集重点港口接收的渔船油污水、生活污水;收集渔船的舱底含油污水及渔船排放的油污水、生活污水,按《船舶水污染物排放控制标准》(GB 3552—2018)要求测定必检指标。同步填制渔船基本信息及污染排放情况调研表(附表1)。

表 5-6 渔业船舶调查分类及数量期望分布

船舶类型	作业类型	船舶长度(L)									
		L≤12 m		12 m<L≤20 m		20 m<L≤30 m		30 m<L≤40 m		40 m<L	
		钢质	木质	钢质	木质	钢质	木质	钢质	木质	钢质	木质
捕捞船	刺网	6	6	10	5	30	3	38	0	2	0
	张网	4	5	7	3	7	1	10	0	1	0
	拖网	1	1	5	2	10	1	5	0	1	0
养殖船		1	1	2	0	7	0	1	0	0	0
运输船		0	0	0	0	3	0	3	0	1	0

第4节 渔业船舶污染物排放种类及强度

4.1 含油污水

调研发现江苏省渔港常泊渔业船舶基本都安装有专用油水分离器。渔船含油污水分离后的含油密度高的油污水上岸卖给油污回收公司,含油密度较小的污水直接排放到海里。个别渔船的舱底油污水在出海作业期间航行时排放,渔船回港后舱底油污水量不多,一般会在渔港内抽取送交油污水回收船,也有渔船机舱内残余含油污水在下次出海时继续排放,这样渔船舱底油污水并不会对渔港附近的水域造成较大的污染,但出海后进行排放,对邻近海域造成污染。同时由于缺乏监管,含油污水排放时也不能确定是否按照《船舶水污染物排放控制标准》(GB 3552—2018)的要求进行处理。

目前海洋渔业船舶油污水处理设备(油水分离器)使用情况较差,存在着将含油污水直接排放到海里的现象,原因主要是:

(1)防污设备的投入和运行都需要一定费用的支持,渔民不愿投入;

(2)国内对海洋渔船是否使用油污水分离器监管力度不够;

(3)油污水分离器在使用中容易损坏,吨位较小的渔船安装油水分离器还会影响渔船的作业能力,油污水直接储存舱底相对更为方便。

当渔船进港后,一些小船就会靠上去,用自带的水泵将含油污水抽取到收集船的船舱里。抽到船里的含油污水待静置一段时间分层后,将上层含油率较高的部分抽到大的容器里,出售给再大一点的油污水回收船,而下层水则直接排入大海。回收含油污水的船对渔船舱底抽取舱底油污水,回收后的油污水通过聚集沉淀,抽取上层含油密度极高的油污水转卖,而下层的含油密度较小的污水则直接排放到海里,虽然含油率下降了很多,但距离 15 mg/L (0.001 5%)的排放要求,还相差甚远。如果静置的时间不长,可能下层水含油率也会很高,对静置的时间较短的油污水下层水样检测结果显示,含油率超过了1%,

在一些渔港采集到的含油污水的样本的含油率高达5%～10%。

对渔港停泊渔船开展含油污水调查取样工作,了解上次排放时间,并将油污水送到实验室进行检测,计算得到含油率,调查取样结果及含油污水含油测量结果见表5-7。考虑到油污水含油量低,认为油污水比重近似为1 kg/L。

表5-7　油污水取样结果及油污水含油测量结果

编号	吨位(t)	主机功率(kW)	含油污水(kg)	污水含油量(kg)	日产油污水(kg)	日产油(kg)	距上次排放时间(d)	含油率(%)
01	87	164	533.4	26.6	41.0	2.0	13	5.0
02	208	257	98.5	1.4	16.4	0.2	6	1.5
03	212	220	—	—	—	—	—	—
04	200	184	142.8	1.3	5.9	0.1	24	0.9
05	248	258	130.5	12.2	8.7	0.8	15	9.3
06	91	184	1626.7	41.8	108.4	2.8	15	2.6
07	253	235	233.9	3.8	7.8	0.1	30	1.6
08	238	235	325.0	2.5	23.2	0.2	14	0.8
09	130	255	823.9	38.4	63.4	3.0	13	4.7
10	162	255	620.6	27.6	44.3	2.0	14	4.4
11	162	255	786.9	72.6	26.2	2.4	30	9.2
12	162	255	945.4	41.0	67.5	2.9	14	4.3
13	172	184	115.7	5.1	4.6	0.2	25	4.5
14	177	202	130.5	5.2	4.0	0.2	33	4.0
15	174	235	233.9	14.9	7.8	0.5	30	6.4
16	177	202	110.8	1.8	22.2	0.4	5	1.7
17	162	255	353.9	9.9	11.8	0.3	30	2.8
18	162	202	364.4	15.0	22.8	0.9	16	4.1
19	165	202	623.2	27.2	15.6	0.7	40	4.4
20	180	205	—	—	—	—	—	—
21	163	192	657.5	24.7	21.9	0.8	30	3.8

4.2 生活污水

船舶生活污水的定义中不直接包括洗衣、洗漱、餐饮等废水,对这类排水无明确的限制,只有当这类排水混有粪便污水组合排泄情况下才列为生活污水。厕所的冲洗用水直接转变为粪便污水。按照《城市居民生活用水量标准》(GB/T 50331—2002)对城市居民家庭用水器具、洗浴频率、用水内容所进行的跟踪写实调查显示,冲厕用水量为每人每天30～40 L,占每人每日用水量的 29%～35%。厕所冲洗用水量的大小和所采用的冲洗系统有直接关系,船舶厕所每日冲洗所用水量,取决于所采用的卫生器具类型、冲洗方式及数量。船厕通常采用的卫生器具为蹲式、坐式大便器,与城市居民家庭用水频率、用水内容基本一致。船舶生活污水水质研究表明,船舶生活污水主要由粪便污水组成,其中含有大量的有机物。船舶生活污水处理去除的对象主要是 BOD_5、SS 等(表 5-8)。

表 5-8 生活污水水质检测报告

项目	pH	SS (mg/L)	COD (mg/L)	BOD_5 (mg/L)	氨氮 (mg/L)	总磷 (mg/L)	总硬度 (mg/L)	溶解性固体 (mg/L)	动植物油 (mg/L)	色度 (度)	浊度 (NTV)
样品 1	7.12	416	689	400	62.62	5.75		2 786	186.00	32	154
样品 2	7.32	850	354	288	18.12	3.22	378.07	2 440	22.44	64	120

(马丽,2021)

表 5-9 船舶生活污水产生数量

编号	服务人数(人)	生活污水量 [L/(人·d)]	装置型号	冲洗系统	处理量(L/d)
1	36	114	ORCA Ⅱ-36	标准冲洗	4 088
2	40	75	ST-4	标准冲洗	3 010
3	40	60	SBT-40	标准冲洗	2 400
4	50	90	KAS-S50	标准冲洗	4 500
5	40	80	CSWA-40	标准冲洗	3 200
6	40	77	WCB-40	标准冲洗	3 080
7	50	10	WCV-50	真空冲洗	500

根据国内对民用船舶的实船调查统计结果,每人每天排出的纯粪尿量为 1.5 kg,生活污水量取决于厕所大便器冲洗水量。在保证清洁的前提下,一般蹲式大便器采用自闭式弹簧冲洗阀,冲洗水量每次 7 L,坐式大便器冲洗水量略多于蹲式大便器,粪便污水量约为 15 L。另外,根据目前国内外船舶生活污水处理装置的处理能力及其服务人数,推算出其采用的每人每天生活污水量与实船调查结果基本一致(表 5-9;董良飞、何桂湘,2006)。

4.3 船舶垃圾

通过船舶污染源实地调查，可以了解渔民的船舶生活垃圾产生量。刘晓东等（2009）用弹簧秤对船民生活垃圾秤重，调查生活垃圾产生情况，计算船舶垃圾产生量，调查发现各船舶的垃圾产生量相差不大，介于 0.1~0.5 kg/（人·d），船员垃圾平均产生量为 0.25 kg/（人·d），垃圾产生量小于城市居民。垃圾主要成分为剩菜剩饭、菜叶、果皮等。渔业船舶生活垃圾一般由罐头盒、包装纸、一次性餐具、塑料袋等塑料制品和食物残渣等废弃物组成，主要是有机污染物；废旧塑料网具是由合成树脂组成，浮标灯具电源（1♯干电池）主要含铁、锌、锰等，此外还含有微量的汞、镉、铅、镍等重金属（袁士春 等，2010；高尔雅，2021）。

目前全省沿海各类渔业船舶共 5 767 艘，其中海洋渔业捕捞船舶 4 978 艘，占总量的 86.3%。根据《第一次全国污染源普查城镇生活源产排污系数手册》，按渔民每人每天产生生活垃圾质量 0.8 kg 计算，将生活垃圾产生率定为 0.8 kg/（人·d）。渔民生活垃圾中的塑料产品约占比 1%（重量比，实测值），由于海水养殖区域的垃圾回收管理情况较差，假设塑料垃圾以 100% 的比例被丢弃至海洋中来计算，即渔民生活塑料垃圾的入海比例为 1%（纪思琪，2019）。根据本项目设计的《江苏沿海渔船基本信息及污染排放情况调查表》统计结果，从事捕捞、运输生产方式的船舶年作业时间约为 198.8 天（表 5-10）。

根据本项目设计的《江苏沿海渔船基本信息及污染排放情况调查表》统计信息，计算得出刺网、拖网、张网等主要作业方式万元产值废旧网具垃圾产生量分别为 608 kg、9.14 kg、57.6 kg。刺网、拖网、张网等主要作业方式万元产值 1♯ 干电池垃圾产生量分别为 1.23 节、0.68 节、2.44 节。由于江苏海洋渔业船舶中，刺网、拖网、张网方式作业的船舶数量分别为 2 958、813、1 147 艘，计算万元产值废旧网具垃圾产生量加权平均值为 380.6 千克，万元产值 1♯ 干电池垃圾产生量加权平均值为 1.41 节（表 5-11）。根据《2020 中国渔业统计年鉴》的数据，江苏渔业海洋捕捞产值 1 611 839.4 万元，据此可计算渔业捕捞船废旧网具垃圾和 1♯ 干电池垃圾产生量。

第 5 章

江苏渔业船舶污染物种类及产生数量

表 5-10 江苏沿海渔船基本信息及污染物排放情况调查表

编号	吨位 (t)	功率 (kW)	船舶类型	作业方式	船员人数	每次出海作业天 (d)	年作业天 (d)	年产量 (t)	年产值 (万元)	年总成本 (万元)	人均年收入 (万元)	年耗油量 (t)	燃油费支出 (万元)	污油排放量 (kg)	舱底污水排放量 (t)	年网具消耗量 (条,口)	单网重量 (kg)	1节干电池年使用数量 (节)	腐烂渔获物废弃量 (t)	年生活用水量 (t)	污水排放量 (t)	每航次塑料垃圾排放量 (kg)
1	162	198	捕捞	刺网	12	40	210	80	270	190	11.0	45	27	500.0	0.5	5 500	25	70	0.8	—	—	—
2	36	43	捕捞	刺网	4	3	120	80	120	80	8.0	25	15	—	—	1 000	25	30	—	—	—	—
3	145	137	捕捞	刺网	10	—	—	—	—	—	—	35	21	300.0	0.5	—	—	—	—	—	—	—
4	162	198	捕捞	刺网	12	40	180	90	245	190	10.0	40	24	100.0	0.5	6 000	25	60	0.5	60	0.5	—
5	162	205	捕捞	刺网	12	40	190	90	270	200	12.0	60	36	500.0	0.8	6 000	30	220	—	70	—	4
6	162	205	捕捞	刺网	12	50	200	70	200	160	9.0	50	35	800.0	0.5	5 000	30	200	0.0	50	无	—
7	32	43	捕捞	拖网	4	2	140	40	35	25	5.0	15	10	0.3	0.2	6	200	2	0.5	10	无	—
8	162	198	捕捞	刺网	10	30	200	100	280	230	10.0	20	15	10.0	1.0	4 000	50	200	2.0	30	10	—
9	56	192	捕捞	刺网	10	15	180	80	260	200	12.0	30	18	100.0	100.0	10 000	30	100	0.5	50	0	—
10	180	184	运输	运输	8	10	240	—	800	700	10.0	150	80	—	—	—	—	—	45.0	1 000	20	—
11	214	286	捕捞	张网	12	11	190	800	280	220	13.5	120	20	800.0	5.0	4	2 000	1 200	0.5	300	20	—
12	113	164	捕捞	刺网	10	15	220	60	130	90	9.0	100	60	800.0	2.0	900	36	800	0.3	160	30	—
13	159	184	捕捞	拖网	8	9	200	260	165	132	10.0	130	68	400.0	2.0	45	20	130	—	150	29	—
14	162	184	捕捞	拖网	8	9	210	250	170	130	9.0	140	85	500.0	1.2	40	21	110	—	160	38	—
15	162	184	捕捞	拖网	8	12	220	273	178	150	9.0	135	76	350.0	2.1	43	20	128	—	170	30	—
16	161	202	捕捞	拖网	8	10	200	200	170	130	11.5	110	70	600.0	1.0	50	20	100	0.2	150	35	—
17	160	184	捕捞	拖网	8	11	200	260	170	130	10.0	120	65	300.0	1.8	50	20	120	—	140	20	—

江苏省
沿海渔港经济区生态环境及治理

续表

编号	吨位(t)	功率(kW)	船舶类型	作业方式	船员人数	每次出海作业天(d)	年作业天(d)	年产量(t)	年产值(万元)	年总成本(万元)	人均年收入(万元)	年耗油量(t)	燃油费支出(万元)	污油排放量(kg)	舱底污水排放量(t)	年网具消耗量(条、口)	单网重量(kg)	1号干电池年使用数量(节)	腐烂渔获物废弃量(t)	年生活用水量(t)	污水排放量(t)	每航次塑料垃圾排放量(kg)
18	158	184	捕捞	拖网	8	9	220	270	165	125	10.0	130	72	400.0	2.1	45	19.8	130	—	160	32	—
19	102	135	捕捞	张网	8	11	215	360	200	130	20.0	70	48	200.0	1.1	20	600	300	—	130	25	—
20	159	205	捕捞	拖网	8	10	220	280	180	150	12.0	150	82	400.0	2.3	58	19.9	140	—	170	30	—
21	100	136	捕捞	张网	10	12	220	400	210	128	20.0	75	50	210.0	1.2	30	590	320	—	140	30	—

228

第 5 章
江苏渔业船舶污染物种类及产生数量

表 5-11　渔业船舶垃圾产生量及系数

船舶类型	作业方式	生活垃圾量 [kg/(人·d)]	塑料垃圾占比	废旧网具 (kg/万元)	1# 干电池 (节/万元)	泡沫垃圾 质量 (kg/个)	泡沫垃圾 产生率	泡沫垃圾 使用量 (个/m²)
捕捞船	刺网	0.8	1%	608	1.23			
	拖网	0.8	1%	9.14	0.68			
	张网	0.8	1%	57.6	2.44			
	加权平均	0.8	1%	380.6	1.41			
养殖船		0.8	1%			0.8	2%	
运输船		0.8	1%					
辅助船		0.8	1%					
科研船		0.8	1%					

全省沿海养殖船舶 495 艘,占总量的 8.6%(图 5-1、表 5-1)。尽管养殖船舶数量只有捕捞船数量的 1/10,但养殖船除了渔民产生的生活垃圾外,还会产生大量生产垃圾。由于沿海养殖区产生的生产垃圾皆由养殖船输运过去,养殖区的生产垃圾应归属养殖船的船舶垃圾。

沿海渔业养殖区域,按其所处的位置可划分为以下四种类型:(1)浅海养殖区,包括贝类(如牡蛎、鲍鱼)、藻类(如紫菜、海带)的筏式养殖及鱼类的浅海网箱养殖;(2)滩涂养殖,如牡蛎、缢蛏、花蛤等滩涂贝类养殖;(3)海水池塘养殖,养殖种类较为多样,可包括鱼类、贝类、虾蟹等甲壳动物等;(4)水产苗种场和陆基工厂化养殖场,养殖种类也同样包含了各类经济水产品种。由于养殖过程中需要的渔业用具材质不同,通过资料查阅和实地调研的途径,发现浅海养殖区在贝类养殖和网箱养殖过程中,较容易产生塑料垃圾,这些垃圾往往会进入海洋。滩涂养殖过程中主要使用石条、木头、竹竿等用具,几乎没有使用到塑料制品,而在海水池塘、陆基工厂化养殖场,由于养殖人员对渔业用具的使用及回收管理较为规范,废弃渔具极少成为垃圾被丢弃进入海洋环境。因此,浅海养殖过程中产生的塑料垃圾,主要来源于浅海筏式养殖和浅海网箱养殖。

根据《2020 中国渔业统计年鉴》的数据,江苏沿海养殖方式没有浅海网箱养殖,而筏式养殖产量有 1 100 吨,养殖面积达 42 974 公顷。以牡蛎养殖为例,渔民用竹竿在养殖区固定养殖间隔,用聚乙烯绳索将牡蛎壳绑成串,利用泡沫浮筒的浮力作用在海水中吊养牡蛎。该养殖过程中,较易耗损的泡沫浮筒可能由于极端天气或渔民随意遗弃等原因,成为海洋中的塑料垃圾。浅海筏式养殖过程中,由于使用泡沫浮筒造成的海洋塑料垃圾可以根据资料数据估算。浅海贝类养殖区进行实地调研,使用的泡沫浮筒为底面直径约 30 cm,高 50 cm 的圆柱形实心泡沫体,通常由 6 mm 的绿色聚乙烯绳编织缠绕。称重得到每个泡沫浮筒的质量约为 0.8 kg,每平方米养殖区域约需要 1 个泡沫浮筒。因此,将泡沫浮筒的单位质量定为 0.8 kg/个,将泡沫浮筒的单位面积使用量定为 1 个/m²。通过资料检索及当地养殖渔民调研得知,在没有遭遇强风暴潮等极端天气破坏条件下,用于筏式养殖的泡沫浮筒,每年的更换率约为20%。在这些更换的泡沫浮筒中,约有10%的浮筒,因长时间浸泡在海水中受到风浪的打磨或水中生物的侵蚀而破碎成碎屑无法回收,将直接进入到海洋环境中。因此,泡沫垃圾产生量占筏式养殖面积总泡沫使用量比例可定为2%。

第5节 渔业船舶污染物排放数量估算

5.1 估算参数

船舶平均年舱底水量与其总吨位存在一定关系,可以用来估算含油废水排放量。通过江苏海洋渔业船舶数据库统计分析发现,数据库中船长、船宽、船深、总吨位、主机总功率等是船舶特征数据最为完整的种类,其中船长与总吨位具有以下关系:

$$y = 0.017\ 7x^{2.626}$$

式中:y 为总吨位(t);x 为船长(m)。

已有研究表明,社会发展水平、国民生产总值、人民生活水平等因素与塑料垃圾产生量呈线性相关(李道季,2020;蒋晓燕 等,2020;王成 等,2021)。根据本项目设计的《江苏沿海渔船基本信息及污染排放情况调查表》统计信息,沿海渔业捕捞船年产值与废旧网具垃圾产生量具有线性关系(图5-6)。

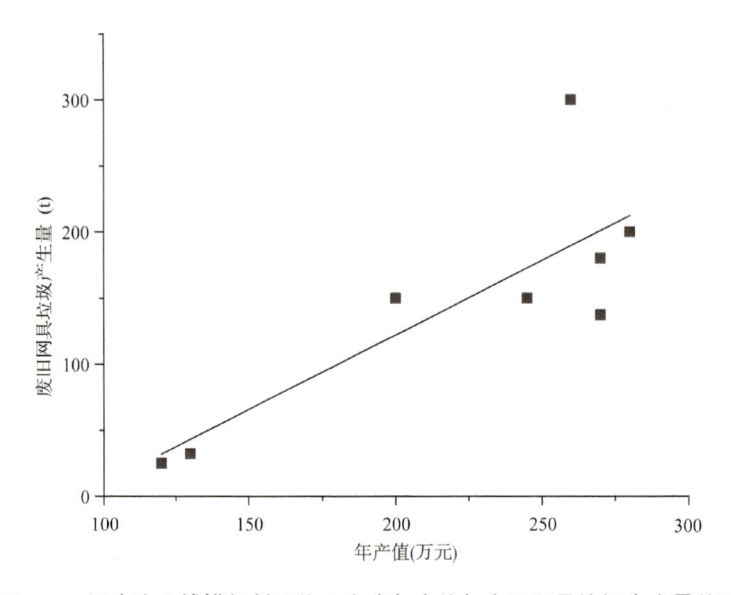

图 5-6 沿海渔业捕捞船刺网作业方式年产值与废旧网具垃圾产生量关系

表 5-12 船舶类型与年含油污水的估算系数

船舶类型	作业类型	估算系数									
		L≤12 m		12 m<L≤20 m		20 m<L≤30 m		30 m<L≤40 m		40 m<L	
		钢质	木质	钢质	木质	钢质	木质	钢质	木质	钢质	木质
捕捞船	刺网	0.1	0.1	0.1	0.1	0.1	0.1	0.1	0.1	0.1	0.1
	钓具	0.1	0.1	0.1	0.1	0.1	0.1	0.1	0.1	0.1	0.1
	敷网	0.1	0.1	0.1	0.1	0.1	0.1	0.1	0.1	0.1	0.1
	笼壶	0.1	0.1	0.1	0.1	0.1	0.1	0.1	0.1	0.1	0.1
	拖网	0.1	0.1	0.1	0.1	0.1	0.1	0.1	0.1	0.1	0.1
	围网	0.1	0.1	0.1	0.1	0.1	0.1	0.1	0.1	0.1	0.1
	杂渔具	0.1	0.1	0.1	0.1	0.1	0.1	0.1	0.1	0.1	0.1
	张网	0.1	0.1	0.1	0.1	0.1	0.1	0.1	0.1	0.1	0.1
养殖船		0.1	0.1	0.1	0.1	0.1	0.1	0.1	0.1	0.1	0.1
辅助船		0.1	0.1	0.1	0.1	0.1	0.1	0.1	0.1	0.1	0.1
科研船		0.1	0.1	0.1	0.1	0.1	0.1	0.1	0.1	0.1	0.1
运输船		0.1	0.1	0.1	0.1	0.1	0.1	0.1	0.1	0.1	0.1
执法船		0.1	0.1	0.1	0.1	0.1	0.1	0.1	0.1	0.1	0.1

根据国内外船舶生活污水处理装置的处理能力及其服务人数，推算每人每天生活污水量与实船调查结果基本一致，每人每天排出的纯粪尿量为 1.5 kg，在保证清洁的前提下，蹲式大便器采用自闭式弹簧冲洗阀，冲洗水量每次 7 L，坐式大便器冲洗水量略多于蹲式大便器，粪便污水量约为 15 L。由于江苏海洋渔业船舶数据库中核定乘员数据不完整，因此必须按照船舶特征参数推定核定乘员，数据库数据分析表明，核定乘员与船长具有一定关系（表 5-13）。

表 5-13 渔业船舶船长与乘员估算系数

船舶类型	作业类型	乘员系数（人/m）									
		L≤12 m		12 m<L≤20 m		20 m<L≤30 m		30 m<L≤40 m		40 m<L	
		钢质	木质	钢质	木质	钢质	木质	钢质	木质	钢质	木质
捕捞船	刺网	0.23	0.21	0.24	0.21	0.32	—	0.33	—	0.36	—
	钓具	—	—	—	—	—	—	—	—	—	—
	敷网	—	—	—	—	—	—	—	—	—	—
	笼壶	—	—	—	—	—	—	—	—	—	—
	拖网	—	—	0.22	0.22	0.34	0.47	0.35	—	0.34	—
	围网	—	—	—	—	—	—	0.38	—	0.29	—
	杂渔具	0.34	0.17	0.25	0.16	—	—	—	—	—	—
	张网	0.19	0.29	0.22	0.28	0.32	0.27	0.43	—	0.41	—
养殖船		0.26	0.20	0.27	0.30	0.42	—	0.48	—	0.66	—

续表

船舶类型	作业类型	乘员系数(人/m)									
		$L \leqslant 12$ m		12 m$<L \leqslant$20 m		20 m$<L \leqslant$30 m		30 m$<L \leqslant$40 m		40 m$<L$	
		钢质	木质	钢质	木质	钢质	木质	钢质	木质	钢质	木质
辅助船		—	—	—	—	—	—	—	—	—	—
科研船		—	—	—	—	—	—	0.50	—	—	—
运输船		—	—	0.32	0.30	0.32	—	0.29	—	0.24	—
执法船		—	—	0.69	0.39	—	—	0.43	—	0.47	—

5.2 估算模型

根据渔业船舶用途及作业类型对渔业船舶进行分类，通过调查调研样本数据获取船舶含油污水、生活污水以及船舶垃圾的产生数量与船舶类型之间相关性统计量，结合江苏海洋渔业船舶数据库统计资料，利用样本数据统计量估算江苏海洋渔业船舶污染物排放量。

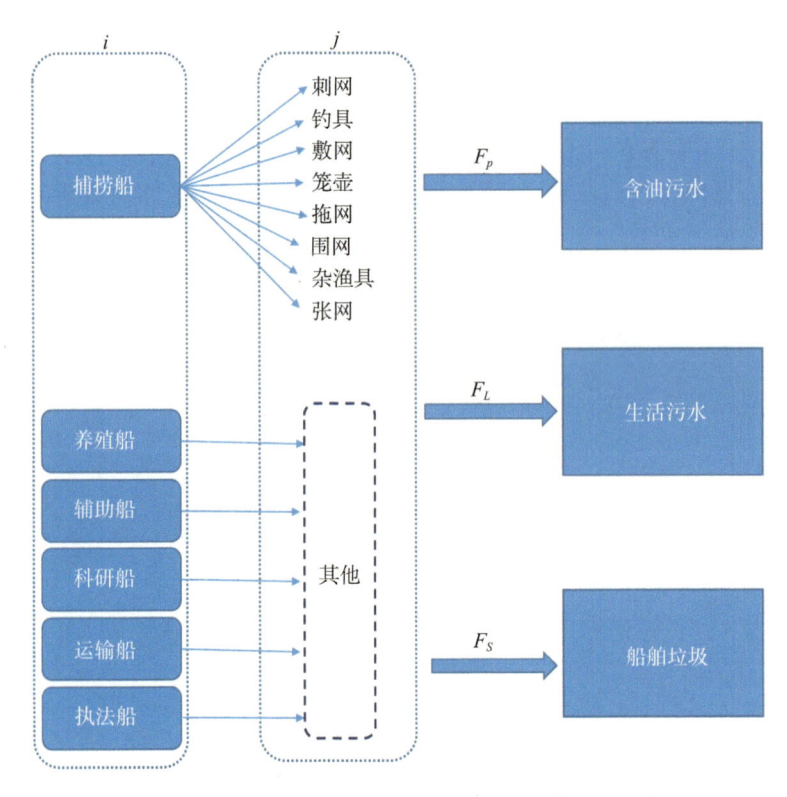

图 5-7　江苏海洋渔业船舶污染物排放量估算模型示意图

5.2.1 年含油污水排放量

渔业船舶每年含油污水排放量按下式计算：

$$F_\mathrm{p} = \sum_i \sum_j k_{pij} \cdot W \cdot t$$

式中：F_p 为年含油污水排放量；i 为船舶用途（i＝捕捞船、养殖船、辅助船、科研船、运输船、执法船）；j 为船舶作业类型（j＝刺网、钓具、敷网、笼壶、拖网、围网、杂渔具、张网、其他）；k_{pij} 为不同类型船舶的含油污水估算系数（d^{-1}）；W 为渔业船舶总吨位（10^3 kg）；t 为渔业船舶作业时间（d）。

5.2.2 年生活污水排放量

渔业船舶每年生活污水排放量按下式计算：

$$F_\mathrm{L} = \sum_i \sum_j k_{mij} \cdot L \cdot M_\mathrm{L} \cdot t$$

式中：F_L 为年生活污水排放量；i 为船舶用途（i＝捕捞船、养殖船、辅助船、科研船、运输船、执法船）；j 为船舶作业类型（j＝刺网、钓具、敷网、笼壶、拖网、围网、杂渔具、张网、其他）；k_{mij} 为不同类型船舶的乘员估算系数（m^{-1}）；L 为渔业船舶船长（m）；M_L 为每人每天生活污水产生量（kg）；t 为渔业船舶作业时间（d）。

对于江苏海洋渔业船舶数据库中有乘员数据的船舶，其年生活污水排放量可按下式计算：

$$F_\mathrm{L} = \sum_i \sum_j n \cdot M_\mathrm{L} \cdot t$$

式中：F_L 为年生活污水排放量；i 为船舶用途（i＝捕捞船、养殖船、辅助船、科研船、运输船、执法船）；j 为船舶作业类型（j＝刺网、钓具、敷网、笼壶、拖网、围网、杂渔具、张网、其他）；n 为不同类型船舶的核定乘员数量（人）；M_L 为每人每天生活污水产生量（kg）；t 为渔业船舶作业时间（d）。

5.2.3 年船舶垃圾产生量

渔业船舶每年生活垃圾产生量按下式计算：

$$F_\mathrm{S} = \sum_i \sum_j k_{mij} \cdot L \cdot M_\mathrm{s} \cdot t$$

式中：F_S 为年生活垃圾产生量；i 为船舶用途（i＝捕捞船、养殖船、辅助船、科研船、运输船、执法船）；j 为船舶作业类型（j＝刺网、钓具、敷网、笼壶、拖网、围网、杂渔具、张网、其他）；k_{mij} 为不同类型船舶的乘员估算系数（m^{-1}）；L 为渔业船舶船长（m）；M_s 为每人每天生活垃圾产生量（kg）；t 为渔业船舶作业时间（d）。

对于江苏海洋渔业船舶数据库中有乘员数据的船舶，其年生活垃圾产生量可按下式计算：

$$F_s = \sum_i \sum_j n \cdot M_s \cdot t$$

式中：F_s 为年生活垃圾产生量；i 为船舶用途（i＝捕捞船、养殖船、辅助船、科研船、运输船、执法船）；j 为船舶作业类型（j＝刺网、钓具、敷网、笼壶、拖网、围网、杂渔具、张网、其它）；n 为不同类型船舶的核定乘员数量（人）；M_s 为每人每天生活垃圾产生量（kg）；t 为渔业船舶作业时间（d）。

渔业船舶每年生产垃圾产生量按下式计算：

$$F_s = \sum_i \sum_j k_{cij} \cdot W \cdot t$$

式中：F_s 为年生产垃圾产生量；i 为船舶用途（i＝捕捞船、养殖船、辅助船、科研船、运输船、执法船）；j 为船舶作业类型（j＝刺网、钓具、敷网、笼壶、拖网、围网、杂渔具、张网、其它）；k_{cij} 为渔业船舶不同生产作业方式产生的不同类型垃圾日产生量系数（d^{-1}）；W 为渔业船舶总吨位（10^3 kg）；t 为渔业船舶作业时间（d）。

基于本项目设计的《江苏沿海渔船基本信息及污染排放情况调查表》统计结果，利用万元产值废旧网具垃圾产生量、1♯干电池垃圾产生量，结合《2020 中国渔业统计年鉴》江苏渔业捕捞产值数据，可计算渔业捕捞船废旧网具垃圾和 1♯干电池垃圾产生量。对于江苏海洋渔业船舶数据库中捕捞船舶，其年废旧网具、1♯干电池垃圾产生量可按下式计算：

$$F_w = \sum_i \sum_j P_w \cdot G$$

式中：F_w 为年废旧网具垃圾产生量；i 为作业方式（i＝捕捞船、养殖船、辅助船、科研船、运输船、执法船）；j 为船舶作业类型（j＝刺网、钓具、敷网、笼壶、拖网、围网、杂渔具、张网、其它）；P_w 为万元产值废旧网具垃圾产生量（kg/万元）或和 1♯干电池垃圾产生量；G 为江苏渔业船舶年捕捞产值（万元）。

养殖船照管养殖区每年泡沫垃圾产生量按下式计算：

$$F_P = \sum_i \sum_j k_{cij} \cdot S \cdot q \cdot m$$

式中：F_P 为年泡沫垃圾产生量；i 为船舶用途（i＝捕捞船、养殖船、辅助船、科研船、运输船、执法船）；j 为船舶作业类型（j＝刺网、钓具、敷网、笼壶、拖网、围网、杂渔具、张网、其它）；k_{cij} 为渔业船舶不同生产作业方式产生的年泡沫垃圾产生率；S 为《2020 中国渔业统计年鉴》江苏渔业筏式养殖面积（m^2）；q 为单位面积单体泡沫数量（个/m^2）；m 为单体泡沫重量（kg/个）。

5.3　估算结果

计算结果表明，全省沿海各类渔业船舶年含油污水排放量高达 39 193 t，其中含油量有1 646.1 t。海洋渔业捕捞船舶在全省沿海各类渔业船舶中数量最多，占渔业船舶总量比例为86.3%；含油污水年排放量也最多，达33 225 t，占排放总量的84.8%；其次是养殖船舶，占排放总量的8.1%；渔业运输船排放的含油污水有2 252 t；占排放总量比例为5.8%；执法船、科研船和辅助船数量最少，占渔业船舶总量的0.8%；含油污水年排放量也最少，仅525 t，占排放总量比例为1.3%（表5-14）。

表5-14　江苏海洋渔业船舶污染物排放数量估算表

		捕捞船	养殖船	辅助船	科研船	运输船	执法船	合计
含油污水	污水量(t)	33 225	3 190		36	2 252	489	39 193
	含油量(t)	1 395.4	134.0		1.5	94.6	20.5	1 646.1
生活污水	污水量(t)	75 700	8 666		90	4 297	821	89 575
	总氮(kg)	4 542.0	520.0		5.4	257.8	49.3	5 374.5
	氨氮(kg)	3 058.3	350.1		3.7	173.6	33.2	3 618.8
	总磷(kg)	340.6	39.0		0.4	19.3	3.7	403.1
	COD(kg)	39 363.9	4 506.5		47.0	2 234.7	427	46 579.1
船舶垃圾	生活垃圾(t)	5 989.3	557.3	9.1	6.3	388.4	56.6	7 007.0
	塑料垃圾*(t)	59.89	5.57	0.09	0.06	3.88	0.57	70.0
	泡沫垃圾(t)	—	6 875.8	—	—	—	—	6 875.8
	废旧网具(t)	613 466.1	—					613 466.1
	1#干电池(t)	306.8	—	—	—	—	—	306.8
	货物废弃物(kg)							
	动物尸体(kg)							
	废弃渔具(kg)							
	电子垃圾(kg)							

＊来自生活垃圾中的塑料垃圾

全省沿海各类渔业船舶年生活污水排放量高达89 575 t，其中总氮、氨氮、总磷、COD含量分别为5 374.5 kg、3 618.8 kg、403.1 kg、46 579.1 kg。海洋渔业捕捞船舶生活污水年排放量也最多，达75 700 t，占排放总量比例为84.5%；其次是养殖船舶，占排放总量比例为9.7%；渔业运输船排放的生活污水有4297 t，占排放总量的4.8%；执法船、科研船和辅助船生活污水年排放量也最少，仅911 t，占排放总量的1.0%。

根据渔业船舶船长与乘员估算系数，海洋渔业从业人员约44 153人，根据《2020中国渔业统计年鉴》的数据，渔业捕捞专业从业人员43 911，与估算数据基本一致，表明依据渔业船舶船长与乘员关系估算乘员人数的方法合理可靠。江苏海洋捕捞方式以刺网和张网为主,渔船生活垃圾主要成分为剩菜剩饭、菜叶、果皮等,生活垃圾产生率为0.8 kg/(人·d),每年产生量约7 007 t。渔民生活垃圾中的塑料产品约占比1%,年产生塑料垃圾约为70.0 t。捕捞船舶张网、拖网和部分刺网作业使用网标灯示位,根据本项目设计的《江苏沿海渔船基本信息及污染排放情况调查表》统计信息,根据万元产值1#干电池垃圾产生率,估算产生的1#干电池垃圾2 272 694节,重达306.8 t。依据沿海渔业捕捞船年产值与废旧网具垃圾产生量的线性关系,估算年废旧网具产生量达613 466.1 t(表5-14)。

养殖船除了渔民产生的生活垃圾外,也会产生大量生产垃圾,主要来源于筏式养殖。由于生产垃圾皆由养殖船输运过去,养殖区的生产垃圾应归属养殖船的船舶垃圾。根据《2020中国渔业统计年鉴》的数据,江苏沿海筏式养殖面积达42 974公顷,泡沫垃圾产生量占筏式养殖面积总泡沫使用量的约2%,估算泡沫垃圾产生量约为6 875.8 t。

第6章 渔业船舶污染物排海对渔业资源及生态环境的危害

第 1 节 渔业船舶主要污染物年排放通量对江苏省海洋生态环境的整体影响

江苏省地处黄海之滨，管辖海域面积辽阔，资源丰富，沿海地区涉及国家"一带一路"倡议和长三角地区一体化发展战略，是"1+3"功能区布局的交汇点，战略位置十分重要。海洋经济快速增长，沿海地区成为全省经济发展的重要增长极。江苏海域地形地貌特殊，沿海滩涂、浅海面积较大，且拥有罕见的南黄海辐射沙洲脊群，海水扩散不畅，海洋自净能力较差，易遭受海洋灾害的侵袭（风暴潮、灾害性海浪、赤潮、绿潮），海洋防灾减灾形势严峻。随着沿海地区经济快速发展，大量的工业、农业和生活废水等陆源污染物排放入海，对海洋生态环境造成很大影响。农业面源、畜禽养殖、生活污水、工业废水通过排污口或入海河流排海，对海洋的污染分别占 42%、28%、20%、10%。陆地排海污水中富含氮、磷等营养物质，使近岸海域的海水高度富营养化，主要超标物为无机氮和活性磷酸盐（《江苏省"十四五"海洋生态环境保护规划》，2021）。

党的十八大以来，总书记作出了关于建设海洋强国的战略部署，强调要进一步"关心海洋、认识海洋、经略海洋"；要"保护海洋生态环境，着力推动海洋开发方式向可循环利用型转变"。党的十九大、十九届五中全会作出"坚持陆海统筹，加快建设海洋强国"的战略部署。沿海地区认真落实生态文明建设总体部署和习近平总书记对江苏生态文明建设的系列重要指示精神，坚决贯彻党中央、国务院环保决策部署，全面落实海洋环境保护职责，围绕提高海洋生态环境质量、推进污染减排、强化风险防控、加强监管与能力建设等重点工作，打好污染防治攻坚战，入海排污口调查和入海河流整治取得突破性进展，全面完成全省入海排污口排查工作，城镇生活污水处理能力持续扩大，主要入海河流水质全面"消劣"。加强海水养殖污染防控，优化水产养殖布局，强化水产养殖管理，加强养殖污染治理，开展突出环境问题整治工作。加强紫菜养殖网帘布置密度控制，及时回收网帘和筏架，推进行业自律。2019 年沿海 3 市紫菜养殖面积控制在 60 万亩左右。

2020 年，江苏省海水浴场 85.7% 水质为优或良，水质有较大幅度的提升，游泳适宜度为适宜游泳或较适宜游泳。2019 年，江苏省管辖海域共监测到浮游植物 161 种，生物多样性指数均值为 3.02，多样性级别为"丰富"。浮游动物共监测到 71 种，生物多样性指数均值为 2.40，多样性级别为"较丰富"。苏北浅滩生态监控区海水水质点位中一类、二类、三类、四类和劣四类水质比例分别为 42.9%、39.3%、14.3%、0%、3.6%。

然而，海洋生态环境质量呈现波动态势，近岸海域水质改善成效很不稳固，2020 年春季全省近岸海域水质优良比例与去年同比下降明显，尤其是盐城、南通显著下降，盐城国考点位优良比例降幅达到 60%。近岸海域水产养殖尾水和渔港码头洗舱水、油污水、垃圾等方面缺乏有效监管，船舶上大量洗舱水、含油污水、垃圾入海。

据测算，江苏农业面源、畜禽养殖、生活污水、工业废水通过排污口或入海河流排海的陆源污染物数量巨大，其中 COD 年入海通量可达 446 283 t，氨氮年入海通量可达 23 146 t，石油类污染物以海源为主，可达 313 t（孙丽萍，2007），总磷入海通量可达 1 921 t。江苏渔业船舶数量庞大，渔业船舶污染物排放数量占比高，是重要的海源污染源。根据本项目测算，渔业船舶排放 COD 年通量可达 46.6 t，约为陆源输入通量的 0.01%，氨氮年通量可达 3.6 t，约为陆源通量的 0.016%，总磷年通量可达 0.4 t，约为陆源通量的 0.02%，石油类年通量可达 1 646 t。由此可见，渔业船舶污染物排放入海，加剧了江苏近海富营养化，更是江苏海域石油类污染物的主要来源，严重影响"美丽海湾"保护与建设，不利于沿海生态环境改善。

第 2 节 含油污水排放对江苏省海洋渔业资源、环境质量的影响

2.1 对江苏海洋渔业资源的影响

江苏沿海渔业资源丰富，南部的吕四、北部的海州湾，都是著名的渔场，皆位列全国八大渔场。吕四渔场、海州湾渔场是多种名贵水产品的繁殖和摄饵的优良渔场。历史上是著名的大黄鱼产卵渔场，大黄鱼年产量曾经高达 8 万吨，还是小黄鱼、银鲳、灰鲳、带鱼、鱿鱼、章鱼、梭子蟹、海鳗、海蜇、安康鱼、各种虾类、文蛤、西施舌、毛蚶、海螺等的重要渔场。

石油类污染物排入海洋后，一部分漂浮在海面形成油膜，一部分溶解或分散在海水中，还有少量形成海面漂浮的焦油球，并进一步凝聚变大进入沉积物中。黄渤海大部分海洋经济鱼类都是浮性卵，仔鱼多营浮游生活。溶解的石油成分通过鱼鳃呼吸、代谢、体表渗透和生物链传输逐渐富集于生物体内，导致鱼类中毒。急性和亚急性中毒症状主要表现为致死性、神经性、造血功能损伤和酶活性的抑制；慢性中毒表现为代谢毒性、遗传毒性以及"致癌、致畸、致突变"效应。除了可溶性石油成分的对其产生毒性影响外，浮在海面上的油膜也严重影响漂浮鱼卵和仔鱼生存。油膜粘附在鱼卵和孵化场鱼体上，鱼卵和幼鱼可能被杀死，鱼的怀卵数量和产卵行为发生变化，影响鱼的种群繁殖；油膜粘附在浮游生物表面，造成饵料质量降低，对幼鱼、仔鱼和成体鱼生长造成不利影响。石油类污染物不仅危害水层经济鱼类，对虾类、文蛤、西施舌、毛蚶、海螺等底栖经济品种也有毒害作用。伴随虾类的呼吸，乳化的石油类成分破乳后粘附在虾鳃上形成"黑鳃"，影响呼吸，造成呼吸机能障碍，或引发其他病变，甚至可导致窒息死亡。成虾生活在油污染的海水中，由于鳃部污染油粒使氧的代谢受影响，并且在积累了油水中有毒成分后出现虾体素质下降；油膜具有隔氧作用，对虾较长时间生活在缺氧环境中容易感染疾病，出现虾蜕皮后或蜕皮中易死亡的效应。扇贝幼虫在摄食饵料时，只能别无选择地同时摄食海水的悬浊

油分，进入胃中的油滴破乳后互相结合成大油滴，最终充满胃且不能排泄体外，导致幼贝死亡。成贝与幼体具有相同的摄食方式，可以同时摄食海水中的悬浊油分，胃中油粒的大量积累，最终导致成贝的死亡。此外，石油类污染也能引起该海区的鱼虾回避，破坏渔场资源，造成海上捕捞渔获量的直接减产。如果石油类污染发生在产卵盛期或污染区正处于产卵中心，因鱼类早期生命发育阶段的胚胎和仔鱼是整个生命周期中对各种污染物最为敏感的，石油类污染使产卵成活率低、孵化仔鱼的畸形率和死亡率高，影响种群资源延续，造成资源补充量明显下降。

2.2 对江苏海洋环境质量的影响

浮在水面的油膜，能把水与空气隔开，妨碍海水复氧，使海水溶解氧含量降低，影响海洋生物呼吸，海洋的自净能力减弱。据报道，1 t 石油在水面上形成的油膜面积能达到 $5\times10^6\ m^2$（陈余海 等，2017）。据此估算，江苏海洋渔业船舶排放石油类污染物可达 1 646 t/年，可覆盖海面 $8.23\times10^3\ km^2$，和吕四渔场面积相当。一般轻油油膜在海面的残留时间为 10 天左右，重油的油膜停留时间更长，严重影响海区的海空物质交换、热交换，阻碍正常的海水蒸发，改变水面的反射角度和反射光线量，使海水中氧含量、化学耗氧量、比重、温度等环境因素发生变化，加剧温室效应，影响全球气候。油膜还严重破坏了海洋环境的自然景观，降低了海洋环境质量（田立、张瑞安，1999，贺梦凡 等，2021）。整体上看，江苏海域石油类监测指标符合国家一类海水标准，但也偶尔有监测站位出现超标现象。

第 3 节 生活污水排放对江苏海洋生态环境质量的影响

渔业船舶生活污水主要来自厕所、盥洗室、洗衣房及厨房，尤其是冲厕污水，含有大量的悬浮有机成分和需氧量较高的溶解有机成分以及高浓度氮、磷营养盐，还包括大量可导致海洋生物甚至人类感染的细菌、寄生虫甚至病毒。江苏部分近岸海域表层水质总体营养水平较高，处于氮限制的潜在性富营养水平，有机污染程度属于Ⅱ级，水质已受到污染（韩彬 等，2019），陆源输入是江苏近海富营养化的重要原因（李鸿妹，2015；Liu et al.，2013；孙丽萍，2007）。本项目测算的江苏渔业船舶排放氨氮年通量可达 3.6 t，约为陆源通量的 0.016%，总磷年通量可达 0.4 t，约为陆源通量的 0.02%，对近海氮磷营养盐含量，特别是营养盐结构产生较大影响，环境生态效应不容忽视。

氮、磷营养盐作为生物生长、光合作用以及初级生产力的物质基础，其含量以及结构（可利用性组分的含量和比例、营养盐比值等）对于海水中浮游植物以及大型藻类的生长起到重要的影响。海水中氮、磷营养盐作为藻类生长的主要营养元素，其季节分布特征和空间变化特征，对于江苏近岸紫菜生长、及浒苔绿潮灾害的发展起到重要的影响作用。江苏近海春季硝酸盐氮含量通常最高,主要受到河流输入、养殖废水等因素影响,高值区在 20 μmol/L 以上,且主要集中在近岸海域。氨氮是水体中容易被吸收利用的氮组分,其含量在 0.32~7.41 μmol/L,高值区主要集中在河口以及养殖区外海域,渔业船舶生活污水的排放占陆源输入比例较高,改变了水体的营养盐结构,加剧了水体的富营养化。调查结果表明,3月硝酸盐氮的范围在 5.84~53.81 μmol/L,平均为 18.44±11.01 μmol/L;氨氮范围在 0.51~3.54 μmol/L,表层平均值为 1.29±0.63 μmol/L。春季硝酸盐氮组分含量通常高于氨氮含量。4月随着沿岸海洋养殖、农业施肥等因素导致排放到该海域的无机氮含量增多,各组分含量较3月均明显增高。其中硝酸盐氮范围在 7.21~54.91 μmol/L,平均值含量为 19.01±11.01 μmol/L,较 3 月增加约 0.42 μmol/L;氨氮范围在 0.32~7.41 μmol/L,表层平均值为 2.51±1.6 μmol/L,较 3 月上升 1.9 倍,平面分布呈现北部河口外较高南部海域低的特征。5月随着温度增高,光照强度的增加,浮游植物以及绿潮藻类大量繁殖生长,使得水体氮含量降低。此外,5月进入休渔期,渔业船舶生活污水排放基本消除,减少了水体氮补充。硝酸盐氮范围在 3.95~39.41 μmol/L,平均值为 15.25±9.26 μmol/L,作为主要组分,其降低幅度也是最大,较 4 月含量降低达到 3.76 μmol/L;氨氮作为浮游植物生长以及大型浒苔绿潮藻种生长过程中优先利用的无机氮组分,分布呈现近岸向外海逐渐降低的特征,含量范围在 0.54~3.48 μmol/L,平均值为 1.66±0.91 μmol/L,较 4 月降低幅度达到 34%。6月营养盐组分含量较 5 月进一步降低,氨氮的平面分布呈现近岸向外海逐渐降低的特征,含量范围在 2.23~27.18 μmol/L 之间,平均值为 12.49±7.37 μmol/L,较 5 月降低 2.76 μmol/L;硝酸盐氮含量范围在 0.39~3.11 μmol/L,表层平均值为 1.55±0.7 mol/L。秋季,10月江苏近海受到风浪扰动、夏秋季节降水输入以及有机物氧化矿化分解的影响,同时,休渔期结束,渔业船舶生活污水排放增多,氨氮和硝酸盐氮较夏季显著增高。氨氮的平面分布呈现近岸向外海逐渐降低北高南低的特征,范围在 6.08~44.59 μmol/L,平均值为 15.98±7.8 μmol/L,较夏季 6 月增高 3.49 μmol/L;硝酸盐氮高浓度区集中在射阳河口及中部海区,范围在 0.01~17.59 μmol/L,平均值为 4.19±4.00 μmol/L,较 6 月份增高。冬季,12月江苏近岸海域氨氮含量范围为 6.6~32.087 μmol/L,平均值为 14.33±6.897 μmol/L;氨氮含量范围在 0.03~197 μmol/L,平均值为 5.17±4.777 μmol/L,较秋季含量增高。

整体上看,江苏近海处于中度营养水平,氮和磷的空间分布基本符合由陆向海逐渐降低的趋势,氮磷比偏高(34~108),与绿潮致灾种浒苔体内氮磷比(46~76)接近,是引发浒苔绿潮的重要原因之一(黎慧 等,2016,高嵩 等,2012)。春秋季节渔业船舶作业活动频繁,生活污水排放较为集中,也无疑加剧了江苏近海富营养化水平。

第 4 节 船舶垃圾对江苏海洋生态环境质量的影响

对海洋动物生存威胁最大的海洋渔业船舶垃圾是丢失和废弃渔具,包括渔网、鱼线、

江苏省
沿海渔港经济区生态环境及治理

渔栅和鱼漂等,它们被称为"鬼网"。据报道,渔民每捕获 125 t 鱼,会丢弃大约 1 t 渔具在海洋中,成为"鬼网"。许多海洋动物会被废弃渔具缠绕或者误食。鸟可能会吃掉带着鱼饵的鱼钩和鱼线,然后被残留在体外的鱼线缠绕。联合国 2021 年发布的一份报告着重强调,800 多种海洋生物受到海洋垃圾(误食或缠绕)的困扰,受影响的物种比 2012 年增长了 23%,其中大约 10% 的物种为近危种、易危种、濒危种,甚至极度濒危种,包括蓝鲸、鳁鲸等大型鲸类。不同海域废弃渔具对不同鱼类的影响有所不同,据估算,废弃渔具已经导致鱼类数量减少了 10% 甚至更多。废弃渔具还可能缠绕螺旋桨并干扰导航,对渔船和国际运输造成真实的威胁。废弃的塑料渔具经长时间老化降解,最终会分解成"微塑料"。微塑料在海洋环境中经物理、化学和生物共同作用,会分裂成更小的纳米级颗粒,海洋生物体摄入体内的微塑料颗粒可在其组织和器官中转移和富集,许多海洋生物的胃、肠道、消化管、肌肉等组织和器官甚至淋巴系统中均发现有微塑料存在,这威胁了海洋生物生存。微塑料可沿食物链进行传递,低营养级生物体内的微塑料通过捕食作用进入到高营养级生物体内。塑料渔具中的毒性化学物质也会排放到海洋中,恶化海洋环境质量(邓婷等,2018;刘彬 等,2020)。

江苏海洋捕捞方式以刺网、张网和拖网为主,渔船生活垃圾主要成分为剩菜剩饭、菜叶、果皮、塑料袋等,每年产生量约 7 007 t。捕捞船舶拖网、张网和部分刺网作业使用浮标灯示位,产生的 1# 干电池垃圾 227.27 万节,按 1 节丢弃入海的干电池能污染 600 t 海水估算(袁士春 等,2010),每年产生的废弃干电池可污染海域 272.7 平方千米(以 5 米水深估算),约占 0.1% 的吕四渔场面积。干电池在海水中可存在若干年,随海流移动,能进一步扩大污染面积,经年累月,干电池污染效应持续放大,对江苏海洋环境造成严重影响。

江苏沿海渔业船舶产生的塑料垃圾总量(包括生活垃圾中的塑料垃圾、泡沫垃圾、废旧网具等)数量巨大,高达 620 412 t,其中捕捞船废旧网具约 613 466 t,占比高达 98.9%,养殖船筏式养殖泡沫入海垃圾 6 876 t,占比约 1%。海洋垃圾监测研究结果显示,近海区域特大块塑料垃圾(尺寸>1 m)的平均量为 0.4 个/km²,在所有特大块漂浮垃圾中塑料占比达 14.29%;大块塑料垃圾(尺寸>10 cm 且<1 m)的平均量为 45 个/km²,在所有大块漂浮垃圾中塑料占比达 59.72%,中块塑料垃圾(尺寸>2.5 cm 且在 10 cm)的平均量为 3 318 个/km²,在所有中块漂浮垃圾中塑料占比高达 94.88%;小块塑料垃圾(尺寸<2.5 cm)的平均量为 21 030 个/km²,在所有小块漂浮垃圾中塑料占比高达 97.96%。通过特大块、大块、中块、小块海洋塑料垃圾的监测结果对比,可以发现,尺寸越小的海漂垃圾类别,塑料垃圾的占比越大,在海洋中的分布密度也越高,在中块、小块漂浮垃圾中,九成以上为塑料垃圾组成。研究结果表明,我国沿海微塑料的平均分布密度 0.29 个/m³,个别海域最高值高达 2.35 个/m³。2016 年世界经济论坛年会上,英国艾伦·麦克阿瑟基金会在《新塑料经济——重新思考塑料的未来》中指出在过去的 50 年中,塑料的用量增加了 20 倍,并预计会在未来的 20 年内再翻一番。目前塑料垃圾与鱼类的重量是 1:5,如果不加以治理,50 年后塑料垃圾的重量会超过鱼类重量(马利霞,2019)。

第7章 渔业船舶排海污染物防控措施

江苏渔业船舶污染物排放数量巨大，一方面是技术原因，由于渔业船舶使用年限较长，船龄5年以内的船舶仅占总量的15%，船龄5~10年的占60%以上，船龄10年以上的船舶近25%。船舶设备老化，绿色新能源、环保新材料、新技术在现有渔业船舶中使用较少，如全省玻璃钢船仅有13条，其中6条还是执法船。另一方面是管理原因，船舶污染物排放作为一种移动源，具有排放源分散、监管难度大的特点。环境监管与渔业船舶管理隶属多个部门，协调统一执法活动存在诸多不便，另外，"三无"船舶数量庞大，设备设施简陋，处于监管盲区(绿色和平与中国国际民间组织合作促进会，2021)。渔业船舶违规排放具有较高的环境风险，需从技术更新、制度完善等多个方面加强渔业船舶污染物的排放防控措施研究。

第1节 促进技术更新，发展高质量渔业生产

"十四五"时期，高质量发展已成中国渔业发展新主题，提升渔业船舶装备水平，减少或杜绝渔业船舶污染物排放入海，将渔业发展融入生态文明建设当中，是渔业部门、生态环境监管部门面临的新课题。针对江苏渔业船舶保有量、船龄、船型结构等特点，可以从节能技术、新材料、新能源、标准化、绿色船舶等多个方面考虑分步骤、分阶段推进渔业船舶技术更新，减少污染物排放。

1.1 加快推进现有渔业船舶及装备的技术更新

渔业船舶排放的主要污染物之一是含油污水，减少渔业船舶含油污水的产生量是控制渔业船舶污染物排放的关键。拥有先进技术的油水分离器、节能低排放柴油机推广多年，进展缓慢。一方面是经济因素，渔民缺乏内在动力投入价格昂贵的先进技术产品；另一方面是管理因素，政府相关部门缺乏支持力度，政策引导不够，覆盖面不够广，政策不落地。政府相关部门通过提高政策性补贴力度，降低补贴门槛，简化办事程序，将补贴落到实处，助力渔民用得起节能减排型渔船；引导渔船配套产业链及相关服务建立完善，扶持当地渔船配套企业的发展，完善渔船尤其是小型渔船的配套体系，拓展渔船相关的产业链，帮助渔民解决相关设备的购置、维修问题；同时实行强制报废制度，淘汰高耗能、高排放的老旧高龄柴油机渔船。相关部门学习借鉴家电或农机销售模式，采用以旧换新、适当补贴的办法促进渔民尽快更新渔船老旧柴油机和设备。

1.2 加快推广新型材料在渔船造船业中的应用

江苏渔船数量大，钢质、木质渔船占比超过99.74%，同尺度的玻璃钢渔船比木质渔船的燃油消耗要少10%~15%，使用寿命可达50~60年，是木质渔船寿命的4倍，是钢铁质渔船寿命的2倍，玻璃钢渔船坚固耐用、维修方便、修理成本相对低，维修费用也能大幅降低；聚乙烯材料建造成本低，船型设计灵活，聚乙烯材料比重较小，聚乙烯船艇自重更

轻,只有木船的 2/3、铁船的 1/2,按载荷比计算,耗油量一般可以节省 15%～25%,燃料消耗更少,能效比更高,比木船、铁船和玻璃钢船等更节能,更有利于减少船舶污水排放。相比传统的木质与钢质渔船,玻璃钢与聚乙烯渔船具有材料比重较小、自重更轻、燃料消耗更少、能效比更高、可使用年限更长、更节能等优点。选用轻型材质建造渔船可有效减小渔船航行阻力,从而降低能耗,减少污染物排放。

1.3 加快推进绿色能源在渔业船舶中的应用

在渔业船舶采用了电力推进技术、液化天然气(LNG)和甲醇等清洁绿色能源作为动力系统的技术,能有效减少渔船含油污水的产生。在国外,甲醇已成为船舶的替代燃料。科研项目结论与实船试点实验表明,甲醇用作船用燃料的安全性、环保性能够充分保证。在我国,使用甲醇燃料还有利于消化煤炭的过剩产能。天津大学内燃机燃烧学国家重点实验室开发的甲醇柴油双燃料燃烧技术,已在陆上重型柴油机上得到了部分应用(袁士春,2017)。开展甲醇燃料在同型柴油机上的台架试验,进一步分析船舶柴油机甲醇燃料使用的技术可行性,一定能在渔船甲醇燃料应用试验上取得成功。突破清洁燃料使用的技术难关,同时加强配套设施设备供给,是减少渔业船舶含油污水排放最有效的措施。

1.4 全面实施渔业船舶标准化,逐步淘汰非标准渔船

中国渔船标准化经过 40 多年的发展,各类渔船标准船型已经成形,推出十大渔船标准化船型,发布标准化船型评价方法和指标,渔船相关标准和规范体系正逐步完善,国家和地方分别发布渔船相关的水产行业和船舶行业标准,中国船级社等相关机构发布渔船设计和建造规范,内容覆盖总体、结构、舾装、轮机、电气、专用设备等。中国学者通过对渔船的结构强度和稳性、水动力和运动性能、节能减排、新型材料应用的研究,为渔船的安全性、经济性、舒适性、耐波性和高效性,为渔船"安全、环保、高效、节能、适居"提供了技术支撑。适时全面实施渔业船舶标准化,取缔"三无"造船厂,通过对渔船形式、结构、性能、设备、设计和建造等实施统一的标准要求,提高渔船作业的安全、效率、经济及环保性能,是减少渔业船舶污染物排放的一个重要环节。

1.5 推广绿色船舶在渔业船舶中的应用,提升渔业高质量发展内涵

绿色船舶通过采用先进技术,在船舶设计、建造、营运和拆解的全寿命周期中,都能体现节省资源、节约能源、减少或消除环境污染的原则,并且把"使用功能和性能的要求"与"节约资源与保护环境的要求"紧密结合起来。针对船舶污染问题,国际公约标准不断出台,其中国际海事组织(IMO)关于新船能效设计指数(EEDI)的规范就强调了船舶的节能减排增效目标,对船舶设计、生产工艺、配套装备、新能源技术等都提出了更高的要求,客观上促进了绿色船舶的发展。绿色船舶理念已经受到国际社会的普遍重视,绿色船舶技术已经成为船舶技术发展的一个重要方向。江苏率先在渔业生产中推广绿色船舶应用,不仅从根本上减少渔业船舶污染物排放量,提升渔业高质量发展内涵,也是渔业生产深入践行"争当表率、争做示范、走在前列"的历史使命。

1.6 推广可降解塑料制品在渔业船舶中的应用，减少传统塑料在渔业生产中的使用

面对日趋严重的塑料废弃物污染问题，欧、美、日等发达国家和地区近年来相继制定和出台了诸多政策法规，通过局部禁用、限用、强制收集以及收取污染税等措施限制塑料的使用。我国 2020 年发布了新版限塑令——《关于进一步加强塑料污染治理的意见》，以 2020 年、2022 年、2025 年为时间节点，明确规定了控制塑料污染的禁限范围，构建起覆盖生产、流通消费和末端处置全生命周期的政策体系。受环保政策法规的推动，近年来中国可降解塑料发展迅速，2019 年我国可降解塑料产能达到 82 万 t，同比增长 13.9%，产量为 72 万 t 左右，同比增长 11%。近年来可降解塑料仍处于快速扩张期，据不完全统计，已有 36 家公司宣布了在建或拟建可降解塑料项目计划，新增产能合计 440.5 万 t，其中 PLA 和 PBAT 系列材料占比超过 80%。中国将成为全球可降解塑料产能增长的主要驱动力（王红秋、付凯妹，2020）。

可降解塑料是指在生产过程中加入一定量的添加剂，降低稳定性，在使用完毕后，在特定条件下，最终以二氧化碳和水的形式回归到自然环境中的塑料。可降解塑料分解主要是通过光照、生物作用降解，降解时间一般要 3～6 个月或者 1～2 年，相比于普通塑料降解时间短了很多（马利霞，2019）。可降解塑料实现了人与环境的和谐发展，充分体现了"绿水青山就是金山银山"的发展理念，积极推广可降解塑料制品是减少渔业船舶塑料垃圾产生量的必然要求，是治理"白色污染"的重要举措。

丢失或遗弃的废旧网具垃圾是渔业船舶塑料垃圾的主要来源，减少传统塑料渔具使用，可以大大降低渔业船舶塑料垃圾入海量。日前，康奈尔大学化学家开发了一种称为等规聚丙烯氧化物的新塑料，被称为无痕塑料，其能在日光下会迅速降解，但仍能保持工业级塑料的强度，能够替代传统塑料做成渔网，可大大减少海洋中的"幽灵渔具"，减少海洋"微塑料"污染（主角创新科技，2021）。加快推广新型无痕塑料网具使用，是解决废旧网具塑料垃圾污染的必然选择。

1.7 推广使用专用网标灯具和专用电源，停产限产通用干电池供电网标灯

网标灯用于渔民夜间捕捞作业时显示渔网在海上的位置、并可诱鱼入网，围网船舶在海上一旦发现鱼群，将灯投进海中，可测定鱼群目标。一般网标灯太阳能开关（光控），在夜间或雾天自动闪亮，白天或光线较强时自动熄灭；光源采用氙放电管。通常可装 1 节 1#干电池（R20）或者蓄电池供电，拧紧灯罩，即可使用。干电池低廉的价格造成干电池的广泛使用，使用后往往被丢弃入海，严重影响了海洋环境。渔业船舶弃海干电池污染，已经引起社会各界关注。目前已有相当多的替代产品出现，如太阳能船用网标灯（郭森 等，2007）、太阳能海洋自控网标灯（陈国伟 等，2008）、波浪能网标灯（宋伟、金涛，2014）。

这类太阳能网标灯，通常包括呈筒状且一端具有开口的壳体和密封连接在壳体开口上的透明保护罩，保护罩内设有其上固定有若干个 LED 灯的灯头，壳体内装设有与上述 LED 灯电连接并能控制上述 LED 灯工作的单片机，还包括可充电的电源装置、固定安装

在壳体开口上的安装板和设置在安装板上的若干个太阳能光伏电池板,上述的灯头设置在安装板上,安装板上装设有光敏二极管,光敏二极管和电源装置均与上述的单片机电连接,电源装置为蓄电池,市面价格50元左右。传统LED网标灯售价为5~8元,1#干电池一般售价为1元/节,但更换频繁,3天更换一次,每年每灯使用成本要60元以上。从经济角度看,推广用新型能源网标灯具替代传统干电池网标灯具的时机已经成熟。

推广使用太阳能、波浪能专用网标灯具及电源,配合回收和补贴政策,能有效提高绿色环保能源网标灯具的使用数量,提高渔民回收废旧网标灯具及电源的动力,可有效解决渔业船舶弃海干电池污染问题。

第2节 完善创新制度安排,推进渔业治理体系和治理能力现代化

对渔业船舶污染物排放行为的实施管理,是政府依职权实施的行政行为,是政府相关部门共同参与的执法活动,行政主体是地方政府,相关部门包括渔业部门、环境监管部门等,行政相对人是从事渔业生产、管理、科研的自然人和法人,包括渔民、捕捞公司、养殖公司、养殖合作社、运输公司、科研事业单位等。行政管理活动的效能,主要从能力、效率、效果、效益这四个方面体现。针对江苏渔业船舶污染物排放管理这一具体活动,可以从基础设施、执法技术条件、执法人员素质、执法部门合作、渔业从业人员素质、渔业组织化、方式方法创新等方面探讨提高行政效能,强化对渔业船舶污染物处置管理,促进渔业高质量发展与海洋生态环境保护。

2.1 提升渔港、渔船监管水平,杜绝渔业船舶污染物任意排放

监管部门依托渔港、渔船装备管理信息化建设,推动依港管船、管人、管渔获物,完善渔船进出港签证制度,规范渔船船员准入制度,提升监管效能,积极履行环境保护职责。强化污染物处理设备安装和运行的年检要求;利用卫星定位系统、污染物处置设备报警器等在线监控设备,加强设备运行的监控,监督渔船运行过程中污染物处置管理,加强重点海域渔业船舶污染物处置的监管;充分利用卫星遥感、无人机等信息化手段,对渔船作业活动进行监管,加强污染物违法排放处罚力度,控制渔业船舶污染物的任意排放。加强宣传,提高执法管理公开透明度,充分发挥群众监督举报机制。通过制度安排、技术手段、处罚措施等,从源头上对渔船污染物进行长效管理。

2.2 积极推进减船减产,引导渔民转型转产

随着生态文明建设的不断加强,我国在促进渔业可持续发展和转型升级方面作出了重要决策部署,通过取缔"三无"涉渔船舶,淘汰老旧渔船,减少渔业船舶数量,压减海洋捕

捞能力,贯彻实施捕捞产量负增长。调整完善渔业规费和补助政策,引导海洋捕捞渔民转产,积极鼓励海洋捕捞渔民从事远洋渔业、水产养殖加工、渔家乐及其他非渔产业,支持具有职业技能的渔民从事航海运输、机具修造、渔政协管等工作,完善渔业产业链,拓宽渔民就业渠道。相关部门落实国家减船、减产、减人决策部署,也能收到控制渔业船舶污染物排放数量的效果。

2.3 加强专业人才培养,提升科技手段在渔业管理和执法中的应用

卫星遥感、卫星定位、港口监控、船舶自动识别系统等新技术应用于渔业船舶管理在技术方面已经成熟可行。借助科技新手段,不仅有助于减少生产事故,保护渔民生命财产安全,促进船位监管,还能够提升管理能力和效率,破解海上执法管理面临的情况复杂、执行难度大、取证困难等问题。然而执法队伍缺乏专业人才,花费巨资建设的信息管理系统不能被有效利用,阻碍了对渔业船舶活动实施有效管理。加强专业执法人才培养,扩充渔业执法队伍,配备相应技术岗位,能充分发挥信息化建设效能,提升渔业船舶污染物防控能力。

2.4 提高渔民素质,推广渔业组织化体系建设,充分发挥渔业组织作用

严格实施船员准入制度,加强船员执业培训,加强环保宣传,提高渔民素质,使广大渔民认识到船舶污染物严重危害,自觉加入到污染防治的队伍中来。加大新材料、新能源、新技术渔船的宣传力度,建立新材料、新能源、新技术渔船示范点,推行样板渔船试用制度,吸引渔民建造使用新材料、新能源、新技术渔船,更新高能耗、高污染老旧渔船。制定激励措施,调动渔民的积极性,鼓励社会监督,防控渔船污染物排放。通过政府引导、市场配置,建设渔业组织化体系,形成收购船、运输船、加油船、加工船、污染物收集船等各类型船舶组成的完整服务链,向作业渔船提供燃料、冰块、污水垃圾收集等服务,通过补贴政策推动渔业组织化体系由松散型组织逐渐向紧密型组织过渡,渔船船主间分工合作,有组织地进行捕捞、加工、销售及污染物接收处置,形成成熟的生态产业链。

2.5 投资港口污染物接收基础设施建设,创新污染物接收处置模式

江苏海洋渔港47座,其中国家中心渔港6个,一级渔港11个,渔港规模差异大,设施设备完善程度差别大,应结合渔港码头实际情况,制定合理接收方式,兴建完善污染物接收设施设备。借鉴内河渔业船舶污染物回收经验,实施"一零两全四免费"全覆盖,形成渔港码头企业履行船舶污染物接收主体责任,政府出资运营船舶污染物接收设施、水上服务区提供社会公益服务等多种治理模式,实施靠港和锚泊船舶污染物零排放、全接收,在航船舶污染物排放全达标,为渔业船舶提供免费生活垃圾接收、免费生活污水接收、免费水上交通、免费锚泊服务。在国家中心渔港,如青口渔港、海头渔港、吕四渔港,建设专门的污染物接收和处理设施;在一级渔港,如连岛渔港,建造专门的渔船含油污水、生活污水收集船或陆上收集设施,通过购买服务的方式,承接港口靠港船舶污染物的接收和转运处置;对于二级渔港,可在原加油、超市等服务区传统服务项目的基础上,实现升级改造,新

增环保接收船,为靠泊船舶免费提供生活污水、垃圾等污染物接收服务,同时为附近锚地锚泊船舶提供污染物免费接收服务。通过实施污染物统一接收、集中转运、上岸处置,实现船舶含油污水、生活污水、船舶垃圾的零排放、全接收。

2.6 加强部门之间执法合作,提高执法效率

渔船管理和渔船污染治理涉及多个部门的管理职责,应加强各地、各级政府、各部门之间的合作,以地方各级政府为主导,海事统筹协调,生态环境部、交通运输部、农业农村部等部门监管联动,渔业全行业共同参与,形成船舶污染防治共同体;建立联合执法机制,集合渔业渔政、交通运输、海警、公安、海关、环保等部门人员,构建海洋综合执法队伍,实施市际县际交叉巡查制度,避免地方保护主义。对全省渔业船舶开展全面摸底,摸清渔业船舶污染物产生量,结合卫星定位、船舶自动识别系统等新技术,建立全省统一的渔业船舶污染物接收数据系统,核算渔业船舶污染物交付数量,全面监督渔船、渔港污染物收集处置活动。同时加强宣传,提高执法管理公开透明度,充分发挥群众监督举报机制。

2.7 回购渔业生产塑料垃圾和网标灯具电源,创新渔业生产补贴方式

相对于金属、石材、木材,塑料制品具有成本低、可塑性强等优点,在国民经济中应用广泛,塑料工业在当今世界上占有极为重要的地位,多年来塑料制品的生产在世界各地高速度发展。正是由于塑料制品成本低廉,回收成本远远高于回收价值,塑料回收缺乏经济动力,社会力量参与度不高,主要依靠政府推动塑料回收业发展。我国是塑料生产和消费大国,不完善的垃圾分类和回收体系导致废旧塑料向环境大量无序排放。

根据本项目设计的《江苏沿海渔船基本信息及污染排放情况调查表》统计,万元产值废旧网具垃圾产生量加权平均值为 0.38 t,每吨渔获物产生废旧网具垃圾 0.75 t。网具成本低廉间接助长了网具的使用量增加,也降低了渔民回收废旧网具的动力。提高网具价格,增加网具使用成本,能有效降低网具的使用量增长势头;提高废旧网具回收价格,能有效防止渔民丢弃废旧网具。政府可以通过实行政策性补贴,帮助渔民购买高质量可降解塑料网具,补贴购买网标灯具和电源,同时提高废旧网具、浮标灯具和电源回收价格,完善渔业生产生活塑料垃圾、网标灯具和电源回收制度,扶持当地回收企业的发展,拓展塑料、网标灯具和电源等回收相关产业链,提高渔民回收利用意识和意愿。同时强制实行专用网标灯具和电源制度,淘汰使用传统 1#干电池供电网标灯具,参照家电、农业机械销售模式,采用以旧换新并辅以适当补贴的办法更新网标灯具和电源;或配合补贴政策,高价售出,高价回收,售卖价和回收价差额低于普通灯具电源价格或持平;或免费出借给渔民使用,由政府补贴经营者产生的费用,但如果渔民遗失网标灯具电源,需缴纳惩罚性赔偿款。

参考文献

1. Andrady A L. Microplastics in the marine environment[J]. Marine Pollution Bulletin, 2011, 62(8):1596-1605.

2. Arthur C, Baker J, Bamford H. Proceedings of the International Research Workshop on the Occurrence, Effects, and Fate of Microplastic Marine Debris[R]. NOAA Technical Memorandum NOS-OR&R-30, Department of Commerce, National Oceanic and Atmospheric Administration, 2009.

3. Au S Y, Bruce T F, Bridges W C, et al. Responses of Hyalella azteca to acute and chronic microplastic exposures[J]. Environmental Toxicology and Chemistry, 2015, 34(11):2564-2572.

4. Beltrame M O, Marco S, Marcovecchio J E. Dissolved and particulate heavy metals distribution in coastal lagoons: A case study from Mar Chiquita Lagoon, Argentina[J]. Estuarine, Coastal and Shelf Science, 2009, 85(1):45-56.

5. Besseling E, Wegner A, Foekema E M, et al. Effects of microplastic on fitness and PCB bioaccumulation by the lugworm Arenicola marina (L.)[J]. Environmental Science & Technology, 2013, 47(1):593-600.

6. Boerger C M, Lattin G L, Moore S L, et al. Plastic ingestion by planktivorous fishes in the North Pacific Central Gyre[J]. Marine Pollution Bulletin, 2010, 60(12):2275-2278.

7. Boyle E A, Huested S S, Grant B. Chemical mass balance of the Amazon plume: II. Copper, nickel, and cadmium[J]. Deep Sea Research Part A. Oceanographic Research Papers, 1982, 29(11):1355-1364.

8. Browne M A, Niven S J, Galloway T S, et al. Microplastic moves pollutants and additives to worms, reducing functions linked to health and biodiversity[J]. Current Biology, 2013, 23(23):2388-2392.

9. Browne M A, Dissanayake A, Galloway T S, et al. Ingested microscopic plastic translocates to the circulatory system of the mussel Mytilus edulis (L.)[J]. Environmental Science & Technology, 2008, 42(13):5026-5031.

10. Chanthamalee J, Wongchitphimon T, Luepromchai E. Treatment of oily bilge water from small fishing vessels by PUF-immobilized *Gordonia* sp. JC11[J]. Water, Air, & Soil Pollution, 2013, 224(7):1601.

11. Cole M, Lindeque P, Halsband C, et al. Microplastics as contaminants in the marine environment: A review[J]. Marine Pollution Bulletin, 2011, 62(12):2588-2597.

12. Cole M, Lindeque P, Fileman E, et al. The impact of polystyrene microplastics on feeding, function and fecundity in the marine copepod Calanus helgolandicus[J]. Environmental Science & Technology, 2015, 49(2):1130-1137.

13. Cole M, Lindeque P K, Fileman E S, et al. Microplastic ingestion by zooplankton[J]. Environmental Science & Technology, 2013, 47(12):6646-6655.

14. Collignon A, Hecq J H, Galgani F, et al. Annual variation in neustonic micro-and meso-plastic particles and zooplankton in the Bay of Calvi (Mediterranean-Corsica)[J]. Marine Pollution Bulletin, 2014, 79(1/2):293-298.

15. Collignon A, Hecq J H, Galgani F, et al. Neustonic microplastic and zooplankton in the North Western Mediterranean Sea[J]. Marine Pollution Bulletin, 2012, 64(4):861-864.

16. Cózar A, Echevarría F, González-Gordillo J I, et al. Plastic debris in the open ocean[J]. Proceedings of the National Academy of Sciences of the United States of America, 2014, 111(28): 10239-10244.

17. Desforges J P W, Galbraith M, Ross P S. Ingestion of microplastics by zooplankton in the Northeast Pacific Ocean[J]. Archives of Environmental Contamination and Toxicology, 2015, 69(3): 320-330.

18. Eriksen M, Lebreton L C M, Carson H S, et al. Plastic pollution in the world's oceans:More than 5 trillion plastic pieces weighing over 250,000 tons afloat at sea[J]. PLoS One, 2014, 9 (12):e111913.

19. Eriksen M, Maximenko N, Thiel M, et al. Plastic pollution in the South Pacific subtropical gyre[J]. Marine Pollution Bulletin, 2013, 68(1/2):71-76.

20. Eriksson C, Burton H. Origins and biological accumulation of small plastic particles in fur seals from Macquarie Island[J]. AMBIO:A Journal of the Human Environment, 2003, 32(6):380-384.

21. Furlan P Y, Ackerman B M, Melcer M E, et al. Reusable magnetic nanocomposite sponges for removing oil from water discharges[J]. Journal of Ship Production and Design, 2017, 33(3):227-236.

22. Ghidossi R, Veyret D, Scotto J L, et al. Ferry oily wastewater treatment[J]. Separation and Purification Technology, 2009, 64(3):296-303.

23. Goldstein M C, Goodwin D S. Gooseneck barnacles (*Lepas* spp.) ingest microplastic debris in the North Pacific Subtropical Gyre[J]. PeerJ, 2013, 1:e841.

24. Graham E R, Thompson J T. Deposit-and suspension-feeding sea cucumbers (Echinodermata) ingest plastic fragments[J]. Journal of Experimental Marine Biology and Ecology, 2009, 368(1):22-29.

25. Guzman H M, Burns K A, Jackson J B C. Injury, regeneration, and growth of Caribbean reef corals after a major oil spill in Panama[J]. Marine Ecology Progress Series, 1994, 105:231-241.

26. Guzmán H M, Jackson J B C, Weil E. Short-term ecological consequences of a major oil spill on Panamanian subtidal reef corals[J]. Coral Reefs, 1991, 10:1-12.

27. Guzman H M, Holst I. Effects of chronic oil-sediments pollution on the reproduction of Caribbean reef coral *Siderastrea siderea*[J]. Marine Pollution Bulletin, 1993, 26:276-282.

28. Hakanson L. An ecological risk index for aquatic pollution control:A sedimentological approach [J]. Water Research, 1980, 14(8):975-1001.

29. Hatcher A, Grant J, Schofield B. Effects of suspended mussel culture (*Mytilus* spp.) on sedimentation, benthic respiration, and sediment nutrient dynamics in a coastal bay[J]. Marine Ecology Progress Series, 1994, 115(3):219-235.

30. Hendriks I E, Olsen Y S, Ramajo L, et al. Photosynthetic activity buffers ocean acidification in seagrass meadows[J]. Biogeosciences Discussions, 2013, 10(7):12313-12346.

31. Hose J E, McGurk M D, Marty G D, et al. Sublethal effects of the Exxon Valdez oil spill on herring embryos and larvae: Morphological, cytogenetic, and histopathological assessments, 1989—1991[J]. Canadian Journal of Fisheries and Aquatic Sciences, 1996, 53(10):2355-2365.

32. Imhof H K, Ivleva N P, Schmid J, et al. Contamination of beach sediments of a subalpine lake with microplastic particles[J]. Current Biology, 2013, 23(19):R867-R868.

33. Jørgensen B B. Mineralization of organic matter in the seabed: The role of sulfate reduction[J]. Nature, 1982, 296(5858):643-645.

34. Kaposi K L, Mos B, Kelaher B P, et al. Ingestion of microplastic has limited impact on a marine larva[J]. Environmental Science & Technology, 2014, 48(3):1638-1645.

35. Law K L, Morét-Ferguson S, Maximenko N A, et al. Plastic accumulation in the North Atlantic subtropical gyre[J]. Science, 2010, 329(5996):1185-1188.

36. Law K L, Morét-Ferguson S E, Goodwin D S, et al. Distribution of surface plastic debris in the eastern Pacific Ocean from an 11-year data set[J]. Environmental Science & Technology, 2014, 48(9):4732-4738.

37. Law K L, Thompson R C. Microplastics in the seas[J]. Science, 2014, 345(6193):144-145.

38. Lee K W, Shim W J, Kwon O Y, et al. Size-dependent effects of micro polystyrene particles in the marine copepod *Tigriopus japonicus*[J]. Environmental Science & Technology, 2013, 47(19):11278-11283.

39. Liu F, Pang S, Chopin T, et al. Understanding the recurrent large-scale green tide in the Yellow Sea: Temporal and spatial correlations between multiple geographical, aquacultural, and biological factors[J]. Marine Environmental Research, 2013, 83:38-47.

40. Lönnstedt O M, Eklöv P. Environmentally relevant concentrations of microplastic particles influence larval fish ecology[J]. Science, 2016, 352(6290):1213-1216.

41. Lusher A. Microplastics in the marine environment:Distribution, interactions and effects[M]// Bergmann M, Gutow L, Klages M, eds. Marine Anthropogenic Litter. New York:Springer International Publishing, 2015:245-307.

42. Lusher A L, McHugh M, Thompson R C. Occurrence of microplastics in the gastrointestinal tract of pelagic and demersal fish from the English Channel[J]. Marine Pollution Bulletin, 2013, 67(1/2):94-99.

43. Magnusson K, Jalkanen J P, Johansson L, et al. Risk assessment of bilge water discharges in two Baltic shipping lanes[J]. Marine Pollution Bulletin, 2018, 126:575-584.

44. Mangabeira P, Labejof L, Lamperti A, et al. Accumulation of chromium in root tissues of Eichhornia crassipes (Mart.) Solms. in Cachoeira River, Brazil[J]. Applied Surface Science, 2004, 231/232:497-501.

45. International Maritime Organization. MARPOL 73/78[Z], 1994.

46. McGurk M D, Brown E D. Egg-larval mortality of Pacific herring in Prince William Sound, Alaska, after the Exxon Valdez oil spill[J]. Canadian Journal of Fisheries and Aquatic Sciences, 1996, 53(10):2343-2354.

47. McLaughlin C, Falatko D, Danesi R, et al. Characterizing shipboard bilgewater effluent before and after treatment[J]. Environmental Science and Pollution Research, 2014, 21(8):5637-5652.

48. Moore C J, Moore S L, Leecaster M K, et al. A comparison of plastic and plankton in the north Pacific central gyre[J]. Marine Pollution Bulletin, 2001, 42(12):1297-1300.

49. Moore C J. Synthetic polymers in the marine environment: A rapidly increasing, long-term threat[J]. Environmental Research, 2008, 108(2):131-139.

50. Moos N, Burkhardt-Holm P, Köhler A. Uptake and effects of microplastics on cells and tissue of the blue mussel *Mytilus edulis* L. after an experimental exposure[J]. Environmental Science & Technology, 2012, 46(20):11327-11335.

51. Murray F, Cowie P R. Plastic contamination in the decapod crustacean *Nephrops norvegicus* (Linnaeus, 1758)[J]. Marine Pollution Bulletin, 2011, 62(6):1207-1217.

52. Norcross B L, Hose J E, Frandsen M, et al. Distribution, abundance, morphological condition, and cytogenetic abnormalities of larval herring in Prince William Sound, Alaska, following the Exxon Valdez oil spill[J]. Canadian Journal of Fisheries and Aquatic Sciences, 1996, 53(10):2376-2387.

53. Nansingh P, Jurawan S. Environmental sensitivity of a tropical coastline (Trinidad, West Indies) to oil spills[J]. Spill Science & Technology Bulletin, 1999, 5(2):161-172.

54. Oliveira M, Ribeiro A, Hylland K, et al. Single and combined effects of microplastics and pyrene on juveniles (0+ group) of the common goby *Pomatoschistus microps* (Teleostei, Gobiidae)[J]. Ecological Indicators, 2013, 34:641-647.

55. Proffitt C E, Devlin D J, Lindsy M. Effects of oil on mangrove seedlings grown under different environmental conditions[J]. Marine Pollution Bulletin, 1995, 30:778-793.

56. Qian X, Mendelssohn I A. A comparative investigation of the effects of South Louisiana crude oil on the vegetation of fresh, brackish, and salt marshes[J]. Marine Pollution Bulletin, 1996, 32: 202-209.

57. Reisser J, Shaw J, Hallegraeff G, et al. Millimeter-sized marine plastics:A new pelagic habitat for microorganisms and invertebrates[J]. PLoS One, 2014, 9(6):e100289.

58. Rebolledo E L B, Van Franeker J A, Jansen O E, et al. Plastic ingestion by harbour seals (*Phoca vitulina*) in the Netherlands[J]. Marine Pollution Bulletin, 2013, 67(1/2):200-202.

59. Rincon G J, La Motta E J. Simultaneous removal of oil and grease, and heavy metals from artificial bilge water using electro-coagulation/flotation[J]. Journal of Environmental Management, 2014, 144:42-50.

60. Rochman C M, Hoh E, Kurobe T, et al. Ingested plastic transfers hazardous chemicals to fish and induces hepatic stress[J]. Scientific Reports, 2013, 3:3263.

61. Rochman C M, Kurobe T, Flores I, et al. Early warning signs of endocrine disruption in adult fish from the ingestion of polyethylene with and without sorbed chemical pollutants from the marine environment[J]. Science of the Total Environment, 2014, 493:656-661.

62. Shiller A M, Boyle E A. Trace elements in the Mississippi river delta outflow region:Behaviour at high discharge[J]. Geochimica et Cosmochimica Acta, 1991, 55:3241-3251.

63. Sussarellu R, Suquet M, Thomas Y, et al. Oyster reproduction is affected by exposure to polystyrene microplastics[J]. Proceedings of the National Academy of Sciences of the United States of America, 2016, 113(9):2430-2435.

64. United States Environmental Protection Agency. Phase I Uniform National Discharge Standards

for Vessels of the Armed Forces[S]. 1999.

65. Van Cauwenberghe L, Vanreusel A, Mees J, et al. Microplastic pollution in deep-sea sediments [J]. Environmental Pollution, 2013, 182:495-499.

66. Van Cauwenberghe L, Janssen C R. Microplastics in bivalves cultured for human consumption [J]. Environmental Pollution, 2014, 193:65-70.

67. Wang C, Guo J, Liang S, et al. Long-term variations of the riverine input of potentially toxic dissolved elements and the impacts on their distribution in Jiaozhou Bay, China[J]. Environmental Science and Pollution Research, 2018, 25(9):8800-8816.

68. Wang C, Wang X, Wang B, et al. Level and fate of heavy metals in the Changjiang estuary and its adjacent water[J]. Oceanology, 2009, 49(1):64-72.

69. Watts A J, Lewis C, Goodhead R M, et al. Uptake and retention of microplastics by the shore crab *Carcinus maenas* [J]. Environmental Science & Technology, 2014, 48(15):8823-8830.

70. Zettler E R, Mincer T J, Amaral-Zettler L A. Life in the "plastisphere": Microbial communities on plastic marine debris[J]. Environmental Science & Technology, 2013, 47(13):7137-7146.

71. Zhang X, Li Y, Feng G, et al. Probing the DOM-mediated photodegradation of methylmercury by using organic ligands with different molecular structures as the DOM model[J]. Water Research, 2018, 138.

72. 陈伯扬. 重金属污染评价及方法对比——以福建浅海沉积物为例[J]. 地质与资源, 2008, 17(3): 213-228.

73. 陈国伟, 蔡育才, 顾卫东, 等. 太阳能海洋自控网标灯: CN201069089Y[P]. 2008.

74. 陈骁, 许祝华, 丁艳锋. 江苏海州湾海域海洋牧场建设现状及发展对策建议[J]. 中国资源综合利用, 2016, 34(5):43-45.

75. 陈裕隆, 陈加林, 何容飞, 等. 中华白海豚保护与研究进展[J]. 海洋环境科学, 2004, 23(3):65-70.

76. 陈明义. 绿色船舶的理念[J]. 政协天地, 2015, 143(4):24-25.

77. 陈敏. 化学海洋学[M]. 北京:海洋出版社, 2009.

78. 陈余海, 林锡坤, 杨北胜, 等. 船舶油污染方式和预防措施[J]. 中国水运(下半月), 2017, 17(11):126-128.

79. 陈兆林, 孙钦帮, 包吉明, 等. 金州湾表层沉积物污染物时空分布特征及生态风险评价[J]. 海洋环境科学, 2015, 34(4):494-498.

80. 戴树桂. 环境化学[M]. 北京:高等教育出版社, 2006.

81. 戴明新, 郭珊, 周斌, 等. 铜鼓航道工程建设对中华白海豚的影响分析[J]. 交通环保, 2005, 26(3):25.

82. 邓婷, 高俊敏, 吴文楠, 等. 温州沿海大型塑料垃圾排放特征研究[J]. 中国环境科学, 2018, 38(11):4354-4360.

83. 丁日升. 内河船舶舱底水量的统计分析及确定[J]. 船舶工程, 2000(1):25-27.

84. 董良飞, 何桂湘. 船舶生活污水水量及水质特征研究[J]. 给水排水, 2006(2):72-76.

85. 杜吉净, 毛龙江, 谭志海, 等. 海州湾岩芯沉积物重金属污染评价和来源分析[J]. 海洋环境科学, 2016, 35(6):814-821.

86. 杜吉净, 毛龙江, 贾耀锋, 等. 海州湾岩芯沉积物元素地球化学特征及其环境指示[J]. 海洋通报,

2017,36(4):449-457.

87. 方群兵.有机螯合铜在水产养殖上的应用[N].中国海洋报,2001-03-09(3).

88. 高尔雅.废旧锌锰干电池的回收利用[J].化工管理,2021(21):23-25.

89. 高嵩,石晓勇,王婷.浒苔绿潮与苏北近岸海域营养盐浓度的关系研究[J].环境科学,2012,33(7):2204-2209.

90. 葛仁英,韩正玉,邵明福.海阳港附近海域污染现状评价[J].海洋环境科学,1997(4):27-32.

91. 国家海洋局.海洋监测规范 第5部分:沉积物分析:GB 17378.5—2007[S].北京:中国标准出版社,2007.

92. 国家海洋局.海洋监测规范 第3部分:样品采集、贮存与运输:GB 17378.3—2007[S].北京:中国标准出版社,2007.

93. 国家海洋局.海洋沉积物质量:GB 18668—2002[S].北京:中国标准出版社,2002.

94. 国家环境保护局.海水水质标准:GB 3097—1997[S].北京:中国标准出版社,1997.

95. 郭森,顾凯贤,姜斌.江苏南通成功研制出无污染太阳能网标灯[J].渔业致富指南,2007,(19):11.

96. 韩彬,林法祥,丁宇,等.海州湾近岸海域水质状况调查与风险评价[J].岩矿测试,2019,38:429-437.

97. 贺梦凡,黄翔峰,刘婉琪,等.船舶油污水水质水量特征及其原位处理技术[J].船舶工程,2021,43:114-123.

98. 何书锋,李广雪,史经昊.胶州湾表层沉积物重金属元素分布特征及其影响因素[J].海洋地质前沿,2013,29(4):41-48.

99. 环境保护部,国家质量监督检验检疫总局.船舶水污染物排放控制标准:GB 3552—2018[S].北京:中国标准出版社,2018.

100. 黄一心,鲍旭腾,赵平.中国海洋捕捞渔船油污水产生量估算及对策研究[J].中国农学通报,2018,34(27):82-88.

101. 纪思琪.厦门湾海洋塑料垃圾来源定量及其政策研究[D].厦门:厦门大学,2019.

102. 江苏海事局.什么是"一零两全四免费"?[EB/OL].(2019-11-25)[2021-09-19].https://www.js.msa.gov.cn/art/2019/11/25/art_50_1142775.html.

103. 姜发军,许铭本,陈宪云,等.北部湾海域水质综合污染指数和浮游植物多样性指数评价[J].广西科学,2014,21(4):376-380.

104. 蒋晓燕,温小乐,罗维.北京城市塑料垃圾年产量的模拟预测及其影响因素分析[J].环境科学学报,2020,40(9):3435-3444.

105. 李道季.对我国海洋塑料垃圾问题的新认识[N].中国环境报,2020-11-17(003).

106. 李鸿妹.营养盐与黄海浒苔绿潮暴发关系的探究[D].青岛:中国海洋大学,2015.

107. 黎慧,万夕和,王李宝,等.南黄海辐射沙脊群海域氮磷的季节变化及潜在性富营养化分析[J].生态科学,2016,35(2):75-80.

108. 李玉,管明雷,俞阳,等.Hg、As在海州湾不同功能区沉积物中的污染特征及污染历史演变评估[J].海洋湖沼通报,2017(3):15-22.

109. 李莹,周晓君,叶熙.旋流分离技术在机舱底水处理中的应用[J].船舶工程,2008(2):31-33.

110. 李森.中国船舶生活污水污染及控制措施(英文)[J].大连海事大学学报,2010,36(S1):99-101.

111. 廖朋.基于支持向量机的渔船含油污水排放研究[D].大连:大连海洋大学,2018.

112. 刘彬,侯立安,王媛,等.我国海洋塑料垃圾和微塑料排放现状及对策[J].环境科学研究,2020,33(1):174-182.

113. 刘展新,张晴,王敏,等.海州湾表层沉积物重金属空间分布与危害评价[J].淮海工学院学报(自然科学版),2016,25(02):76-79.

114. 刘晓东,姚琪,王鹏,等.太湖流域内河船舶污染负荷估算[J].环境科学与技术,2009,32(12):129-131.

115. 刘强,徐旭丹,黄伟,等.海洋微塑料污染的生态效应研究进展[J].生态学报,2017,37(22):7397-7409.

116. 柳青青,杨忠芳,周国华,等.中国东部主要入海河流 As 元素分布、来源及影响因素分析[J].现代地质,2012,26(1):114-123.

117. 罗云云,邓岳松.硫酸铜对水产动物的毒性研究现状[J].渔业致富指南,2020(21):21-24.

118. 吕颂辉,陈翰林.溢油对南海海洋生态系统的影响及珠江口溢油现状[J].生态科学,2006,25(4):379-384.

119. 绿色和平与中国国际民间组织合作促进会.中国海洋渔船管理的现状与新思路报告[EB/OL].(2021-01-05)[2021-10-09].https://coffee.pmcaff.com/article/13743335.

120. 马利霞.中国沿海地区陆地塑料垃圾入海量估算[D].天津:天津师范大学,2019.

121. 马丽,者有强.生活污水深度处理研究及运行小结[J].中氮肥,2021(3):65-68.

122. 农业农村部渔业渔政管理局,全国水产技术推广总站,中国水产学会.中国渔业统计年鉴(2018—2020)[M].北京:中国农业出版社,2018—2020.

123. 宋伟,金涛.波浪能网标灯:CN201310585007.X[P].2014.

124. 苏敬丽,樊伟,王斐.海州湾紫菜养殖空间格局变化及其驱动力分析[J].中国农业信息,2020,32(6):22-31.

125. 隋昕,邓宇杰.松花湖藻类光合作用对 pH 值和溶解氧的影响[J].科技创新导报,2015,12(33):168+170.

126. 孙丽萍.江苏省污染物入海通量测算及与水质响应关系研究[D].南京:河海大学,2007.

127. 孙磊.2006—2016 年海州湾海洋环境容量变化及机理研究[D].南京:南京师范大学,2020.

128. 谭力,韦云奎,张建球.广西北部湾港船舶污染物处理模式研究[J].中国水运,2018(3):54-56.

129. 田立杰,张瑞安.海洋油污染对海洋生态环境的影响[J].海洋湖沼通报,1999(2):65-69.

130. 田晨曦.金枪鱼钓船油电混合动力系统研究[D].上海:上海海洋大学,2018.

131. 王成,陆牧君,曹子涵,等.塑料污染的多元线性回归预测模型分析[J].电子技术,2021,50(6):118-119.

132. 王贵彪,李国强,张海波,等.基于标准船型评价指标的近海渔船船型发展分析[J].渔业现代化,2021,48(2):40-44+69.

133. 王贵彪,万会发,张海波,等.浙江沿海小型渔船现状分析及研究[J].中国水运(下半月),2017,17(11):41-42.

134. 王慧芹,梁国正.塑料垃圾对海洋污染的影响及控制措施分析[J].南通职业大学学报,2014(1):68-72.

135. 王娟,曹雷.紫菜养殖对海州湾水质影响分析[J].环境科技,2020,33(5):54-58.

136. 王红秋,付凯妹.可降解塑料的春天来了?[N].中国石油报,2020-11-17(6).

137. 吴金浩,李楠,胡超魁,等.夏季辽东湾表层沉积物中的硫化物含量分布与区域性差异[J].水产科学,2014,33(8):503-507.

138. 席英玉,林娇,林永青,等.福建闽南沿海养殖僧帽牡蛎中汞和砷的时空分布特征及风险评价[J].环境化学,2017,36(5):1009-1016.

139. 徐东浩,李军,赵京涛,等.辽东湾表层沉积物粒度分布特征及其地质意义[J].海洋地质与第四纪地质,2012,32(5):35-42.

140. 徐学仁.海洋环境中石油的光化学氧化[J].海洋环境科学,1987(4):62-70.

141. 吴成业,王奇欣,刘智禹,等.海藻中无机砷超标问题研究[J].水产学报,2008(4):644-650.

142. 吴如珂,张向丽,黄康民,等.拖网渔船节能方法探讨[J].农村经济与科技,2018,29(5):93-95.

143. 杨东方,高振会,孙静亚,等.胶州湾水域重金属铬的分布及迁移[J].海岸工程,2008(4):48-53.

144. 杨淑梅,刘厚凤.龙王河流域(莒南段)水污染现状及综合治理对策[J].山东科学,2004(1):40-44.

145. 杨烨,沈烈,隋江华,等.小型聚乙烯材料渔业船舶应用分析[J].渔业信息与战略,2017,32(4):281-284.

146. 袁士春,徐本国,许应国.江苏海洋渔业船舶防污染现状分析与探讨[C]//2010年船舶防污染学术年会.北京:中国船舶工业协会,2010:336-340.

147. 袁士春.甲醇燃料船试验方案分析[J].世界海运,2017,40(4):28-32.

148. 俞锦辰,李娜,张硕,等.海州湾海洋牧场水环境的承载力[J].水产学报,2019,43(9):1993-2003.

149. 张伟信,崔雪亮.新型柴油机在渔船上推广困难的原因分析[J].中国水运(下半月),2014,14(6):133-134.

150. 张正斌.海洋化学[M].青岛:中国海洋大学出版社,2004.

151. 张祝利,曹建军,何亚萍.我国渔船柴油机和节油产品应用现状调查与分析[J].渔业现代化,2009,36(4):66-70.

152. 张向辉.绿色船舶的"福利"诱惑[J].中国船检,2013(6):15-18+126-127.

153. 赵炳雄,严谨,黄技.中国渔船标准化发展进程概述[J].渔业现代化,2020,47(2):1-6.

154. 赵建华,李飞.海州湾营养盐空间分布特征及影响因素分析[J].环境科学与技术,2015,38(12Q):32-35.

155. 郑江鹏,矫新明,方南娟,等.江苏近岸海域沉积物重金属来源及风险评价[J].中国环境科学,2017,37(4):1514-1522.

156. 郑盛华,杨妙峰,席英玉,等.东山湾表层沉积物5种重金属元素含量分布及其与主要环境因子的关系[J].应用海洋学学报,2014(2):251-257.

157. 中华人民共和国交通部.中华人民共和国交通行业标准JT/T 409—1999 船舶机舱舱底水、生活污水采样方法[S].北京:人民交通出版社,1999.

158. 周倩,章海波,李远,等.海岸环境中微塑料污染及其生态效应研究进展[J].科学通报,2015,60(33):3210-3220.

159. 朱文谨,王娜,董啸天,等.海州湾水流紊动强度和含沙量对沉降速度的影响研究[J].海洋通报,2020,39(4):77-82+108.

160. 主角创新科技.减少海洋污染和幽灵渔具的无痕塑料[EB/OL].(2021-02-21)[2021-11-19].

161. 邹景忠,董丽萍,秦保平.渤海湾富营养化和赤潮问题的初步探讨[J].海洋环境科学,1983,2(2):41-54.

162. 中华人民共和国住房和城乡建设部.生活垃圾生产量计算及预测方法:CJ/T 106—2016[S].北京:中国建筑工业出版社,2016.

163. 左书华,庞启秀,杨华,等.海州湾海域悬沙分布特征及运动规律分析[J].山东科技大学学报(自然科学版),2013(01):10-17.

164. 于龙梅,栾曙光.我国渔港发展现状及等级划分[J].资源开发与市场,2004,20(5):348-350.

165. 张建侨,陈佳庆.我国渔港管理运行现存问题及建议[J].中国渔业经济,2015,33(3):6.

166. 农业部渔业局.2012中国渔业统计年鉴[M].北京:中国农业出版社,2012.

167. 王刚,于德双,李醒,等.渔港经济区产业发展研究——以广东省渔港经济区为例[J].中国渔业经济,2022,40(6):12-19.

168. 国家发展和改革委员会,农业农村部.全国沿海渔港建设规划(2018—2025年)[Z].2018.

169. 徐皓,赵新颖,刘晃,等.我国海洋渔船发展策略研究[J].渔业现代化,2012,39(1):15.

170. 王鑫.碳达峰背景下渔船减排策略研究[D].大连:大连海洋大学,2023.

171. 周至硕.张謇是中国海洋渔业的拓荒者[N].海门时报,2022-09-06(7).

172. 陈宏友,徐国华.江苏滩涂围垦开发对环境的影响问题[J].水利规划与设计,2004(1):18-21.

173. 姚政宇.江苏:建设"海上粮仓"[J].农家致富,2024(03):52-53.

174. 王夏萌.江苏省渔业结构优化研究[D].湛江:广东海洋大学,2023.

175. 王颖.南黄海辐射沙脊群环境与资源[M].北京:海洋出版社,2014.